李万君　中车长客股份公司高级技师，“大国工匠”“中国第一代高铁工人”，全国五一劳动奖章获得者，“国务院特殊津贴获得者”。

寄语：无论我们从事什么工作，都要在平凡的岗位上，用工匠精神干好每一天的工作，只要坚守下去，我们都会走出人生的精彩！

李桓　天津大学教授、博士生导师，教育部职业院校技能大赛中职组焊接技术赛项特聘专家，中国职工焊接技术协会常务理事。《焊管》《电焊机》《焊接技术》《机械工程与自动化》杂志编委。

寄语：学习强国，实践强国，制造强国。技术技能型人才，未来的蓝领精英，是伟大祖国发展的主力军。同学们，加油！

张永生　获中国电力年度科技人物奖；2017年中国电力优秀青年科技人才奖；中国能源建设集团天津电力建设有限公司焊接培训中心主任，焊接工程师。

寄语：知识改变命运，技能成就事业，焊花四溅，点亮人生！

毛琪钦　中冶集团首席技师、国际焊接技师，“上海工匠”“全国优秀技术能手”“全国五一劳动奖章”“中华技能大奖”获得者。

寄语：年轻人一定要沉下身、静下心，先去艰苦的一线磨炼，这样才能成就新时代所急需的复合型人才。

“十四五”职业教育国家规划教材

焊工工艺学

HANGONG GONGYIXUE

主　编　许　莹　王洪喜
副主编　李　彤　姜淑波　赵婧彤
参　编　叱培洲　段长海　王　博　马忠伟
　　　　关　迪　赵玉凤　曹永雄　吴玉鹏

第 3 版

本书全面系统地介绍了常用焊接方法的原理、特点、设备、材料、工艺参数及基本操作，并简要介绍了焊接结构常用的金属材料以及焊接检验过程，使学生能够结合实际生产，在掌握基本操作技能的同时，初步掌握与实际生产相关的专业基本知识。本书在编写过程中，力求体现知识的先进性，突出实用性，增加企业实践案例，使内容反映岗位能力要求，兼顾焊工考证考点，学历与技能证书双修；体现新模式、新思政，凸显信息化，突出中等职业教育特色。书中植入二维码，通过扫描二维码，即可获取知识与技能拓展延伸学习资料。

本书可作为职业院校焊接技术应用及相关专业教材，也可作为企业焊工及相关工种的岗位培训教材。

为便于教学，本书配套有电子课件、教学视频、习题及答案等教学资源，选择本书作为授课教材的教师可登录 www. cmpedu. com 网站，注册、免费下载。

图书在版编目（CIP）数据

焊工工艺学 / 许莹，王洪喜主编. -- 3 版. -- 北京 ：机械工业出版社，2024. 12（2025. 8 重印）. --（“十四五”职业教育国家规划教材）. -- ISBN 978-7-111-77459-4

Ⅰ. TG44

中国国家版本馆 CIP 数据核字第 2025T91X84 号

机械工业出版社（北京市百万庄大街 22 号　邮政编码 100037）

策划编辑：王海峰　　　　责任编辑：王海峰

责任校对：潘　蕊　陈　越　　封面设计：张　静

责任印制：刘　媛

天津嘉恒印务有限公司印刷

2025 年 8 月第 3 版第 3 次印刷

184mm×260mm · 19. 25 印张 · 2 插页 · 333 千字

标准书号：ISBN 978-7-111-77459-4

定价：57. 00 元

电话服务　　　　　　　　网络服务

客服电话：010-88361066　　机　工　官　网：www. cmpbook. com

010-88379833　　机　工　官　博：weibo. com/cmp1952

010-68326294　　金　　书　　网：www. golden-book. com

　机工教育服务网：www. cmpedu. com

关于“十四五”职业教育
国家规划教材的出版说明

为贯彻落实《中共中央关于认真学习宣传贯彻党的二十大精神的决定》《习近平新时代中国特色社会主义思想进课程教材指南》《职业院校教材管理办法》等文件精神，机械工业出版社与教材编写团队一道，认真执行思政内容进教材、进课堂、进头脑要求，尊重教育规律，遵循学科特点，对教材内容进行了更新，着力落实以下要求：

1. 提升教材铸魂育人功能，培育、践行社会主义核心价值观，教育引导学生树立共产主义远大理想和中国特色社会主义共同理想，坚定“四个自信”，厚植爱国主义情怀，把爱国情、强国志、报国行自觉融入建设社会主义现代化强国、实现中华民族伟大复兴的奋斗之中。同时，弘扬中华优秀传统文化，深入开展宪法法治教育。

2. 注重科学思维方法训练和科学伦理教育，培养学生探索未知、追求真理、勇攀科学高峰的责任感和使命感；强化学生工程伦理教育，培养学生精益求精的大国工匠精神，激发学生科技报国的家国情怀和使命担当。加快构建中国特色哲学社会科学学科体系、学术体系、话语体系。帮助学生了解相关专业和行业领域的国家战略、法律法规和相关政策，引导学生深入社会实践、关注现实问题，培育学生经世济民、诚信服务、德法兼修的职业素养。

3. 教育引导学生深刻理解并自觉实践各行业的职业精神、职业规范，增强职业责任感，培养遵纪守法、爱岗敬业、无私奉献、诚实守信、公道办事、开拓创新的职业品格和行为习惯。

在此基础上，及时更新教材知识内容，体现产业发展的新技术、新工艺、新规范、新标准。加强教材数字化建设，丰富配套资源，形成可听、可视、可练、可互动的融媒体教材。

教材建设需要各方的共同努力，也欢迎相关教材使用院校的师生及时反馈意见和建议，我们将认真组织力量进行研究，在后续重印及再版时吸纳改进，不断推动高质量教材出版。

机械工业出版社

第3版前言

本书是在“十四五”和“十三五”职业教育国家规划教材《焊工工艺学》第2版的基础，参照最新教学需求及现行国家职业技能标准和行业职业技能鉴定规划修订而成的。

本书在编写过程中，认真贯彻《国家职业教育改革实施方案》和党的二十大报告精神，以培养“素质高、专业技术全面、技能熟练的高技能焊接人才”为目标，主要体现以下亮点：

1. 渗透新思政　聚焦新动态

本书修订中充分落实党的二十大报告提出的用社会主义核心价值观铸魂育人思想，新增加焊接领域名人的深情寄语、大国工匠的事迹、焊接优秀学子的成长案例，既有体现我国古代焊接技术的光辉篇章，如三星堆出土文物，又有现代新型工业化生产中的瞩目工程，如港珠澳大桥、国产C919飞机、“奋斗者”号潜水艇等，以激发学生的专业兴趣和爱国情怀。

2. 突出实用性　凸显信息化

本书充分汲取中等职业学校的多年焊接技术应用专业教学经验，全面系统地介绍焊接专业基础知识，使学生对本专业所涉及的生产领域与知识范畴有初步的、较全面的了解，建立起基本的焊接知识结构和掌握基本技能。遵循职业学校学生的认知规律，内容详实、循序渐进，语言简洁，通俗易懂，具有较强的可读性。

本书配套有教学课件、二维码链接等数字资源，包含有操作演示、德育渗透、先进技术等内容，学习者通过扫描二维码，即可获取相关的知识与技能拓展延伸学习资料。

3. 融岗课赛证　促教学改革

本书编写基于焊接职业岗位工作过程中对知识、能力、素质的要求及焊工证书考核内容，由“中华技能大奖”获得者、“全国优秀技术能手”毛琪钦和“全国五一劳动奖章”获得者、“三秦工匠”叱培洲做工程实践指导，结合编者焊接大赛的工作经验，统筹知识与技能点，并增加【焊花飞扬】【工程案例】【考级练习与课后思考】【拓展学习】等内容，充分落实《国家职业教育改革实施方案》中“岗课赛证”融合的职教改革精神。

4. 体现四个新　提升创新力

依据现行教学标准，引入新技术、新工艺、新规范、新标准、企业最新工程案例及拓展学习内容，增强学生在新型工业化生产中的职业和岗位适应能力和可持续发展能力。

“焊工工艺学”属于专业核心课程，建议在教学中多采用实物演示、实际操作等手段教学，辅以多媒体、信息化教学，多加入企业实践案例，以培养学生的生产实践应用能力。

本书共分十二个模块，由吉林机械工业学校许莹、王洪喜任主编，李彤、姜淑波、赵婧彤任副主编，参加编写的还有叱培洲、段长海、王博、马忠伟、关迪、赵玉凤、曹永雄、吴玉鹏。具体编写分工如下：许莹编写绪论和模块三，王洪喜编写模块六、七，李彤编写模块二，姜淑波编写模块五，段长海编写模块九，王博编写模块八，马忠伟编写模块一，曹永雄编写模块十，关迪编写模块十一，赵玉凤编写模块十二，吴玉鹏编写模块四，叱培洲负责工程案例的编写，赵婧彤负责全书信息化部分编辑策划，许莹负责全书的统稿。

在本书编写过程中，编者参阅了国内外出版的有关教材和资料，在此谨对相关作者一并表示衷心的感谢！

由于编者水平有限，书中不妥之处在所难免，恳请读者批评指正。

编　者

第 2 版前言

本书依据教育部最新颁布的《中等职业学校焊接技术应用专业教学标准》，参照最新教学需求和行业职业技能标准规范修订而成。在修订过程中，认真贯彻《国家职业教育改革实施方案》的有关精神，突出中等职业教育特色，主要体现在以下几点：

1. 深化产教融合，注重校企“双元”

本书按照工学结合人才培养要求，基于焊接职业岗位工作过程中对知识、能力、素质的要求，主要侧重焊接技术应用专业基础知识和基本技能，重点强调培养学生的工程实践应用能力。

2. 体现新模式，促进新教改

本书在模块式总体编写框架下，采用理论工艺与实践案例、基本操作训练相结合的灵活编写形式，体现了理论与实践结合、学做一体的职业教育特色。同时兼顾“书证融通”的改革要求，设有考级练习环节。

3. 渗透新思政，凸显信息化

本书插入了焊接领域名人的深情寄语、大国工匠的事迹案例，充分落实课程改革中“核心素养”和“工匠精神”的培养。本书配套数字资源，根据不同的知识特点，配置助教课件、视频等数字资源，学习者通过扫描二维码，即可获取与本章节相关的知识与技能拓展延伸学习资料。

4. 体现新工艺，执行新标准

本书对接职业标准和岗位需求，体现焊接新技术、新工艺、新方法和新标准，提高学生的可持续发展能力，增强学生的职业和岗位适应能力。

本课程属于专业核心课程，建议在专业基础课程，如“金属材料与热处理”“机械基础”等课程之后开设。教学中建议多采用实物演示、实际操作等手段教学，无论是线上还是线下教学，辅以多媒体、信息化教学，多结合企业实践案例，培养学生的生产实践应用能力。

本书由吉林机械工业学校许莹主编，天津大学李桓教授主审。吉林机械工业学校张佳智编写模块一，北华大学吴忠萍编写模块二、模块四，吉林机械工业学校张洪波编写模块六，吉林机械工业学校姜玉编写模块七，吉林市广播电视大学刘巍编写模块八，吉林机械工业学校孙明编写模块九，吉林机械工业学校伊洺扬编写模块十二，其余部分由许莹编写。

在编写过程中，编者参阅了国内外出版的有关教材、书籍及网络资料，并得到了“感动中国人物”李万君老师、天津大学博士生导师李桓教授、中能电建焊接工程师张永生老师的大力支持，并且为本书深情寄语，特在此表示衷心感谢！

由于编者水平有限，书中不妥之处在所难免，恳请读者批评指正。

编　者

第 1 版前言

本书是结合中等职业教育教学实践和职业技能鉴定的需求，根据中等职业学校深化教学改革对教材建设的要求以及学生的特点而编写的。

焊接作为一种重要的连接方法，已被广泛应用于国民生产的各个方面。随着现代工业生产的需要和科学技术的迅猛发展，焊接技术在发生着日新月异的改变，新材料、新工艺、新方法的不断涌现，对焊接人才的培养也提出了更高的要求。中等职业学校的培养目标是培养综合素质高、动手能力强的技能型人才。因此本教材在编写过程中，遵循中等职业学校学生的认知规律，充分汲取中等职业学校焊接专业的教学经验，力求突出专业知识的实用性、先进性和针对性，同时还考虑到职业技能鉴定的需求，从而提高学生在劳动力市场上的竞争能力。

本书内容主要包括各种焊接方法及工艺、焊接冶金基础知识、常用金属材料焊接性及焊接检验知识。在知识结构的安排和表达方式上，由浅入深、循序渐进、语言简洁、通俗易懂，具有较强的可读性。为便于教学，本书配备了电子教案，选择本书作为教材的教师可登录 www.cmpedu.com 网站注册、免费下载。

本书共有十二章，参加编写工作的有许莹、张刚三、刘万山、隋洪波、裘红军、关雪寒、赵大志等，全书由吉林机械工业学校许莹任主编并统稿，天津大学李桓教授担任主审。

本书主要用作中职、技工学校焊接专业的教学用书，也适合作为社会各类焊接培训班及读者自学用书。

由于编者水平有限，书中一定有欠妥之处，望广大读者批评指正。

编　者

二维码索引

（续）

序号	名称	图形	页码	序号	名称	图形	页码
15	熔滴过渡形式		105	24	6mm 板手工气割		175
16	CO_2 气体保护焊——平对接焊		121	25	“焊花”不熄　初心弥坚——大国工匠艾爱国		177
17	CO_2 气体保护焊——平角焊		123	26	气焊气割安全事故案例分析		179
18	CO_2 气体保护焊——对接立焊		126	27	等离子弧切割演示		190
19	TIG 焊——平敷焊		139	28	来自小村庄的世界冠军——赵脯菠		191
20	TIG 焊——对接立焊		146	29	等离子弧切割示例——小蜜蜂		192
21	TIG 焊——小直径管水平固定焊		149	30	从焊接工人到大国工匠——姜涛		208
22	殷瓦钢上书写荣耀的大国工匠——张冬伟		155	31	埋弧焊及焊剂烘干		210
23	TIG 全位置焊接		159	32	中国焊接第一人——潘际銮		225

（续）

目　录

绪论

随着科学技术的发展，焊接技术已从过去简单的金属材料连接发展成为各工业领域应用最广泛、其他连接方法无法比拟的精确可靠、低成本、高质量的金属材料连接技术。焊接技术已是现代工业高质量、高效率制造技术中不可缺少的一种加工技术。

一、焊接技术的发展和应用

焊接技术是随着金属的应用而出现的，焊接制造工艺具有多学科综合技术的特点，使得焊接技术能够更多、更快地融入最新科学技术的成就而具有时代发展的特征。

1. 古代焊接技术

我国是世界上最早应用焊接技术的国家之一，我们的祖先为古老的焊接技术发展史留下了光辉篇章。古代的焊接方法主要是铸焊、钎焊和锻焊，其使用的热源都是炉火，主要用于制作装饰品、简单的工具和武器。

2022年考古发现的三星堆首件三器物焊接而成的文物——倒立顶尊人像（图0-1），高近1.5m，由三部分单独铸造后焊接而成。远在战国时期，铜器的本体、耳、足就是利用钎焊连接的，如战国时期青铜四兽鼎（图0-2）。1980年出土的秦始皇陵铜车马（图0-3），制作年代在公元前210年之前，被誉为“青铜之冠”，铜车马的几千个零件的连接，主要采用的就是铸焊和钎焊。战国时期制造的刀剑（图0-4），刀刃为钢，刀背为熟铁，一般是经过加热锻焊而成。明代科学家宋应星所著的《天工开物》一书中叙述，如“凡铁性逐节黏合，涂黄泥于接口之上，如火挥锤，泥渣成枵而去，取其神气为媒合，胶结之后，非灼红斧斩，永不可断也。”证明当时已经懂得在锻焊时使用溶剂，以获得质量较高的焊接接头。

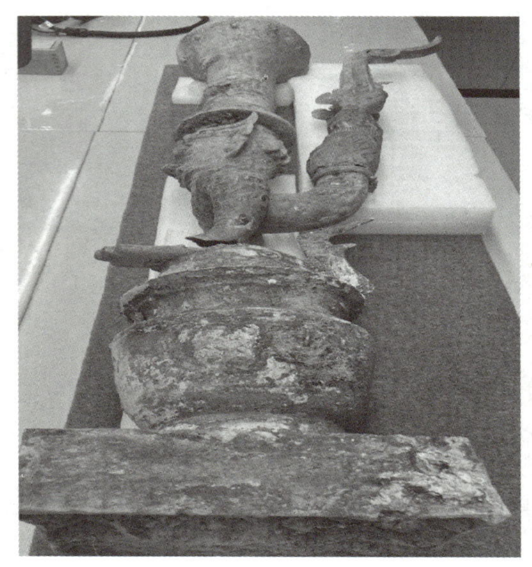

图 0-1 三星堆倒立顶尊人像

图 0-2 青铜四兽鼎

图 0-3 秦始皇陵铜车马

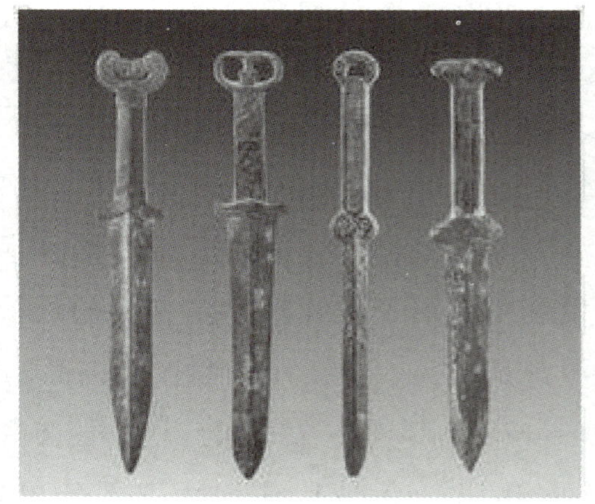

图 0-4 战国时期的刀剑

2. 近现代焊接技术

在 19 世纪末期，电力生产得到发展以后，人们才有条件研究电弧的实际应用，从 1882 年发明电弧焊到现在已有一百多年的历史，在电弧焊的初期，不成熟的焊接工艺使焊接在生产中的应用受到限制，只是采用气焊和焊条电弧焊等简单方法。直到 20 世纪 40 年代，焊接技术的发展迈进了一个新的历史阶段，特别是进入 20 世纪 50 年代之后，新的焊接方法以前所未有的发展速度相继研究成功，如用电弧作热源的 CO_2 焊（1953 年）和等离子弧焊（1957 年）；属于其他热源的电渣焊（1951 年）、超声波焊（1956 年）、电子束焊（1956 年）、摩擦焊（1957 年）、爆炸焊（1963 年）、脉冲激光焊（1965 年）和连续激光焊（1970 年）等。此外，还有多种派生出来的焊接方法，例如活性气体保护焊、各种形式的脉冲电弧焊、窄间隙焊、搅拌摩擦焊和全位置焊等。

新中国成立后，特别是改革开放以来，我国焊接技术得到了迅速发展，目前已作为一种基本工艺方法广泛应用于各个工业部门，并成功焊接了许多重要产品。中国先后自行研制、开发和引进了一些先进的焊接设备、技术和材料。目前，国际上在生产中已经采用的成熟焊接方法与装备，在国内也都有所应用，只是应用的深度和广度有所不同而已。近年来，能量束焊接、太阳能焊接、冷压焊等新的焊接方法也正在研究和使用，尤其是在焊接工艺自动控制方面有了很大的发展；采用电子计算机控制，采用全数字化焊接电源，可以获得较好的焊接质量和较高的生产率；采用视频监控焊接过程，便于遥控，有助于实现焊接自动化；焊接过程中采用工业机器人使焊接工艺自动化，达到了一个崭新的阶段，人不能到达的地方能够用机器人进行焊接，既安全又可靠，特别是在原子能工业中更具发展前景。

随着相关学科技术的发展和进步，不断有新的知识融合到焊接技术中，如计算机、微电子、数字控制、信息处理、工业机器人及激光技术等已经被广泛应用于焊接领域，使焊接的技术含量得到了极大提高，焊接行业已经渗透到制造业的各个领域。

近几年来，中国制造业焊接技术的创新和进步举世瞩目，焊接技术在国民经济建设和社会发展中起着无可替代的作用。焊接技术的应用已遍及航空、造船、化工、电力、桥梁、建筑、车辆制造等各行各业，例如：港珠澳大桥（图 0-5）、国产 C919 飞机（图 0-6）、液化石油气（LNG）船、“奋斗者”号潜水艇（图 0-7）、神舟飞船（图 0-8）、中国第一艘 30 万 t 超大型原油船（长 333m，宽 58m）、三峡水电站 700MW 水轮机转轮（世界最大、最重的铸-焊结构转轮）、千吨级加氢反应器、西气东输工程、国家体育场“鸟巢”（用钢量最多、规模最大、施工难度最大的全焊钢结构体育场馆）（图 0-9）、国家大剧院（世界最大的穹顶建筑）（图 0-10）等。

焊接技术的发展趋势是发展高效、自动化、智能型、节能、环保型的焊接，并适应新型工程材料发展趋势的焊接工艺、设备和耗材。

图 0-5 港珠澳大桥

图 0-6 国产 C919 飞机

图 0-7 “奋斗者”号潜水艇

图 0-8 神舟飞船

图 0-9 国家体育场“鸟巢”

图 0-10 国家大剧院

二、本课程的学习内容及要求

本课程的内容主要包括三部分：焊接基本理论知识，各种基本焊接方法的原理、特点及工艺，金属的焊接性及焊接检验。

“焊工工艺学”是焊接技术应用专业的专业核心课程，也是一门实践性很强的课程，学习时应注意与其他课程和生产实习相配合，要理论与实践相结合，通过实践深化所学知识。期望通过本课程和相关课程的学习，能够较熟练地从事焊接技术工作。

随着我国制造业的发展，焊接工作量越来越大，对焊接技术要求也越来越严格。我们必须加倍努力，勤学苦练，以适应我国新型工业化发展需求，为我国发展成为制造强国、质量强国贡献力量。

【焊花飞扬】

“金手天焊”——大国工匠高凤林

高凤林，中国航天科技集团有限公司第一研究院211厂特种焊接特级技师，他一次次攻克发动机喷管焊接技术难关，先后为90多枚火箭焊接过“心脏”，被称为焊接火箭“心脏”的“中国第一人”。他是全国劳动模范、全国五一劳动奖章获得者，享受国务院政府特殊津贴。

大国工匠高凤林

模块一

焊接概述

【学习指南】 正确认识焊接，了解焊接方法的种类，掌握焊接安全和劳动保护，是本章的学习目标。

第一节　焊接的概念和特点

一、焊接的定义和分类

在机械制造工业中，金属结构采用的连接方法主要有两大类：一类是可拆卸的连接，拆卸时零件基本上不破坏，如螺栓、键、销等的连接；另一类是永久的连接，其拆卸只有在毁坏零件后才能实现，如铆接、焊接等。而焊接是工业生产中将零件（或构件）连接起来最常用的一种加工方法。它不仅可以连接金属，也可以连接玻璃、塑料、陶瓷等非金属。

焊接就是将两种或两种以上同种或异种材料通过原子或分子之间的结合和扩散连接成一体的工艺过程。

促使原子或分子间产生结合和扩散的方法是加热或加压，或同时加热又加压。按照母材金属焊接时所处状态和工艺特点，可以把焊接方法分为熔焊、压焊和钎焊三类。

1）熔焊是在焊接过程中，将待焊处的母材金属熔化以形成焊缝的焊接方法。

2）压焊是在焊接过程中，必须对焊件施加压力（加热或不加热），以完成焊接的方法，在施加压力的同时，被焊金属接触处可以加热至熔化状态，如点焊和缝焊；也可以加热至塑性状态，如电阻对焊、锻焊和摩擦焊；也可以不加热，如冷压焊和爆炸焊等。

3）钎焊是采用比母材熔点低的金属材料作钎料，将焊件和钎料加热到高于钎料熔点，低于母材熔化温度，利用液态钎料润湿母材，填充接头间隙并与母材相互扩散实现连接焊件的方法，常见的有烙铁钎焊、火焰钎焊等。

目前焊接方法的分类如图 1-1 所示。

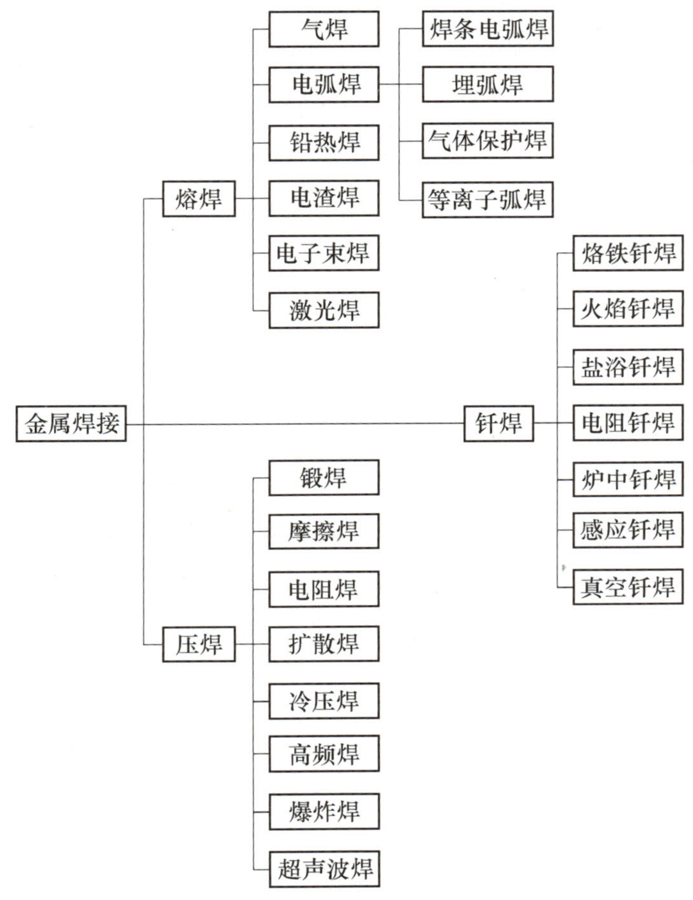

图 1-1　焊接方法的分类

二、焊接的特点

1. 优点

1）与铆接相比，焊接可以节省金属材料，从而减轻了结构的重量。

2）焊接工艺过程比较简单，生产率高，焊接既不需要像铸造那样要进行制作木型、造砂型、熔炼、浇注等一系列工序，也不像铆接那样要开孔、制造铆钉并加热等，因而缩短了生产周期。

3）焊接接头不仅强度高，而且其他性能（物理性能、耐热性能、耐腐蚀性能及密封性）都能够与焊件材料相匹配。

4）焊接可以化大为小，并能将不同材料连接成整体制成双金属结构；还可以将不同种类的毛坯连成铸-焊、铸-锻-焊复合结构，从而充分发挥材料的潜力，提高设备利用率，用较小的设备制造出大型的产品。

2. 缺点

1）焊接容易引起变形和产生内应力，焊后有时要做校正处理，对重要构件还要进行焊后热处理，以改善焊缝组织和消除内应力。

2）某些焊接方法会产生强光或有害气体和烟尘，必须采取相应的劳保措施，以保护工人的身体健康。

第二节 焊接安全和劳动保护

在焊接过程中，焊工要与电、可燃及易爆的气体、易燃的液体、压力容器等接触，有时还要在高处、水下、容器设备内部等特殊环境中作业；而焊接过程中还会产生有害气体、烟尘、电弧光的辐射、焊接热源（电弧、气体火焰）的高温及高频磁场、噪声和射线等一些污染。如果焊工不熟悉相应的安全操作规程，不注意污染控制，不重视劳动保护，就可能引起触电、灼伤、火灾、爆炸、中毒、窒息等事故，这不仅会给国家造成经济损失，而且直接影响焊工及其他工作人员的人身安全。因此，必须高度重视焊接安全和文明生产。

一、预防触电

我国有关标准规定：干燥环境下的安全电压为36V，潮湿环境下的安全电压为12V。而焊接工作现场所用的网路电压为380V或220V，焊机的空载电压一般都在60V以上。因此，焊工在工作时必须注意防止触电。

1）弧焊设备的外壳必须接地，与电源连接的导线要具备可靠的绝缘性。

2）弧焊设备的一次侧接线、修理和检查应由电工进行操作，焊工不可私自拆修。二次侧接线焊工可以进行连接。

3）推拉电源刀开关时，必须戴干燥的手套，面部要偏斜，以免推拉开关时，电弧火花灼伤脸部。

4）焊工的工作服、手套、绝缘鞋应保持干燥。在潮湿的场地作业时，必须应用干燥的木板或橡胶板等绝缘物做垫板。雨天、雪天应避免在露天焊接。

5）为了防止焊钳与焊件之间发生短路而烧坏焊机，焊接结束前，应将焊钳放置在可靠的部位，然后再切断电源。

6）更换焊条必须戴好焊工手套，并且避免与焊件接触，尤其在夏季因身体出汗而衣服潮湿时，切勿靠在接有焊接电源的钢板上，以防触电。

7）在容器或船舱内以及其他狭小的焊接构件内焊接时，必须两人轮换操作，其中一人在外面监护。同时，要采用橡胶垫类的绝缘物与焊件隔开，防止触电。

8）在光线较暗的场地、容器内操作或夜间工作时，使用照明灯的电压应不大于 36V。

9）电缆必须有完整的绝缘性，不可将电缆放在焊接电弧的附近或灼热的金属上，避免高温烧坏绝缘层；同时，要避免碰撞磨损。焊接电缆如有破损，应及时修理或调换。

10）遇到焊工触电时，切不可赤手去拉触电者，应先迅速将电源切断，或用干木棍等绝缘物将电线从触电者身上挑开。如果触电者呈昏迷状态，或心跳停止时，应立即进行人工呼吸和胸外挤压法抢救，并尽快送医院抢救。

二、预防电弧辐射

焊接作业时，接触的辐射主要包括可见光、红外线、紫外线三种辐射。过强的可见光耀眼炫目；眼部受到红外线辐射时，会感到强烈的灼伤和灼痛，发生闪光幻觉；紫外线对眼睛和皮肤有较大的刺激性，能引起电光性眼炎。电光性眼炎的症状是眼睛疼痛、有沙粒感、多泪、畏光、怕风吹等，但电光性眼炎经治愈后一般不会留任何后遗症。皮肤受到紫外线辐射时，先是痒、发红、触痛，以后变黑、脱皮。如果工作时注意防护，以上症状是可以避免的。为了预防弧光辐射，必须根据焊接电流来选择面罩中的电焊防护滤光玻璃，滤光玻璃分为 6 个型号，即 7~11 号，号数越大，颜色越深。焊接作业时，应采取以下措施预防弧光辐射：

1）焊工必须使用有电弧防护玻璃的面罩。

2）面罩应轻便、成形合适、耐热、不导电、不导热、不漏光。

3）焊工工作时，应穿白色帆布工作服，防止弧光灼伤皮肤。

4）操作引弧时，焊工应注意周围的人员，以免强烈的弧光伤害他人的眼睛。

5）在厂房内和人多的区域进行焊接时，尽可能地使用防护屏，避免周围的人受弧光伤害。

6）重力焊或装配定位焊时，要特别注意弧光的伤害，因此要求焊工或装配工应戴防光眼镜。

三、预防焊接烟尘和有害气体

金属烟尘是电弧焊的一种主要有害物质，其主要成分是铁、硅、锰等，其中主要有毒物是锰。此外，在焊接电弧的高温和强烈的紫外线作用下，在弧焊区周围会形成臭氧、氮氧化合物、一氧化碳和氟化氢等有毒气体。其主要防护措施为：排除烟尘、有毒气体和采取通风技术措施。必要时应戴静电口罩或氯化布口罩、甚至戴上防毒面具，可过滤、隔离烟尘和阻止有毒气体的侵入。对焊接作业场所一般要求如下：

1）采用车间整体通风或焊接工位局部通风，排除焊接中产生的烟尘和有毒气体等。

2）在容器内焊接时要备有抽风机，以随时更换容器内的空气。

3）焊接非铁金属时，要注意采用高效率的局部排除烟尘设备。

四、现场安全作业

焊工除了进行金属构件的焊接，经常还要进行检修、抢修工作，由于检修和抢修工作现场具有一定的特殊性和复杂性，如果忽视现场安全作业，则容易出现安全事故。因此，焊工必须了解这方面的安全常识。

1）严禁焊割场地周围10m范围内存放易燃、易爆物品。

若需要焊接切割的构件处于禁火区，必须按禁火区的管理规定申请动火证。操作人员按动火证上规定的部位和时间动火，不准超越范围和时间，发现问题应停止操作并研究处理。

2）严禁所检修的设备在未泄压的状况下进行焊接与切割。

3）盛装可燃气体和有毒物质的各种容器，未经清洗，不能焊接与切割。

4）有电流和压力的导管、设备、器具等，在未断电、泄压前，不能焊接与切割。

5）焊接电缆的接地不能乱接乱搭，以免错接在煤气管道或氧气管道等危险处，发生爆炸事故。

6）雨天、雪天和刮大风（六级以上）时，禁止高空作业。

7）高空作业遇到较高焊接处，而焊工够不到时，不要勉强操作，应重新搭设平台后进行操作。

8）夏季使用的氧气瓶和乙炔瓶不能在烈日下暴晒，以免气体膨胀发生爆炸。冬季如遇瓶阀或减压器冻结时，应用热水解冻，严禁用火烤。

第三节　焊工职业相关证书

一、焊接职业资格证书

职业资格证书是劳动者具有从事某一职业所必备的学识和技能的证明。它是劳动者求职、任职、开业的资格凭证，也是用人单位招聘、录用劳动者的主要依据。焊工国家职业技能资格证原来由国家劳动和社会保障部门签发，随着职业“1+X”证书制度的改革与推广，现在可由国家劳动和社会保障部门认定的具有鉴定资格的企业或学校进行考核签发。

为了与国际接轨，我国采用国家职业资格制，分为五级，即初级（国家职业资格五级）、中级（国家职业资格四级）、高级（国家职业资格三级）、技师（国家职业资格二级）、高级技师（国家职业资格一级）。以中级为例，如图 1-2 所示 .

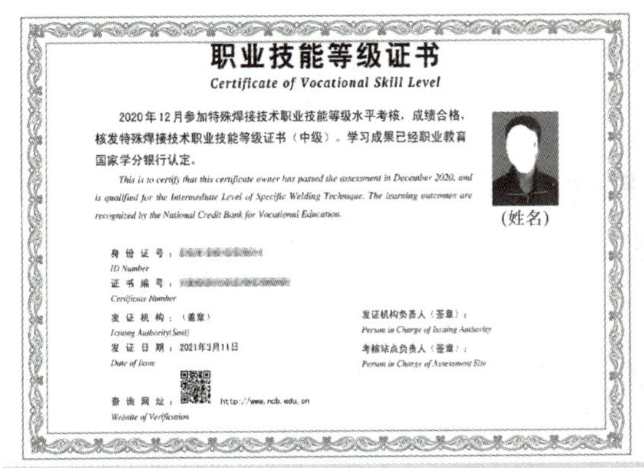

职业技能等级证书
Certificate of Vocational Skill Level

2020年12月参加特殊焊接技术职业技能等级水平考核，成绩合格，核发特殊焊接技术职业技能等级证书（中级）。学习成果已经职业教育国家学分银行认定。

This is to certify that this certificate owner has passed the assessment in December 2020, and is qualified for the Intermediate Level of Specific Welding Technique. The learning outcomes are recognized by the National Credit Bank for Vocational Education.

(姓名)

身份证号：
ID Number
证书编号：
Certificate Number
发证机构：（盖章）
Issuing Authority(Seal)
发证日期：2021年3月11日
Date of Issue
发证机构负责人（签章）：
Person in Charge of Issuing Authority
考核站点负责人（签章）：
Person in Charge of Assessment Site
查询网址：http://www.ncb.edu.cn
Website of Verification

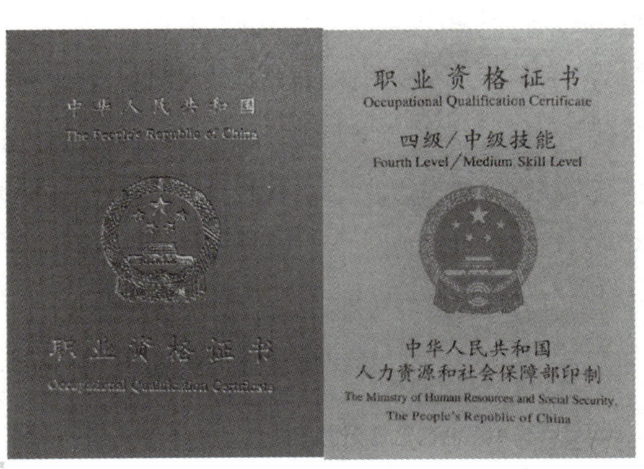

图 1-2　焊工“1+X”技能等级证与原焊工技能等级证书

二、行业资格证书

焊工从事的具体行业和岗位多种多样，很多具体工作中，除了要求焊工需持有职业资格证书外，还须持有相应的行业技能证书。

1. 金属焊接与热切割安全作业证

焊接作业属于特种作业之一，为保障人身安全，国家强制执行，焊工在从事焊接作业前必须考取金属焊接与热切割安全作业证，如图1-3所示。

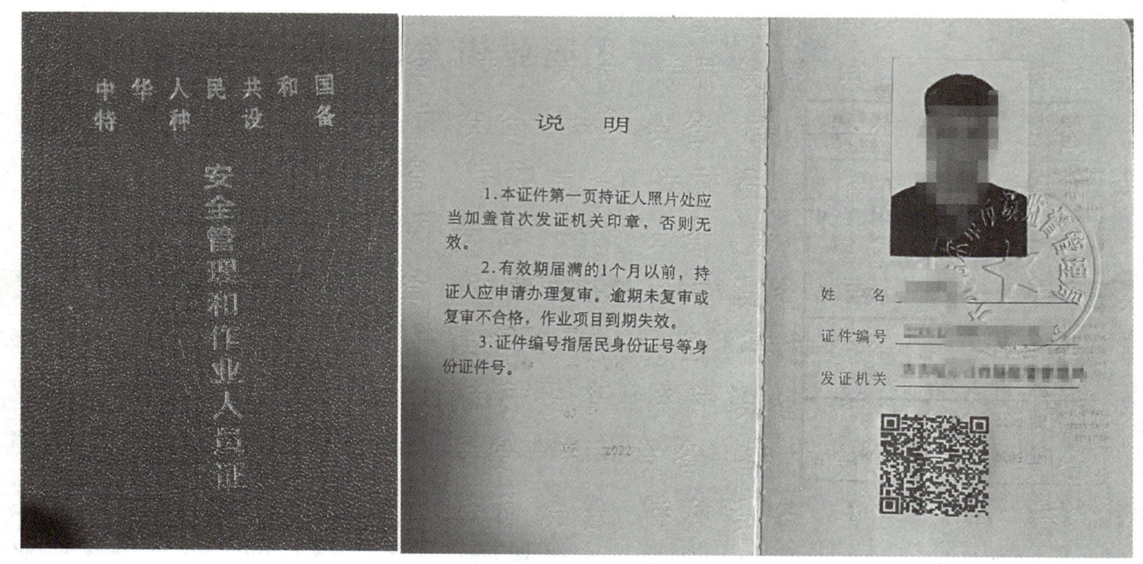

图1-3 金属焊接与热切割安全作业证

金属焊接与热切割安全作业证，亦称上岗证，由国家安全生产监督管理部门颁发。获取此证需经过培训考核，主要是进行本职业安全教育和简单的实习，达到焊接作业安全有保障，但不保证焊接操作技术水平。该证每2年由原考核发证部门复审一次，连续从事本工种10年以上的，经用人单位进行知识更新后，复审时间可延长至每4年一次。跨地区从业或跨地区流动施工单位的特种作业人员，可向从业或施工所在地的考核发证单位申请复审。

2. 锅炉压力容器类资格证书

锅炉压力容器压力管道特种设备焊接操作资格证，现改为《中华人民共和国特种设备作业人员证》（过去由劳动部门签发，称为《锅炉压力容器焊工合格证》），由国家技术监督检验检疫总局各省区特种设备安全监察局签发。由有资质的焊接培训单位对培训人员进行基础理论知识培训考核合格后，再进行技能培训考核。技能培训考核按项次进行，通常每个项次大概需培训20个工作日，考核分表面检查、内部检查、力学性能检查，均合格后签发证书。

根据《锅炉压力容器压力管道焊工考试与管理规则》，焊工技能分很多项次，而每一项次又对应一定的适用范围。这样就使持证焊工在持证范围内的焊接工程质量得以保证。

3. CCS 焊工证

CCS 是 CHINA CLASSIFICATION SOCIETY 的缩写，即中国船级社。CCS 焊工证是由中国船级社颁发的执行 CCS 标准的焊工技术证书。进行船舶焊接的焊工必须持有该证书。

CCS 焊工证是中国船级社焊工不可缺少的技术资格鉴定证书，进行船舶焊接的焊工必须持有该证书。

申报 CCS 焊工证，需具有下列条件之一：

1）持有技校焊接专业的毕业证书，现从事焊接工作者。

2）能独立承担焊接工作，具有熟练操作技能，现从事焊接工作者。

3）经过基本知识和操作技能培训者。

4）参加水下焊工考试者，应持有有效的潜水员证书或潜水学校颁发的潜水员毕业证书，并具有一定的水下焊接技能，或为经过水下焊接培训的潜水员。

从事船舶焊接作业的焊工，按 CCS 规范要求，参加相应类别的资格考试，考试合格者，CCS 将颁发相应的焊工资格证书。

4. 建筑焊工证

建筑焊工证属于建筑施工特种作业操作资格证之一。建筑施工特种作业操作资格证主要是指从事建设行业特殊工种作业人员必须熟悉相应特殊工种作业的安全知识及防范各种意外事故的技能，必须持有建设行政主管部门和劳动主管部门共同颁发的《职业资格证书》和建设部监制、省级建设行政主管部门核发的建工建筑施工特种作业操作资格证书。

【焊花飞扬】

高铁焊接大师——大国工匠李万君

高铁焊接大师——大国工匠李万君

李万君，中车长春轨道客车股份有限公司高级技师，被誉为“工人院士”，全国劳动模范，全国五一劳动奖章、中华技能大奖获得者，享受国务院政府特殊津贴，是中国第一代高铁工人中的杰出代表。他凭着一股不服输的钻劲、韧劲，从一名普通焊工成长为我国高铁焊接专家，先后进行技术攻关 100 余项，其中 21 项获国家专利，填补了我国氩弧焊焊接转向架环口的空白。

【考级练习与课后思考】

一、判断题

1. 焊接是一种可拆卸的连接方式。（ ）

2. 铆接不是永久性连接方式。（ ）

3. 焊接只能将金属材料永久性地连接起来，而不能将非金属材料永久性地连接起来。（ ）

4. 钎焊是母材熔化而钎料不熔化。（ ）

5. 电阻焊是常用的压焊方法。（ ）

6. 遇到焊工触电时，切不可赤手去拉触电者，应先迅速切断电源，或用干木棍等绝缘物将电线从触电者身上挑开。（ ）

7. 严禁焊割场地周围 20mm 范围内存放易燃易爆物品。（ ）

8. 雨天、雪天和刮大风（六级以上）时，禁止高空作业。（ ）

9. 长时间接触红外线会导致眼睛失明。（ ）

10. 触电危险性与人体状况有关。（ ）

11. 当触电者停止呼吸、心跳时，可同时用人工呼吸法和胸外挤压法进行急救。（ ）

12. 触碰设备不带电的外露金属部分，如金属外壳、金属护罩和金属构架等，不会触电。（ ）

13. 从事特殊作业的人员必须经过专门培训考核，方可上岗作业。（ ）

14. 从业人员在作业过程中，应当严格遵守本单位的安全生产规章制度和操作规程，服从管理，正确佩戴和使用劳动防护用品。（ ）

15. 当作业环境良好时，如果忽视个人防护，人体仍有受害危险，但在密闭容器内作业时危害较小。（ ）

16. 登高焊割作业不应避开高压线、裸导线及低压线。（ ）

17. 电光性眼炎是由红外线引起的。（ ）

18. 电焊护目镜的主要作用是过滤红外线，以保护焊工眼睛免受弧光灼伤。（ ）

19. 焊工推拉闸刀时要面对电闸，以便看得清楚。（ ）

20. 高处焊接、切割时，应根据作业高度和环境条件，定出危险区的范围，禁止在作业区下方及危险区内存放易燃、易爆物品和停留人员。（ ）

21. 焊工应该定期检查身体，早期防治职业病。（ ）

22. 焊工在操作时不应穿有铁钉的鞋，可以穿布鞋。（ ）

23. 焊接与切割作业的工作服，不能用一般合成纤维织物制作。（ ）

24. 焊接作业之所以被视为特种作业，是因为它对操作者的技术水平要求高。（　　）

二、选择题

1. 有关______概念正确的是，对焊件施加压力，加热或不加热。

A. 熔焊　　B. 压焊　　C. 钎焊

2. 我国标准规定：潮湿环境下的安全电压为______。

A. 12V　　B. 24V　　C. 36V

3. 能引起电光性眼炎的是______。

A. 可见光　　B. 红外线　　C. 紫外线

4. 金属烟尘是电弧焊的一种主要有害物质，其成分中主要有毒物是______。

A. 铁　　B. 锰　　C. 硅

5. 焊接结构的主要缺点是______。

A. 变形和内应力　　B. 生产率低　　C. 适应范围的局限性

6. ______应持资格证书上岗。

A. 特种作业人员　　B. 新入厂人员　　C. 复岗人员　　D. 转岗员工

7. ______是消除焊接粉尘和有毒气体，改善劳动条件的有力措施。

A. 防范措施　　B. 有效治理措施

C. 提高技术水平措施　　D. 通风技术措施

8. 下列说法正确的是______。

A. 遇到间接或者可能危及人身安全的情况应立即撤离

B. 最大限度地保护现场作业人员的生命安全是第一位的

C. 保护现场作业人员的生命安全是次要的

三、简答题

1. 什么是焊接？焊接方法分为哪几类？各有何特点？

2. 焊接与铆接、铸造等方法相比有哪些优缺点？

3. 焊工为何属于特种作业人员？都有哪些危害和不安全因素？

4. 如何预防触电和电弧辐射？

5. 焊接现场作业需注意哪些安全常识？

【拓展学习】

焊工安全事故案例分析

模块二

焊接电弧与弧焊电源

【学习指南】 电弧是所有电弧焊的能源，电弧焊在所有焊接方法中始终占据着主要地位，其重要原因就是因为电弧能有效而简便地把电能转换成熔化焊接过程所需要的热能和机械能，而弧焊电源则是为电弧提供电能并保证焊接工艺过程稳定的装置。为了认识和掌握电弧焊方法，首先必须弄清电弧的实质，掌握电弧的基础知识，以及对弧焊电源的要求，通过学习，把焊接电弧的理论知识应用到电弧焊焊接工作中，从而达到提高焊接质量的目的。

第一节 焊接电弧

一、焊接电弧的概念

焊接电弧是在两电极之间的气体介质中产生强烈而持久的气体放电现象。在电弧焊中，焊接电弧由焊接电源供给，是焊接回路中的负载，如图 2-1 所示。

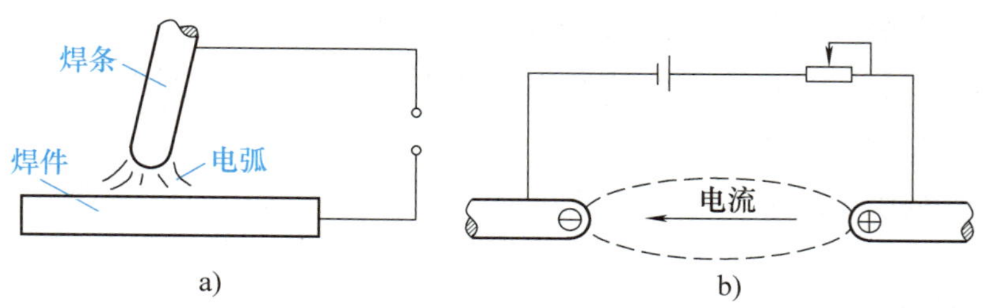

图 2-1 焊接电弧示意图

一般情况下，气体的分子和原子是呈中性的，气体中没有带电粒子。因此，气体不能导电，电弧也不能自发地产生。而焊接电弧在一定的电场力作用下，在具有一定电压的两极间或电极与母材间，将电弧所在空间的气体电离，使中性的气体分子或原子电离为带正电荷的正离子和带负电荷的负离子（电子），但是如果只有气体电离而阴极不能发射电子，没有电流通过，那么还是不能形成电弧，因此阴极电子发射也和气体电离一样，两者都是电弧产生和维持的必要条件。电弧焊主要利用电弧热能来熔化焊接材料和母材，达到连接金属的目的。

二、焊接电弧的引燃

焊接电弧的引燃一般有两种方式：接触引弧和非接触引弧。

1. 接触引弧

弧焊电源接通后，将电极（焊条或焊丝）与焊件直接短路接触，然后迅速将焊条或焊丝提起（2~4mm）而引燃电弧，称为接触引弧，接触引弧主要应用于焊条电弧焊、埋弧焊、熔化极气体保护焊等。接触引弧又有划擦法引弧和直击法引弧两种。

引弧时，当电极与焊件接触时，回路电流增大到最大值，由于电极表面不平整，因而接触部分通过的电流密度非常大，使接触部分金属熔化，甚至汽化，随后迅速提起焊条或焊丝时，强大的电流只能从熔化金属的细颈通过，细颈部分液体金属的温度迅速升高，直至汽化爆断，使两极液体金属迅速分开。此时间隙中的气体温度增高，使气体发生强烈电离，同时促使了阴极发射电子，从而引燃电弧，其引燃过程如图 2-2 所示。

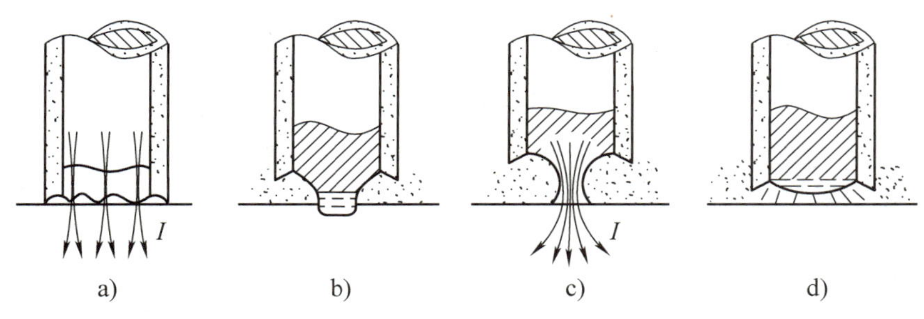

图 2-2　焊接电弧引燃过程

在拉开电极的瞬间，弧焊电源电压由短路时的零值增高到引弧电压值所需要的时间称为电压恢复时间。电压恢复时间对于焊接电弧的引燃及焊接过程中电弧的稳定性具有重要的意义。如果电压恢复时间太长，则电弧就不容易引燃及造成焊接过程不稳定，这个时间的长短，是由弧焊电源的特性决定的。在电弧焊时，对电压恢复时间要求越短越好，一般不超过0.05s。

2. 非接触引弧

引弧时电极与焊件之间保持一定间隙，然后在电极和焊件之间施以高电压击穿间隙，使电弧引燃，这种引弧方式称为非接触引弧。这种方法一般借助于高频或高压脉冲装置，在阴极表面产生强场发射，使发射出来的电子流与气体介质撞击，使其电离导电。非接触引弧主要应用于钨极氩弧焊和等离子弧焊。

第二节 焊接电弧的组成及静特性

一、焊接电弧的组成及温度分布

用直流电焊机焊接时，焊接电弧由阴极区、阳极区和弧柱区组成，如图2-3所示。

1. 阴极区

阴极区在靠近阴极的地方，与焊接电源负（-）极相连，该区很窄。在阴极上有一个非常亮的斑点，称为“阴极斑点”，是集中发射电子的地方。

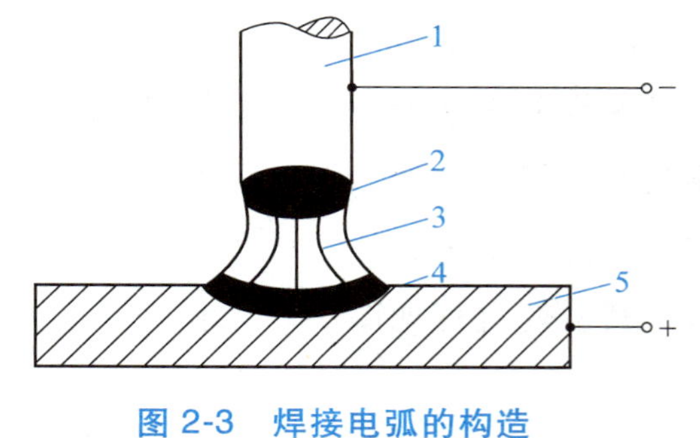

图2-3 焊接电弧的构造

1—焊条 2—阴极区 3—弧柱区 4—阳极区 5—焊件

2. 阳极区

阳极区在靠近阳极的地方，与焊接电源正（+）极相连，该区比阴极区宽些。在阳极区有一个发亮的斑点，称为“阳极斑点”。它是电弧放电时，正电极表面上接收电子的微小区域。

3. 弧柱区

弧柱区在电弧的中部，弧柱区较长。电弧长度一般是指弧柱区的长度。

阴极区和阳极区的温度取决于电极材料的熔点。当两极材料均为钢铁时，“阳极斑点”的温度为2600℃左右，产生的热量占电弧总热量的43%。“阴极斑点”的温度为2400℃左右，产生的热量约占电弧总热量的36%。弧柱区的温度可达5730~7730℃，但热量只约占电弧总热量的21%，其温度与气体介质的种类有关，通常中心部分弧柱的热量大部分被辐射，因此要求焊接时应尽量压低电弧，使热量得到充分利用。

以上分析的是直流电弧的热量和温度分布情况。用交流电焊机时，电源的极性是周期性改变的，电极交替为阴极或阳极，所以两个电极区的温度趋于一致，近似于它们的平均值。

4. 电弧电压

电弧两端（两电极）之间的电压称为电弧电压。当弧长一定时，电弧电压由阴极压降、阳极压降和弧柱压降组成。

二、电弧的静特性

在电极材料、气体介质和弧长一定的情况下，电弧稳定燃烧时，焊接电流与电弧电压变化的关系称为电弧静特性，也称电弧的伏-安特性。图 2-4 所示为普通电阻的静特性曲线与电弧的静特性曲线对比。

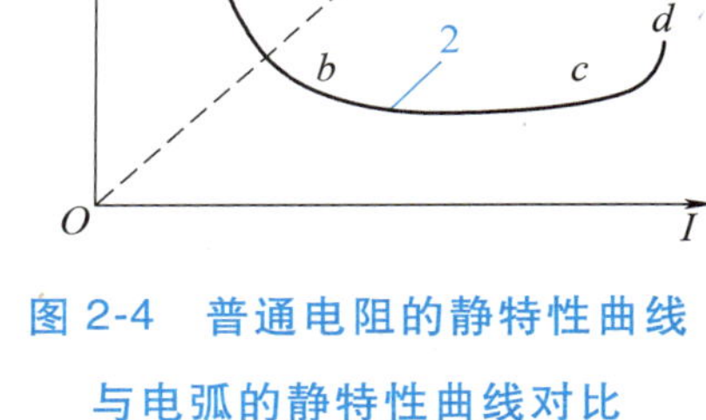

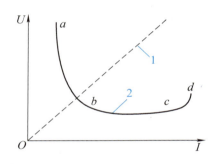

图 2-4　普通电阻的静特性曲线与电弧的静特性曲线对比

1—普通电阻静特性曲线

2—电弧的静特性曲线

1. 电弧静特性曲线

普通电阻的电阻值是常数，遵循欧姆定律，表现为一条直线，如图 2-4 中的曲线 1。而焊接电弧是焊接回路中的负载，也相当于一个电阻性负载，但其电阻值不是常数。电弧两端的电压与通过的焊接电流不成正比关系，而呈 U 形曲线关系，如图 2-4 中的曲线 2。

电弧静特性曲线分为三个不同的区域，当电流较小时（图 2-4 中的 *ab* 区），电弧静特性属下降特性区，即随着电流增大，电压减小；当电流稍大时（图 2-4 中的 *bc* 区），电弧静特性属平特性区，即电流变化时，电压几乎不变；当电流较大时（图 2-4 中 *cd* 区），电弧静特性属上升特性区，电压随电流的增大而增大。

一般情况下，电弧电压总是与电弧长度密切相关，当电弧长度增加时，电弧电压升高，其静特性曲线的位置也随之上升，如图 2-5 所示。

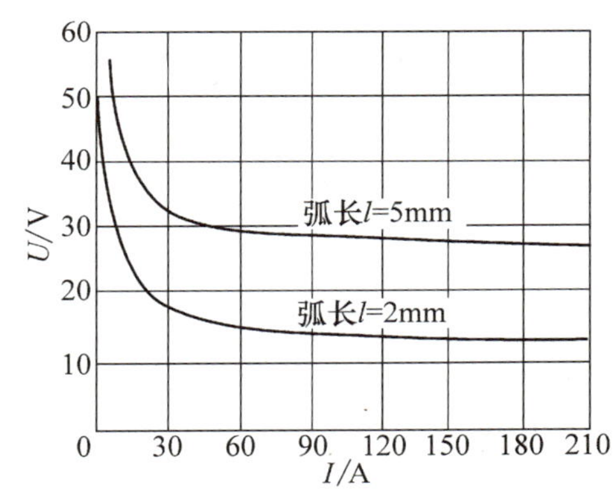

图 2-5　不同电弧长度的静特性曲线

2. 电弧静特性曲线的应用

不同的电弧焊方法，在一定的条件下，其静特性只是曲线的某一区域。静特性的下降特性区由于电弧燃烧不稳定而很少采用。

（1）焊条电弧焊　其静特性一般工作在平特性区，即电弧电压只随弧长而变化，与焊接电流关系很小。

（2）钨极氩弧焊　在小电流区间焊接时，其静特性一般也工作在下降特性区；在大电流区间焊接时，才工作在平特性区。

（3）细丝熔化极气体保护电弧焊　由于电流密度很大，因此其静特性基本上工作在上升特性区。

（4）埋弧焊　在正常电流密度下焊接时，其静特性为平特性区；采用大电流密度焊接时，其静特性为上升特性区。

第三节　焊接电弧的稳定性

焊接电弧的稳定性是指电弧保持稳定燃烧（不产生断弧、飘移和偏吹等）的程度。电弧的稳定燃烧是保证焊接质量的一个重要因素，因此，维持电弧稳定性是非常重要的。电弧不稳定的原因除焊工操作技术不熟练外，主要因素有以下几方面：

一、弧焊电源的影响

焊接电流种类和极性都会影响电弧的稳定性。采用直流电源比采用交流电源焊接时电弧燃烧稳定；电源反接比电源正接的电弧燃烧稳定；具有较高空载电压的焊接电源不仅引弧容易，而且电弧燃烧也稳定。不管采用直流电源还是交流电源，为了电弧能稳定地燃烧，都要求电焊机具有良好的工作特性。

二、焊条药皮或焊剂的影响

焊条药皮或焊剂中含有一定量电离电压低的元素（如K、Na、Ca等）或它们的化合物时，电弧的稳定性较好，这类物质称为稳弧剂。如果焊条药皮或焊剂中含有不易电离的氟化物、氯化物时，会降低电弧气氛的电离程度，使电弧的稳定性下降。

厚药皮的优质焊条比薄药皮焊条电弧稳定性好。当焊条药皮局部剥落或用潮湿、变质的焊条焊接时，电弧是很难稳定燃烧的，并且会导致严重的焊接缺陷。

三、气流的影响

在露天、特别是在野外大风中操作时，由于空气的流速快，对电弧稳定性的影响是明显的，会造成严重的电弧偏吹而无法进行焊接；在进行圆管焊接时，由于空气在圆管中流动速度较大，形成所谓“穿堂风”，使电弧发生偏吹；在开坡口的对接接头第一层焊缝的焊接时，如果接头间隙较大，在热对流的影响下也会使电弧发生偏吹。

四、焊接处清洁程度的影响

焊接处若有铁锈、水分及油污等脏物存在时，由于它们吸热进行分解，减少了电弧的热能，便会严重影响电弧的稳定燃烧，并影响焊缝质量，所以焊前应将焊接处清理干净。

五、磁偏吹的影响及控制

在正常情况下焊接时，电弧的中心轴线总是保持着沿焊条（丝）电极的轴线方向，即使在焊条（丝）与焊件有一定倾角时，电弧也跟着电极轴线的方向而改变。但在实际焊接中，往往会出现电弧中心偏离电极轴线方向的现象，这种现象称为电弧偏吹。

一旦发生电弧偏吹，电弧轴线就难以对准焊缝中心，从而影响焊缝成形和焊接质量。

造成电弧偏吹的原因除了气流的干扰、焊条偏心的影响，主要是由于磁场的作用。直流电弧焊时，因受到焊接回路所产生的电磁力的作用而产生的电弧偏吹称为磁偏吹。它是由于直流电所产生的磁场在电弧周围分布不均匀而引起的电弧偏吹。

造成电弧产生磁偏吹的因素主要有以下几方面：

1. 导线接线位置引起的磁偏吹

如图 2-6 所示，导线接在焊件一侧（接“+”），焊接时电弧左侧的磁力线由两部分组成：一部分是电流通过电弧产生的磁力线，另一部分是电流流经焊件产生的磁力线。而电弧右侧仅有电流通过电弧产生的磁力线，从而造成电弧两侧的磁力线分布极不均匀，电弧左侧的磁力线较右侧的磁力线密集，电弧左侧的电磁力大于右侧的电磁力，使电弧向右侧偏吹。如果把导线接线位置改为焊件一侧接“-”，则焊接电流方向和相应的磁力线方向都同时改变，但作用于电弧左、右两侧磁力线分布状况不变，故磁偏吹方向不变，即偏向右侧。

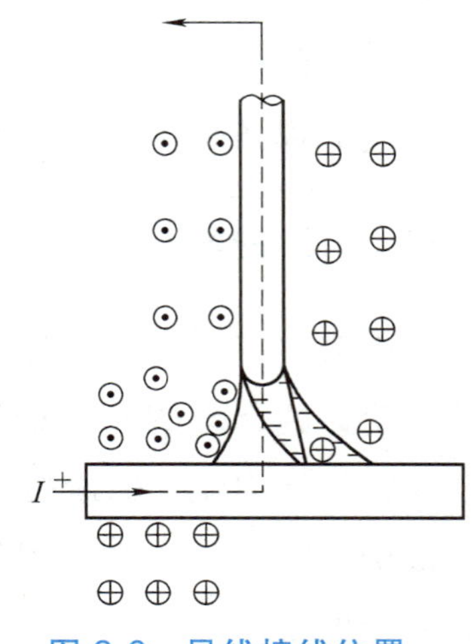

图 2-6 导线接线位置引起的磁偏吹

2. 铁磁物质引起的磁偏吹

由于铁磁物质（如钢板、铁块等）的导磁能力远远大于空气，因此，当焊接电弧周围有铁磁物质存在时，在靠近铁磁物质一侧的磁力线大部分都通过铁磁物质形成封闭曲线，使电弧同铁磁物质之间的磁力线变得稀疏，而电弧另一侧磁力线就显得密集，造成电弧两侧的磁力线分布极不均匀，电弧向铁磁物质一侧偏吹，如图 2-7 所示。

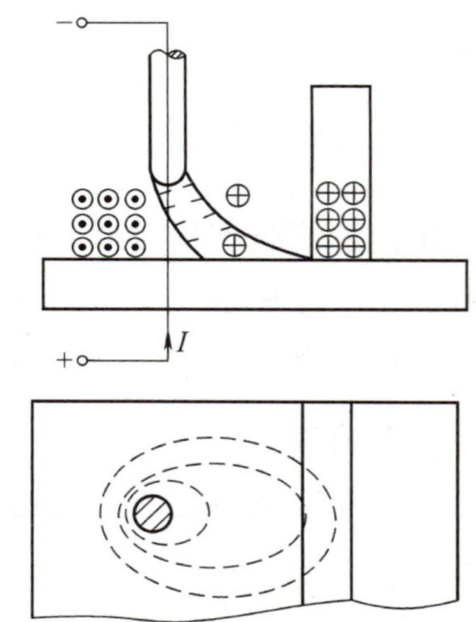

图 2-7 铁磁物质引起的磁偏吹

3. 电弧运动至焊件的端部时引起的磁偏吹

当在焊件边缘处开始焊接或焊接至焊件端部时，经常会发生电弧偏吹，而逐渐靠近焊件的中心时，电弧的偏吹现象就逐渐减小或没有。这是由于电弧运动至焊件的端部时，导磁面积发生变化，引起空间磁力线在靠近焊件边缘的地方密度增加，产生了指向焊件内侧的磁偏吹。

4. 防止或减小焊接电弧磁偏吹的措施

1）调整焊条角度，使焊条偏吹的方向转向熔池，即将焊条向电弧偏吹方向倾斜一定角度，这种方法在实际工作中应用得较广泛。

2）采用短弧焊接。因为短弧时受气流的影响较小，而且在产生磁偏吹时，如果采用短弧焊接，也能减轻磁偏吹程度，因此采用短弧焊接是减少电弧偏吹的较好方法。

3）在焊缝两端各加一小块附加钢板（引弧板及引出板），使电弧两侧的磁力线分布均匀并减少热对流的影响，以克服电弧磁偏吹程度。

4）改变焊件上导线接线部位或在焊件两侧同时接地线，可减轻因导线接线位置引起的磁偏吹程度。

5）采用小电流焊接，这是因为磁偏吹的大小与焊接电流有直接关系，焊接电流越大，磁偏吹越严重。

第四节　对弧焊电源的基本要求

弧焊电源是弧焊机的核心部分，是向焊接电弧提供电能的一种专用设备。它应具有一般电力电源所具有的特点，即结构简单、制造容易、节省电能、成本低、使用方便、安全可靠及维修容易等。但是，由于弧焊电源的负载是电弧，它的电气性能就要适应电弧负载的特点。因此，弧焊电源还需具备焊接的工艺适应性，即应具备容易引弧，能保证电弧稳定燃烧，焊接参数稳定、可调等特点。

一、弧焊电源外特性的要求

1. 弧焊电源外特性的概念

弧焊时，弧焊电源与电弧组成一个供电和用电系统。在稳定状态下，弧焊电源输出电压与输出电流之间的关系，称为弧焊电源的外特性。弧焊电源的外特性也称弧焊电源的伏-安特性。

弧焊电源的外特性可由曲线来表示，这条曲线称为弧焊电源的外特性曲线，如图 2-8 所示。弧焊电源的外特性基本上有三种类型：一是下降外特性，即随着输出电流的增大，输出电压减小；二是平外特性，即输出电流变化时，输出电压基本不变；三是上升外特性，即随着输出电流增大，输出电压随之增大。

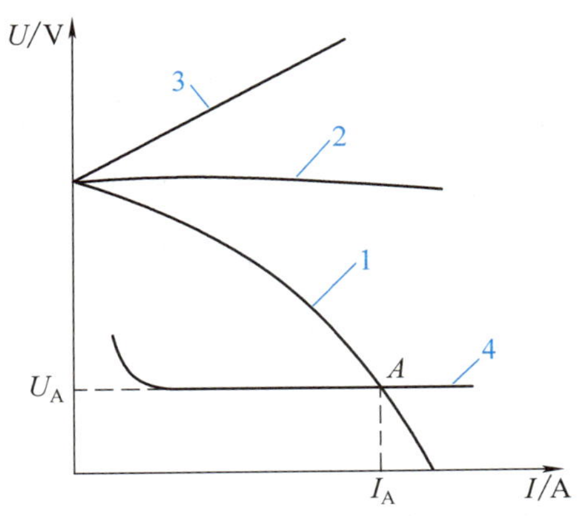

图 2-8　弧焊电源的外特性与电弧静特性的关系

1—下降外特性　2—平外特性

3—上升外特性　4—电弧静特性

2. 弧焊电源外特性曲线形状的选择

（1）焊条电弧焊　在焊接回路中，为了保证焊接电弧稳定燃烧和焊接参数稳定，电源外特性曲线与电弧静特性曲线必须相交。因为在交点，电源供给的电压和电流与电弧燃烧所需要的电压和电流相等，电弧才能稳定燃烧。由于焊条电弧焊电弧静特性曲线的工作段在平特性区，所以只有下降外特性曲线才与其有交点，如图 2-8 中的 A 点，此时电弧可以在焊接电压 U_A 和焊接电流 I_A 的条件下稳定燃烧。因此，具有下降外特性曲线的电源能满足焊条电弧的稳定燃烧。

下降外特性有缓降的，也有陡降的，哪一种更有利于电弧的稳定燃烧？图 2-9 所示为具有不同下降幅度的弧焊电源外特性曲线对焊接电流的影响情况。从图中可以看出，当弧长变化相同时，陡降外特性曲线 1 引起的电流偏差 ΔI_1 明显小于缓降外特性曲线 2 引起的电流偏差 ΔI_2，因此当电弧长度变化时，陡降外特性电源更有利于焊接参数稳定，从而使电弧较稳定。所以，焊条电弧焊对电源的基本要求是具有陡降的外特性。

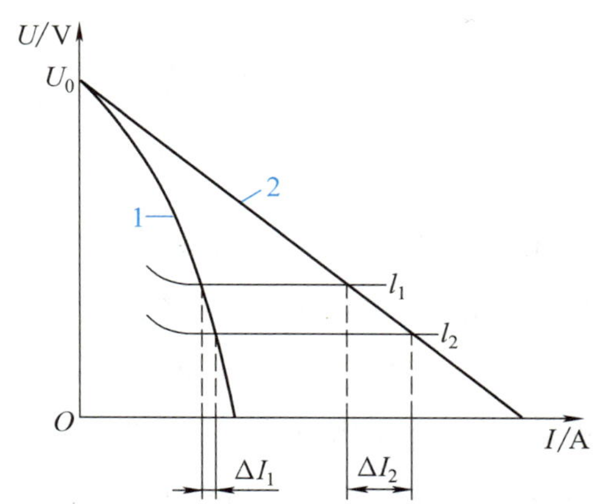

图 2-9 不同下降幅度外特性曲线对焊接电流的影响

（2）其他电弧焊方法 按照焊条电弧焊同样方法分析可知，钨极氩弧焊、等离子弧焊的静特性与焊条电弧焊相似，所以一般焊条电弧焊电源均可作为钨极氩弧焊、等离子弧焊电源使用。熔化极气体保护焊可采用平外特性、下降外特性电源，埋弧焊可采用下降外特性电源。

二、对弧焊电源空载电压的要求

当弧焊电源通电而焊接回路为开路时，弧焊电源输出端电压称为空载电压。空载电压的确定应遵循以下几项原则：

（1）电弧稳定性 为保证引弧容易，电弧稳定燃烧，必须具有较高的空载电压。

（2）经济性 电源的额定容量和空载电压成正比，空载电压越高，则电源容量越大，制造成本越高。

（3）安全性 过高的空载电压会危及焊工的安全。

因此，在确保引弧容易、电弧稳定燃烧的前提下，应尽量降低空载电压，一般空载电压不大于 100V。

三、对弧焊电源稳态短路电流的要求

弧焊电源稳态短路电流是弧焊电源所能稳定提供的最大电流，即输出端短路（电弧电压$U_h=0$）时的电流。在引弧和金属熔滴过渡时，经常发生短路。如稳态短路电流太大，焊条过热，则易引起药皮脱落，并增加熔滴过渡时的飞溅；如稳态短路电流太小，则会因电磁收缩力不足而使引弧和焊条熔滴过渡产生困难。因此，对于下降外特性的弧焊电源，一般要求稳态短路电流

$$I_{wd}=(1.25\sim2.0)I_h$$

式中　I_{wd}——稳态短路电流（A）；

I_h——焊接电流（A）。

四、对弧焊电源动特性的要求

焊接过程中，电弧总在不断变化，弧焊电源的动特性是指弧焊电源对焊接电弧的动态负载所输出的电流、电压对时间的关系，它表示弧焊电源对动态负载瞬间变化的反应能力。动特性合适时，引弧容易、电弧稳定、飞溅小、焊缝成形良好。弧焊电源的动特性是衡量弧焊电源质量的一个重要指标。

五、对弧焊电源调节特性的要求

在焊接中，由于焊接材料的性质、厚度，焊接接头的形式、位置，及焊条、焊丝直径等不同，焊接电流必须可调。焊机中电流的调节是通过改变弧焊电源外特性曲线位置来实现的。

我们知道，弧焊电源外特性曲线与电弧静特性曲线的交点，是电弧稳定燃烧点。因此，为了获得一定范围所需的焊接电流，就必须要求弧焊电源具有可以均匀改变的外特性曲线族，以便与电弧静特性曲线相交，得到一系列的稳定工作点，从而获得对应的焊接电流，这就是弧焊电源的调节特性。

第五节　常用弧焊电源

常用的弧焊电源按结构原理可以分为四大类：交流弧焊电源、直流弧焊电源、逆变式弧焊电源、脉冲弧焊电源。

一、交流弧焊电源

交流弧焊电源一般指弧焊变压器，通常称为交流电焊机。

1. 弧焊变压器的原理

弧焊变压器是具有陡降外特性的特殊的降压变压器。获得下降外特性的方法是在焊接回路中串联一个可调电感。此电感可以是一个独立的电抗器，也可以利用弧焊变压器本身的漏磁来代替。这类电焊机具有结构简单、便于制造、使用可靠、易于维修、节约电能、价格低廉、电流范围大等优点，但弧焊变压器电弧稳定性差、功率因数低。

2. 弧焊变压器的分类、型号、应用及特点（表2-1）

表2-1 弧焊变压器的分类、型号、应用及特点

结构型式	串联电抗式弧焊变压器			增强漏磁式弧焊变压器			
	同体式	分体式		动铁式	动圈式		抽头式
		单站式	多站式				
常用型号	BX-500 BX2-500 BX2-1000	BX10-100 BX10-500	BP-3-500	BX1-135 BX1-300 BX1-500	BX3-120 BX3-300 BX3-500	BX3-1-300 BX3-1-500	BX6-120 BX6-200
应用	大容量焊条电弧焊及埋弧焊电源	钨极氩弧焊电源	焊条电弧焊电源	焊条电弧焊电源	焊条电弧焊电源	交流钨极氩弧焊电源	小容量焊条电弧焊电源
特点	结构紧凑，效率高，占地面积小，成本低，在中、小电流范围使用时电流电弧不稳	已不再生产	易于搬动，容量大，可同时供多个工位使用。小电流焊接时电弧不稳，结构不紧凑	结构简单，体积小，易制造，较经济，引弧容易，宜做成中小容量焊机	振动小、电弧燃烧稳定、消耗电工材料多，经济性较差，因线圈移动受限，适合制成中等容量的弧焊电源		结构紧凑、质量小，无振动，使用可靠，焊接电流为有级调节，调节性能欠佳且不方便

二、直流弧焊电源

直流弧焊电源按其发展历史，经历了旋转直流弧焊机、弧焊整流器和逆变弧焊机，到最近的全数字化发展阶段。旋转直流弧焊机已被淘汰。弧焊整流器有硅弧焊整流器、晶闸管弧焊整流器、晶体管弧焊整流器。晶闸管弧焊整流器以其优异的性能，成为目前普遍应用的一种弧焊整流器。

1. 晶闸管弧焊整流器的原理

晶闸管弧焊整流器是利用晶闸管来整流，可获得所需的外特性及调节电压和电流，而且完全用电子电路来实现控制功能。

2. 晶闸管弧焊整流器的特点

动特性好，反应快；电流、电压可在较宽的范围内精确、快速地调节，能获得多种外特性并对其进行无级调节；结构简单，电源输入功率小，节能、省料；能较好地补偿电网电压波动和周围温度的影响，对于较低的焊接速度可采用微机控制。

目前市场上出现了一批小型晶闸管整流弧焊机，具有满足焊接要求，维修简易、价格便宜，在焊接生产中搬运轻便、灵活等优点。

3. 晶闸管弧焊整流器的应用范围

平特性晶闸管弧焊整流器适用于熔化极气体保护焊、埋弧焊以及对控制性能要求较高的数控焊，还可作为弧焊机器人的电源。下降特性晶闸管弧焊整流器适用于焊条电弧焊、钨极氩弧焊和等离子弧焊。

国产晶闸管弧焊整流器主要有 ZX5 系列和 ZDK 系列。常用典型晶闸管弧焊机的主要技术参数及用途见表 2-2。

表 2-2　常用晶闸管弧焊机的主要技术参数及用途

焊机型号		ZX5-250	ZX5-315	ZX5-400	LHE-400	ZX5-250B	ZD-500（ZDK-500）
输出	额定焊接电流/A	250	315	400	400	250	500
	额定负载持续率(%)	60					80
	电流调节范围/A	50～250	35～315	40～400	50～400	40～250	50～600
	额定空载电压/V	55	36	60	75	65	77
	工作电压/V	30	33	36			40
输入	电源电压/V	380					
	相数	3					
	额定输入电流/A	23	27.3	37			49
	额定输入容量/kV·A	15	18	24	24	19	36.4
用途		适用于所有牌号焊条的直流焊条电弧焊接，特别适用于碱性焊条焊接重要的结构			焊条电弧焊	用于焊条电弧焊、TIG 焊	焊条电弧焊与等离子弧切割

三、逆变式弧焊电源

逆变式弧焊电源也称为弧焊逆变器，是一种新型、高效、节能的弧焊电源，它是利用逆变（即将直流电变换成交流电）技术研制的一种具有发展前景的弧焊电源，具有较高的综合指标。

逆变式弧焊电源可分为四代产品：晶闸管（SCR）式、晶体管（GTR）式、场效应晶体管（MOSFET）式、绝缘门栅极晶体管（IGBT）式。

1. 弧焊逆变器的原理

弧焊逆变器主要由输入整流器、逆变器、中频变压器、输出整流器、电抗器及电子控制电路等部件组成，它通常采用单相或三相 50Hz 工频交流电，经整流、滤波变为直流电，再由逆变电路变为高压中频（几千到几十万赫兹）交流电，经降压后变为低压交流电或直流电。通常弧焊逆变器获得的是直流电，故常把弧焊逆变器称为逆变弧焊整流器。它的基本原理可以归纳为：交流—直流—交流—直流，如图 2-10 所示。

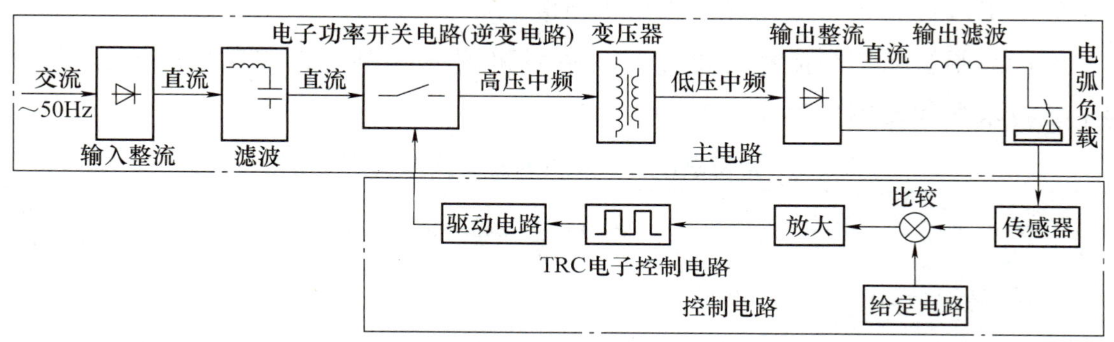

图 2-10　逆变式弧焊电源电路结构图

2. 弧焊逆变器的特点

高效节能，功率因数高，空载损耗极小，效率可达 80%~90%；质量小、体积小，中频变压器的质量只为传统弧焊电源降压变压器的几十分之一，整机质量仅为传统式弧焊电源的 1/10~1/5；具有良好的动特性和弧焊工艺性能；调速快，所有焊接参数均可无级调节；具有多种外特性，能适应各种弧焊方法的需要；可用微机或单旋钮控制调节；设备费用较低，但对制造技术要求较高。

3. 弧焊逆变器的应用

逆变弧焊器可用于焊条电弧焊、各种气体保护焊（包括脉冲弧焊、半自动焊）、等离子弧焊、埋弧焊、管状焊丝电弧焊等多种方法，还可适用于机器人弧焊电源。由于金属飞溅少，因此弧焊逆变器有利于提高机器人焊接的生产率。它是目前应用最广泛的焊接设备。

国产 ZX7 系列 IGBT 逆变焊机的主要技术参数见表 2-3。

表 2-3　国产 ZX7 系列 IGBT 逆变焊机主要技术参数

<table>
<tr><th colspan="2">型　号</th><th colspan="2">ZX7-160S</th><th>ZX7-200S</th><th>ZX7-250S</th><th>ZX7-315S</th><th>ZX7-400S</th><th>ZX7-500S</th></tr>
<tr><td rowspan="4">输出</td><td>额定焊接电流/A</td><td colspan="2">160</td><td>200</td><td>250</td><td>315</td><td>400</td><td>500</td></tr>
<tr><td>焊接电流调节范围/A</td><td colspan="2">5～160</td><td>5～200</td><td>25～250</td><td>15～315</td><td>15～400</td><td>15～500</td></tr>
<tr><td>空载电压/V</td><td colspan="2">70～80</td><td>70～80</td><td>70～80</td><td>70～80</td><td>70～80</td><td>72～81</td></tr>
<tr><td>额定负载持续率(%)</td><td>60</td><td>50</td><td>50</td><td>60</td><td>60</td><td>60</td><td>60</td></tr>
<tr><td rowspan="4">输入</td><td>电源电压/V</td><td>380</td><td>220</td><td colspan="5">380</td></tr>
<tr><td>相数</td><td>3</td><td>1</td><td colspan="5">3</td></tr>
<tr><td>额定输入电流/A</td><td colspan="2">5. 3</td><td>7. 24</td><td>12</td><td>9. 6</td><td>16</td><td>25</td></tr>
<tr><td>额定输入容量/kV · A</td><td>8</td><td>23</td><td>11</td><td></td><td>22</td><td>31</td><td>43</td></tr>
<tr><td colspan="2">特点与用途</td><td colspan="7">电流从小到大连续无级调节，动态响应快，引弧容易，飞溅小，体积小，重量轻，便于移动，适于焊条电弧焊和钨极氩弧焊</td></tr>
</table>

四、脉冲弧焊电源

脉冲弧焊电源输出的焊接电流是周期变化的脉冲电流，它是为焊接薄板和热敏感性强的金属及全位置焊接而设计的。它最大特点是能提供周期性脉冲焊接电流，包括基本电流（维弧电流）和脉冲电流；可调参数多，能有效控制热输入和熔滴过渡；应用范围很广泛，现已用于熔化极和非熔化极电弧焊、等离子弧焊等焊接方法。

五、电焊机的基本知识

1. 电焊机型号的编制方法

我国电弧焊机型号采用汉语拼音字母和阿拉伯数字表示，编排次序及代表符号含义如下：

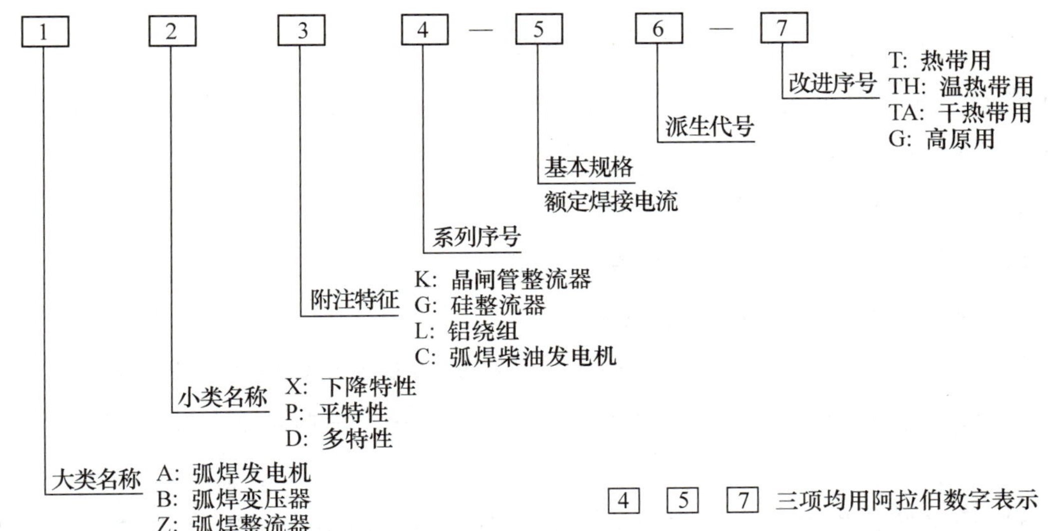

例如：

BX1-300为具有陡降外特性的动铁心漏磁式交流弧焊变压器，额定焊接电流为300A。

ZX5-250为具有陡降外特性的晶闸管式弧焊整流器，额定焊接电流为250A。

ZX7-400IGBT为具有陡降外特性的逆变弧焊整流器，额定焊接电流为400A。

2. 电焊机的主要技术特性

每台弧焊电源上都有铭牌说明它的技术特性，其中包括一次电压、相数、额定输入容量、输出空载电压和工作电压、额定焊接电流和焊接电流调节范围、负载持续率等。

（1）一次电压、容量、相数 这些参数说明弧焊电源接入电网时的要求。

（2）输出空载电压 该参数表示弧焊电压输出端的空载电压。

（3）负载持续率 负载持续率是用来表示弧焊电源工作状态的参数。负载持续率是指焊机负载时间占选定工作周期时间（焊机负载时间+空载时间）的百分率。用公式表示为

负载持续率=[焊机负载时间/(焊机负载时间+空载时间)]×100%

我国标准规定，对于焊接电流在500A以下的弧焊电源，以5min（其他电弧焊和机械化操作电弧焊机为10min）为一个工作周期时间计算负载持续率。例如，焊条电弧焊只有电弧燃烧时电源才有负载，在更换焊条、清渣时电源没有负载。如果5min内有2min用于换焊条和清渣，那么，电源负载时间为3min，即负载持续率等于60%。焊工必须按规定的负载持续率使用，否则弧焊电源容易发热，甚至烧损。

（4）许用焊接电流 弧焊电源在使用时，不能超过铭牌上规定的负载持续率下允许使用的焊接电流，否则会因温升过高将电焊机烧毁。为保证电焊机的温升不超过允许值，应根据弧焊电源的工作状态确定焊接电流大小。

3. 使用弧焊电源时的注意事项

1）弧焊电源接入网路时，网路电压必须与其一次电压相符。

2）弧焊电源外壳必须接地或接零。

3）改变极性和调节焊接电流必须在空载或切断电源的情况下进行。

4）弧焊电源应放在通风良好而又干燥的地方，不应靠近高热地区，并保持平稳。

5）严格按弧焊电源的额定焊接电流和负载持续率使用，不要使其在过载状态

下运行。

6）露天使用时，要防止灰尘和雨水浸入电焊机内部。

7）定期清扫灰尘。

8）当电焊机发生故障或有异常现象时，应立即切断电源，然后及时进行检查修理。

9）新安装或闲置已久的焊接电源，在起动前要做绝缘程度检查。

10）焊接作业完成或临时离开工作现场时，必须及时切断焊机的电源。

【焊花飞扬】

“独臂焊侠”卢仁峰

卢仁峰，中国兵器集团首席技师，第 9 届全国技术能手中焊接界唯一一位“中华技能大奖”获奖者，“全国十大最美职工”。他几十年如一日，牙咬焊帽单手焊接，身残志坚献身国防军工。

“独臂焊侠”卢仁峰

【考级练习与课后思考】

一、判断题

1. 交流电弧由于电源的极性做周期性改变，因此两个电极区的温度趋于一致。（　　）

2. 焊接电弧是电阻负载，所以服从欧姆定律，即电压增加时电流也增加。（　　）

3. 电弧是一种气体放电现象。（　　）

4. 电弧静特性曲线只与电弧长度有关，而与气体介质无关。（　　）

5. 使用交流电源时，由于极性不断交换，因此焊接电弧的磁偏吹程度要比采用直流电源时严重得多。（　　）

6. 采用短弧焊接是减轻电弧偏吹程度的方法之一。（　　）

7. 逆变电源是最新的弧焊电源。（　　）

8. 电源的空载电压越低，电弧就越易引燃。（　　）

9. 电焊机型号 ZX7-250 中的 250 是表示该焊机的额定电流，即使用该焊机的

焊接电流应不超过250A。 ( )

10. 在电焊机上调节电流实际上是调节外特性曲线。 ( )

11. 随着输出电流的增大，弧焊电源的输出电压下降，这一特性称为弧焊电源的下降外特性。 ( )

12. 脉冲弧焊电源特别适合于对热输入较敏感的高合金材料、薄板及全位置进行焊接。 ( )

13. 焊接电弧紧靠阴极的区域称为阴极区，阴极表面的明亮斑点称为阴极斑点，它是阴极表面上集中发射电子的地方。 ( )

14. 磁偏吹是由于交流电所产生的磁场在电弧周围分布不均匀而引起的电弧偏吹。 ( )

15. 电焊机使用时，外壳应接地，并应使用单独的导线与接地干线连接。 ( )

16. 电焊机受潮可能使焊机绝缘损坏。 ( )

17. 电弧产生并维持燃烧的重要条件是必须使两个电极间的气体变成导电体。 ( )

18. 电弧电压随着电弧长度的变化而变化，电弧长度增大时，电弧电压升高，使电弧作用于焊件的面积增大，熔宽显著增加。 ( )

19. 电弧放电不会产生弧光辐射。 ( )

20. 一台焊机具有无数条外特性曲线。 ( )

21. 电弧焊属于熔化焊。 ( )

22. 电焊机和电缆的接头必须拧紧，表面保持清洁，否则易使焊机过热，将接线板烧毁。 ( )

23. 焊工只要有电气知识，就可对焊接设备进行安装、修理、拆卸。 ( )

24. 电焊机的电源线一般不得超过3m。 ( )

25. 人体接触到的电压越高、电流越大，则触电的危险性越严重。 ( )

二、选择题

1. 电弧焊在焊接方法中之所以占主要地位是因为电弧能有效而简单地把电能转换成熔焊过程所需要的________。

A. 光能　　B. 化学能　　C. 热能和机械能　　D. 光能和机械能

2. 焊条电弧焊时，电弧越长，则电弧电压________。

A. 越大　　B. 越小　　C. 不变

3. 生产中减轻电弧偏吹程度的方法是________。

A. 调整焊条角度　B. 增加电流　C. 改变运条方法

4. ________电源是硅弧焊整流器。

A. AX7-500　B. ZX7-400　C. ZXG-400

5. 焊条电弧焊要求电源是________外特性的。

A. 陡降　B. 平　C. 上升

6. 当电焊机没接负载时焊接电流为零，此时输出端电压称为________。

A. 空载电压　B. 工作电压　C. 端电压

7. 在弧焊电源外特性曲线与电弧静特性曲线的交点上，弧焊电源的输出电压________电弧电压。

A. 等于　B. 大于　C. 小于

8. 在弧焊电源外特性曲线与电弧静特性曲线的交点上，弧焊电源的输出电流________焊接电流。

A. 等于　B. 大于　C. 小于

9. 钨极氩弧焊在大电流区间焊接时，静特性为 ________。

A. 平特性区　B. 上升特性区　C. 陡降特性区　D. 缓降特性区

10. BX2-500 型________的结构，实际上是一种带有电抗器的单相变压器。

A. 弧焊整流器　B. 弧焊发电机　C. 弧焊变压器　D. 脉冲变压器

11. 关于焊接电弧下列说法正确的是________。

A. 阳极区的长度大于阴极区的长度

B. 阳极区的长度大于弧柱区的长度

C. 阴极区的长度大于弧柱区的长度

D. 弧柱区的长度可以近似代表整个弧长

12. 若使焊接电弧最稳定，应选________。

A. 直流反接　B. 直流正接　C. 交流电源

13. 为了获得一定范围所需的焊接方法，就必须要求弧焊电源具有________条可以均匀改变的外特性曲线。

A. 5　B. 6　C. 7　D. 很多

14. 焊机铭牌上负载持续率是表明________的。

A. 焊机的极性　B. 焊机的功率

C. 焊接电流和时间的关系　D. 焊机的使用时间

15. 我国生产的弧焊变压器的空载电压一般在________V以下。

A. 60　　B. 80　　C. 100　　D. 110

三、简答题

1. 焊接电弧的引燃一般有哪些方式？
2. 为什么要将焊条与焊件接触后，很快拉开至2~4mm，电弧才能引燃呢？
3. 影响电弧稳定性的因素有哪些？
4. 电弧焊时，对弧焊电源的基本要求有哪些？
5. 弧焊电源分为哪几类？各有何特点？
6. 什么是负载持续率？负载持续率与许用焊接电流的关系如何？
7. 焊工使用弧焊电源时应注意哪些方面？

【拓展学习】

焊工电火安全事故案例分析

模块三

焊条电弧焊

【学习指南】 焊条电弧焊是最基本的一种熔焊方法，由于其使用的设备简单，操作方便、灵活，适应各种条件下的焊接，因此是应用最广、最主要的一种焊接方法。本章主要介绍焊条电弧焊所使用的焊条、焊接设备以及焊条电弧焊的焊接参数、焊接缺陷等。

第一节 焊 条

一、焊条电弧焊原理

焊条电弧焊时，在焊条末端和焊件之间引燃的电弧所产生的高温使焊条药皮与焊芯及焊件熔化，熔化的焊芯端部迅速形成细小的金属熔滴，通过弧柱过渡到局部熔化的焊件表面，融合一起形成熔池，药皮熔化过程中产生的气体和熔渣，不仅使熔池和电弧周围的空气隔绝，而且和熔化了的焊芯、母材发生一系列冶金反应，保证所形成的焊缝的性能。随着电弧以一定的速度和弧长在焊件上不断地移动，熔池液态金属不断地冷却结晶，形成焊缝。焊条电弧焊的原理如图 3-1 所示。

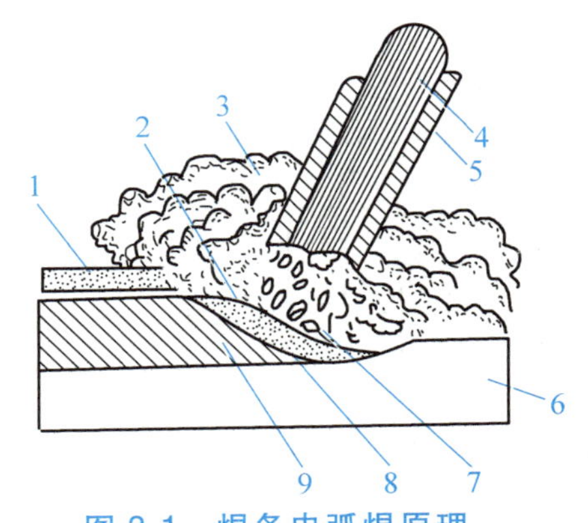

图 3-1 焊条电弧焊原理

1—固态渣壳 2—液态熔渣 3—保护气体 4—焊芯 5—药皮 6—焊件 7—金属熔滴 8—熔池 9—焊缝

二、 焊条的组成及作用

焊条是由焊芯（金属芯）和药皮组成的。在焊条引弧端，药皮有 45°左右的倒角，以便于引弧；在焊条夹持端有一段裸焊芯，便于焊钳夹持并有利于导电。焊条既作为电极，又作为填充金属，因此焊条的性能直接影响着焊接质量。

焊条长度一般为250～450mm，焊条直径是以焊芯直径来表示的，常用的有ϕ2mm、ϕ2.5mm、ϕ3.2mm、ϕ4mm、ϕ5mm、ϕ6mm几种规格。在焊条夹持端，药皮处印有该焊条的型号或牌号，以便焊工使用时识别。

1. 焊芯

(1) 焊芯的作用　焊接时焊芯一般有两个作用：一是传导电流，产生的电弧把电能转换成热能；二是焊芯本身熔化作为填充金属与液体母材金属熔合形成焊缝。

焊条电弧焊时，焊芯金属约占整个焊缝金属的50%～70%，所以焊芯的化学成分直接影响焊缝的质量。这种焊接专用钢丝，如果用于埋弧焊、电渣焊、气焊、气体保护焊等熔焊方法作为填充金属时，则称为焊丝。

(2) 焊芯的分类及牌号　焊接用钢丝的牌号以国家的标准依据来划分。其牌号编制法为

1）字母“H”表示焊丝。

2）在“H”后面的两位（碳钢、低合金钢含量为万分率）或一位（不锈钢含量为千分率）数字表示平均碳的质量分数。

3）后面的化学符号及其数字表示该元素大致的质量分数值，当其合金的质量分数小于1%时，该元素符号后面的数字可省略。

4）焊丝牌号尾部标有“A”“E”时，表示该焊丝为优质或高级优质品，表明S、P等有害杂质的含量更低。

例：

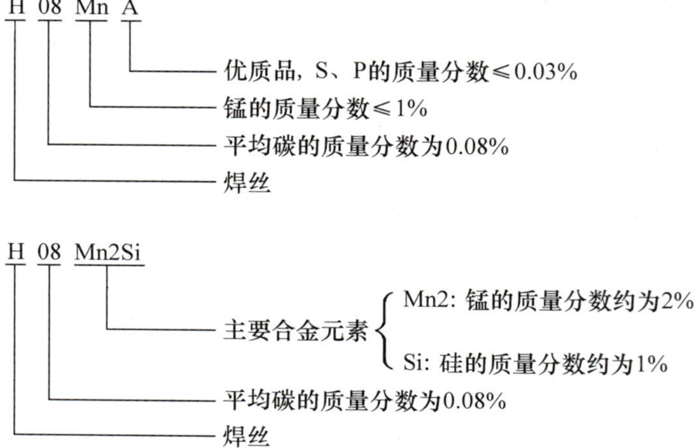

2. 药皮

焊条药皮压涂在焊芯表面上，它是决定焊缝金属质量的主要因素之一。生产实践证明，焊芯和药皮之间要有一个适当的比例，这个比例就是焊条药皮与焊芯（不包括夹持端）的质量比，称为药皮的质量系数，用 k_b 表示，k_b 值一般为 40%～60%。

（1）药皮的作用　药皮的作用主要包括以下几个方面：

1）机械保护作用。利用焊条药皮熔化后产生的气体和形成的熔渣，起隔离空气作用，防止空气中的氧、氮侵入，保护熔滴和熔池金属。

2）冶金处理渗合金作用。通过熔渣与熔化金属冶金反应，除去有害杂质（如氧、氢、硫、磷等）和添加有益元素（如硅、锰等），使焊缝获得合乎要求的力学性能。

3）改善焊接工艺性能作用。药皮使电弧稳定燃烧、飞溅少、焊缝成形好、熔敷效率高，适用全位置焊接等。

（2）焊条药皮的组成　焊条药皮是由各种矿物类、铁合金和金属类、有机物类及化工产品等原料组成。焊条药皮组成物按其在焊接过程中的作用可分为稳弧剂、造渣剂、造气剂、脱氧剂、合金剂、稀释剂、黏结剂及增塑、增弹、增滑剂八大类，其成分及主要作用见表 3-1。

表 3-1　焊条药皮组成物的名称、成分及主要作用

名　称	组成成分	主要作用
稳弧剂	碳酸钾、碳酸钠、钾硝石、水玻璃及大理石或石灰石、花岗石、钛白粉等	改善焊条引弧性能和提高焊接电弧稳定性
造渣剂	钛铁矿、赤铁矿、金红石、长石、大理石、花岗石、氟石、菱苦土、锰矿、钛白粉等	能形成具有一定物理、化学性能的熔渣，产生良好的机械保护作用和冶金处理作用
造气剂	造气剂分有机物和无机物两类。无机物常用碳酸盐类矿物，如大理石、菱镁矿、白云石等；有机物常用木粉、纤维素、淀粉等	形成保护气氛，有效地保护焊缝金属，同时也有利于熔滴过渡
脱氧剂	锰铁、硅铁、钛铁等	对熔渣和焊缝金属脱氧
合金剂	铬、钼、锰、硅、钛、钨、钒的铁合金和金属铬、锰等纯金属	向焊缝金属中掺入必要的合金成分，以补偿已经烧损或蒸发的合金元素和补加特殊性能要求的合金元素
稀释剂	氟石、长石、钛铁矿、金红石、锰矿等	降低焊接熔渣的黏度，增加熔渣的流动性
黏结剂	水玻璃或树胶类物质	将药皮牢固地黏结在焊芯上
增塑、增弹、增滑剂	白泥、钛白粉增加塑性，云母增加弹性，滑石和纯碱增加滑性	改善涂料的塑性、弹性和滑性，使之易于用机器压涂在焊芯上

（3）焊条药皮的类型　为了适应各种工作条件下材料的焊接，对于不同的焊芯和焊缝要求，必须有一定特性的药皮。根据国家标准，常用药皮类型的主要成分、性能特点和适应范围见表3-2。

表3-2　常用药皮类型的主要成分、性能特点和适应范围

药皮类型	药皮主要成分	性能特点	适应范围
钛铁矿型	30%（质量分数，后同）以上的钛铁矿	熔渣流动性良好，电弧吹力较大，熔深较深，熔渣覆盖良好，脱渣容易，飞溅一般，焊波整齐。焊接电流为交流或直流正、反接，适用于全位置焊接	用于焊接较重要的碳钢结构及强度等级较低的低合金钢结构。常用焊条为E4301、E5001
钛钙型	30%以上的氧化钛和20%以下的钙或镁的碳酸盐矿	熔渣流动性良好，脱渣容易、电弧稳定，熔深适中，飞溅少，焊波整齐，成形美观。焊接电流为交流或直流正、反接，适用于全位置焊接	用于焊接较重要的碳钢结构及强度等级较低的低合金钢结构。常用焊条为E4303、E5003
高纤维素钠型	大量的有机物及氧化钛	焊接时有机物分解，产生大量气体，熔化速度快，电弧稳定，熔渣少，飞溅一般。焊接电流直流反接，适用于全位置焊接	主要焊接一般低碳钢结构，也可打底焊及立向下焊。常用焊条为E4310、E5010
高钛钠型	35%以上的氧化钛及少量的纤维素、锰铁、硅酸盐和钠水玻璃等	电弧稳定，再引弧容易。脱渣容易，焊波整齐，成形美观，焊接电流为交流或直流正接	用于焊接一般的碳钢结构，特别适合薄板结构，也可用于盖面焊。常用焊条为E4312
低氢钠型	碳酸盐矿和氟化物	焊接工艺性能一般，熔渣流动性好，焊波较粗，熔深中等，脱渣性较好，可全位置焊接，焊接电流以为直流反接。焊接时要求焊条干燥，并采用短弧。该类焊条的熔敷金属具有良好的抗裂性能和力学性能	用于焊接重要的碳钢结构及低合金钢结构。常用焊条为E4315、E5015
低氢钾型	在低氢钠型焊条药皮的基础上添加了稳弧剂，如钾水玻璃等	电弧稳定，工艺性能、焊接位置与低氢钠型焊条相似，焊接电流为交流或直流反接。该类焊条的熔敷金属具有良好的抗裂性能和力学性能	用于焊接重要的碳钢结构，也可焊接相适用的低合金钢结构。常用焊条为E4316、E5016
氧化铁型	大量氧化铁及较多的锰铁	焊条熔化速度快，焊接生产率高，电弧燃烧稳定，再引弧容易，熔深较大，脱渣性好，焊缝金属抗裂性好。但飞溅稍大，不宜焊薄板，只适宜平焊及平角焊，焊接电流为交流或直流	用于焊接重要的低碳钢结构及强度等级较低的低合金钢结构。常用焊条为E4320、E4322

三、焊条的分类

焊条的分类方法很多，可以从不同的角度对焊条进行分类，不同国家焊条种类的划分，型号、牌号的编制方法等都有很大的差异。

1. 按用途分类

焊条按用途进行分类，具有较大的实用性，应用最广。表 3-3 所示为焊条按用途分类及其代号。

表 3-3　焊条按用途分类及其代号

焊条型号			焊条牌号			
焊条大类（按化学成分分类）			焊条大类（按用途分类）			
国家标准标号	名称	代号	类别	名称	代号	
					拼音	汉字
GB/T 5117—2012	碳钢焊条	E	1	结构钢焊条	J	结
GB/T 5118—2012	低合金钢焊条		1	结构钢焊条	J	结
			2	钼及铬钼耐热钢焊条	R	热
			3	低温焊条	W	温
GB/T 983—2012	不锈钢焊条		4	铬不锈钢焊条	G	铬
				铬镍不锈钢焊条	A	奥
GB/T 984—2001	堆焊焊条	ED	5	堆焊焊条	D	堆
GB/T 10044—2022	铸铁焊条	EZ	6	铸铁焊条	Z	铸
—	—	—	7	镍及镍合金焊条	Ni	镍
GB/T 3670—2021	铜及铜合金焊条	TCu	8	铜及铜合金焊条	T	铜
GB/T 3669—2001	铝及铝合金焊条	TAl	9	铝及铝合金焊条	L	铝
—	—	—	10	特殊用途焊条	Ts	特

2. 按焊条药皮熔化后熔渣的特性分类

（1）酸性焊条　其熔渣的成分主要是酸性氧化物，如药皮类型为钛铁矿型、钛钙型、高纤维素钠型、高钛钠型、氧化铁型的焊条。由于酸性焊条药皮氧化性强，使合金元素烧损较多，因此力学性能较差，特别是塑性和冲击韧度比碱性焊条低。同时，酸性焊条脱氧、脱磷、脱硫能力低，因此，热裂纹的倾向也较大。但这类焊条焊接工艺性好，电弧稳定，飞溅小，脱渣性好，焊缝成形美观，对焊件的铁锈、油污等污物不敏感，焊接时产生的有害气体少。酸性焊条可采用交流、直流焊接电源，广泛用于一般结构的焊接。

（2）碱性焊条　其熔渣的成分主要是碱性氧化物和氟化钙，其药皮类型为低氢钠型、低氢钾型的焊条。这类焊条由于焊缝中含氧量较少，合金元素很少氧化，脱氧、脱硫、脱磷的能力较强，而且药皮中的氟石还有较好的去氢能力，所以焊缝金属的力学性能和抗裂性能都比酸性焊条好，一般用于重要的焊接结构，如承受动载或刚性较大的结构。但碱性焊条焊接工艺性能差，引弧困难，电弧稳定性差，飞溅较大，不易脱渣，必须采用短弧焊，不加稳弧剂时只能采用直流电源焊接。

受潮的焊条在使用中不仅会使焊接工艺性能变差，而且也影响焊接质量，因此，焊条在使用前应该烘干，特别是碱性焊条对水分比较敏感，必须要烘干。酸性焊条的烘干温度一般为75～150℃，保温1～2h；碱性焊条的烘干温度一般为350～450℃，保温1～2h。焊条累计烘干次数一般不宜超过3次。

3. 按焊条的性能分类

按照焊条的一些特殊使用性能和操作性能，可以将焊条分为超低氢焊条、低尘低毒焊条、立向下焊条、底层焊条、铁粉高效焊条、抗潮焊条、水下焊条、重力焊条和躺焊焊条等。

四、焊条的型号与牌号

焊条种类繁多，国产焊条有数百种。在同一类型焊条中，根据不同特性可分成不同的型号。某一型号的焊条可能有一个或几个品种。同一型号的焊条在不同的焊条制造厂往往采用不同的牌号。焊条牌号是按焊条的主要用途及性能特点对焊条产品具体命名，目前，除焊条生产厂研制的新焊条可自取牌号外，焊条牌号绝大部分已在全国统一。

1. 结构钢

（1）焊条型号　结构钢焊条包括碳钢（即非合金钢）和低合金高强钢用的焊条。按国家标准GB/T 5117—2012《非合金钢及细晶粒钢焊条》规定，碳钢焊条和低合金钢焊条型号是根据熔敷金属的力学性能、药皮类型、焊接位置和电流种类来划分的。

字母“E”表示焊条；前两位数字表示熔敷金属抗拉强度的最小值，单位为×10MPa；第三位数字表示焊条的焊接位置，“0”及“1”表示焊条适用于全位置焊接，“2”表示焊条只适用于平焊及平角焊，“4”表示焊条适用于向下立焊；第三位数字和第四位数字组合时，表示焊接电流种类及药皮类型，见表3-4。

表3-4　碳钢和低合金钢焊条型号的第三、四位数字组合的含义

焊条型号	药皮类型	焊接位置	电流种类
E××00 E××01 E××03	特殊型 钛铁矿型 钛钙型	平、立、横、仰	交流或直流正、反接
E××10	高纤维素钠型	平、立、横、仰	直流反接
E××11	高纤维素钾型	平、立、横、仰	交流或直流反接

（续）

焊条型号	药皮类型	焊接位置	电流种类
E××12	高钛钠型	平、立、横、仰	交流或直流正接
E××13	高钛钾型		交流或直流正、反接
E××14	铁粉钛型		
E××15	低氢钠型		直流反接
E××16	低氢钾型		交流或直流反接
E××18	铁粉低氢钾型		
E××20	氧化铁型	平、平角	交流或直流正接
E××22			交流或直流正、反接
E××23	铁粉钛钙型		
E××24	铁粉钛型		
E××27	铁粉氧化铁型		交流或直流正接
E××28			交流或直流反接
E××48	铁粉低氢型	平、横、仰、向下立	

碳钢焊条型号举例：

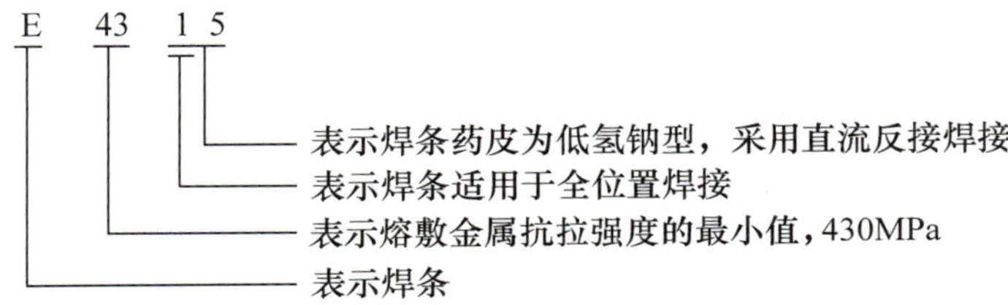
E
43
1 5
表示焊条药皮为低氢钠型，采用直流反接焊接
表示焊条适用于全位置焊接
表示熔敷金属抗拉强度的最小值，430MPa
表示焊条

低合金钢焊条还附有后缀字母，为熔敷金属的化学成分分类代号，见表 3-5，并以短划“-”与前面数字分开；若还有附加化学成分时，附加化学成分直接用元素符号表示，并以短划“-”与前面后缀字母分开。

表 3-5　低合金钢焊条熔敷金属化学成分分类代号

化学成分分类	代　号
碳钼钢焊条	E××××-A_1
铬钼钢焊条	E××××-B_1 ~ B_5
镍钢焊条	E××××-C_1 ~ C_3
镍钼钢焊条	E××××-NM
锰钼钢焊条	E××××-D_1 ~ D_3
其他低合金焊条	E××××-G、M、M_1、W

低合金钢焊条型号举例：

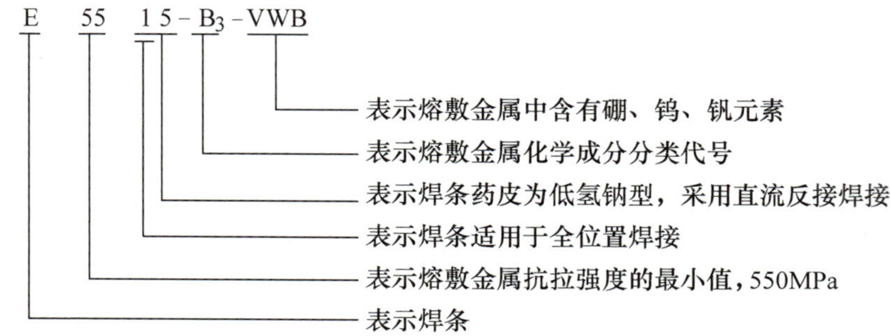
E 55 1 5 - B3 - VWB
表示熔敷金属中含有硼、钨、钒元素
表示熔敷金属化学成分分类代号
表示焊条药皮为低氢钠型，采用直流反接焊接
表示焊条适用于全位置焊接
表示熔敷金属抗拉强度的最小值，550MPa
表示焊条

（2）焊条牌号　牌号首位字母“J”或汉字“结”字表示结构钢焊条；后面第1、2位数字表示熔敷金属抗拉强度的最小值（MPa或kgf/mm²），见表3-6。第3位数字表示药皮类型和焊接电源种类，见表3-7。第3位数字后面按需要可加注字母符号，表示焊条的特殊性能和用途，见表3-8。

表3-6　结构钢焊条熔敷金属的强度等级

焊条牌号	抗拉强度不小于/MPa(kgf/mm²)	屈服强度不小于/MPa(kgf/mm²)
J42×	420(42)	330(34)
J50×	490(50)	410(42)
J55×	540(55)	440(45)
J60×	590(60)	530(54)
J70×	690(70)	590(60)
J75×	740(75)	640(65)
J80×	790(80)	—(—)
J85×	830(85)	740(75)
J100×	980(100)	—(—)

表3-7　焊条牌号第3位数字的含义

焊条牌号	药皮类型	焊接电源种类
J××0	不定型	不规定
J××1	氧化钛型	交流或直流
J××2	钛钙型	
J××3	钛铁矿型	
J××4	氧化钛型	
J××5	纤维素型	
J××6	低氢钾型	
J××7	低氢钠型	直流
J××8	石墨型	交流或直流
J××9	盐基型	直流

注：“××”表示牌号中的前两位数字。

表 3-8　焊条牌号后面加注字母符号含义

字母符号	含　义
D	底层焊条
DF	低尘低毒(低氟)焊条
Fe	铁粉焊条
Fe13	铁粉焊条,其名义熔敷率 139%
Fe18	铁粉焊条,其名义熔敷率 180%
G	高韧性焊条
GM	盖面焊条
GR	高韧性压力用焊条
H	超低氢焊条
LMA	低吸潮焊条
R	压力容器用焊条
RH	高韧性低氢焊条
SL	渗铝钢焊条
X	向下立焊用焊条
XG	管子用向下立焊用焊条
Z	重力焊条
Z15	重力焊条,其名义熔敷率 150%
CuP	含 Cu 和 P 的耐大气腐蚀焊条
CrNi	含 Cr 和 Ni 的耐海水腐蚀焊条

常用碳钢焊条型号与牌号对照表见表 3-9。

表 3-9　常用碳钢焊条型号与牌号对照表

序　号	型　号	牌　号	序　号	型　号	牌　号
1	E4303	J422	5	E5003	J502
2	E4323	J422Fe	6	E5016	J506
3	E4316	J426	7	E5015	J507
4	E4315	J427			

常用低合金钢焊条型号与牌号对照表见表 3-10。

表 3-10　常用低合金钢焊条型号与牌号对照表

序　号	型　号	牌　号	序　号	型　号	牌　号
1	E5015-G	J507MoNb J507NiCu	8	E5503-B_1 E5515-B_1	R202 R207
2	E5515-G	J557 J557Mo J557MoV	9	E5503-B_2 E5515-B_2	R302 R307
3	E6015-G	J617Ni	10	E5515-B_3-VWB	R347
4	E6015-D_1	J607	11	E6015-B_3	R407
5	E7015-D_2	J707	12	E1-5MoV-15	R507
6	E8515-G	J857	13	E5515-G_1	W707Ni
7	E5015-A_1	R107	14	E5515-G_2	W907Ni

2. 不锈钢

（1）焊条型号　按国家标准 GB/T 983—2012《不锈钢焊条》规定，不锈钢焊条型号是根据熔敷金属的化学成分、药皮类型、焊接位置和电流种类来划分的。

字母“E”表示焊条；“E”后面的数字表示熔敷金属化学成分分类代号，如有特殊要求的化学成分，该化学成分用元素符号表示，放在数字后面；数字后的字母“L”表示碳含量较低，“H”表示碳含量较高，“R”表示硫、磷、硅含量较低；短划“-”后面的两位数字表示焊条药皮类型、焊接位置及焊接电流种类，见表 3-11。

表 3-11　焊条焊接电流、焊接位置及药皮类型

焊条型号	焊接电流	焊接位置	药皮类型
E×××(×)-15	直流反接	全位置	碱性药皮
E×××(×)-25		平焊、横焊	
E×××(×)-16	交流或直流反接	全位置	碱性药皮或钛型、钛钙型
E×××(×)-17			
E×××(×)-26		平焊、横焊	

焊条型号举例如下：

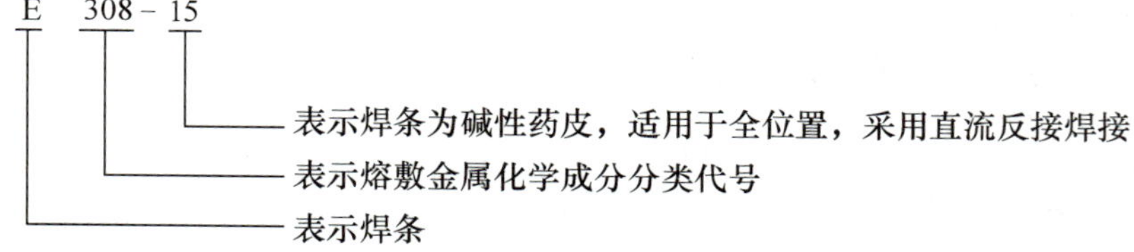
E 308 - 15
表示焊条为碱性药皮，适用于全位置，采用直流反接焊接
表示熔敷金属化学成分分类代号
表示焊条

（2）焊条牌号　牌号首位字母用“G”或汉字“铬”字表示铬不锈钢焊条，如果为“A”或汉字“奥”，则表示奥氏体铬镍不锈钢焊条。后面第 1 位数字表示熔敷金属主要化学成分组成的等级，见表 3-12。第 2 位数字表示熔敷金属主要化学成分组成等级中的不同牌号，同一组成等级的焊条，可有 10 个序号，从 0、1、2…9 顺序排列。第 3 位数字表示药皮类型和电源种类，见表 3-7。

表 3-12　不锈钢焊条熔敷金属主要化学成分组成的等级

焊条牌号	熔敷金属主要化学成分组成等级	焊条牌号	熔敷金属主要化学成分组成等级
G2××	铬的质量分数约 13%	A4××	铬的质量分数 26%，镍的质量分数 21%
G3××	铬的质量分数约 17%	A5××	铬的质量分数 16%，镍的质量分数 25%
A0××	碳的质量分数≤0.04%	A6××	铬的质量分数 16%，镍的质量分数 35%
A1××	铬的质量分数 19%，镍的质量分数 10%	A7××	铬-锰-氮不锈钢
A2××	铬的质量分数 18%，镍的质量分数 12%	A8××	铬的质量分数 18%，镍的质量分数 18%
A3××	铬的质量分数 23%，镍的质量分数 13%	A9××	铬的质量分数 20%，镍的质量分数 34%

焊条牌号举例：

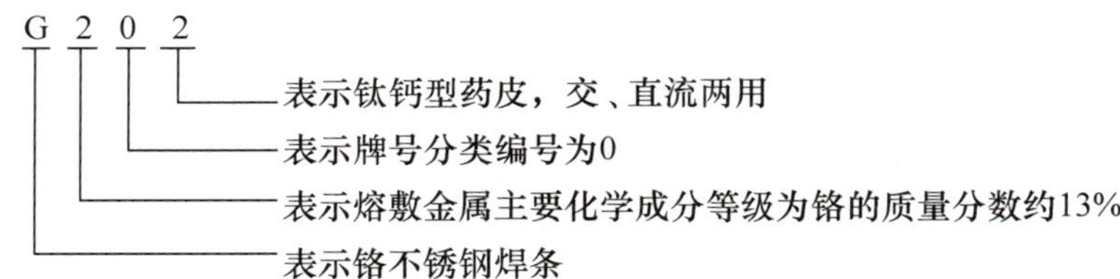
G 2 0 2
表示钛钙型药皮，交、直流两用
表示牌号分类编号为0
表示熔敷金属主要化学成分等级为铬的质量分数约13%
表示铬不锈钢焊条

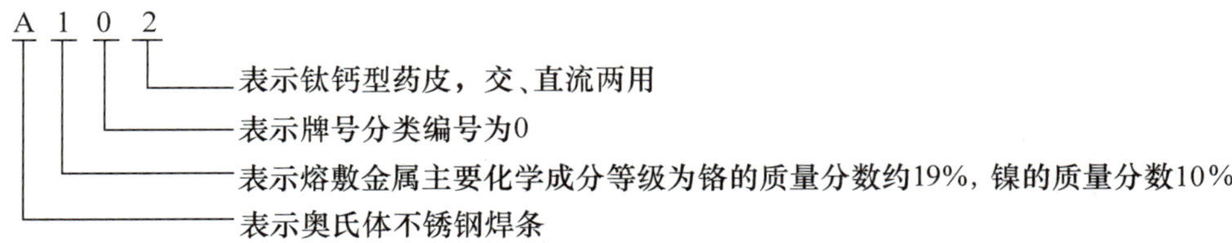
A 1 0 2
表示钛钙型药皮，交、直流两用
表示牌号分类编号为0
表示熔敷金属主要化学成分等级为铬的质量分数约19%，镍的质量分数10%
表示奥氏体不锈钢焊条

常用不锈钢焊条型号与牌号对照表见表 3-13。

表 3-13　常用不锈钢焊条型号与牌号对照表

序号	型号（新）	型号（旧）	牌号	序号	型号（新）	型号（旧）	牌号
1	E410-16	E1-13-16	G202	8	E309-15	E1-23-13-15	A307
2	E410-16	E1-13-15	G207	9	E310-16	E2-26-21-16	A402
3	E410-15	E1-13-15	G217	10	E310-15	E2-26-21-15	A407
4	E308L-16	E00-19-10-16	A002	11	E347-16	E0-19-10Nb-16	A132
5	E308-16	E0-19-10-16	A102	12	E347-15	E0-19-10Nb-15	A137
6	E308-15	E0-19-10-15	A107	13	E316-16	E0-18-12Mo2-16	A202
7	E309-16	E1-23-13-16	A302	14	E316-15	E0-18-12Mo2-15	A207

五、焊条的选用

选择焊条的基本原则是在确保焊接结构安全、可靠使用的前提下，根据被焊材料的化学成分、力学性能、板厚及接头形式、焊接结构特点、受力状态、结构使用条件对焊缝性能的要求、焊接施工条件和技术经济效益等，进行综合考察后，尽量选用工艺性能好和生产率高的焊条。同种钢焊接时焊条选用要点如下：

1. 根据焊缝金属的力学性能和化学成分要求

1）对于普通及低合金结构钢，通常要求焊缝金属与母材等强匹配，因此选用抗拉强度等于或稍高于母材强度的焊条。

2）对于特殊性能钢（不锈钢和耐热钢等），通常要求焊缝金属的主要合金成分与母材金属相同或相近。

3）对于被焊结构刚度大、接头应力高、易产生裂纹的情况，宜采用低强匹配，即选用焊条的强度级别比母材强度级别低一级。

4）对母材中碳、硫、磷含量较高，焊接时易产生裂纹的场合，应选用抗裂性好的低氢型焊条。

2. 根据焊件的使用性能和工作条件要求

1）对于承受动载和冲击载荷的结构，除满足强度要求外，还要保证焊缝具有较高的塑性和韧性，因此应选用低氢型焊条。

2）对于接触腐蚀介质的构件或在高温或低温下工作的构件，选用相应的不锈钢焊条、耐热或低温焊条。

3. 根据焊件的结构特点和受力状态要求

1）对结构形状复杂、刚性大及大厚度焊件，由于焊接过程中会产生很大的应力，容易使焊缝产生裂纹，应选用抗裂性能好的低氢型焊条。

2）对于焊接部位难以清理干净的焊件，应选用氧化性强；对铁锈、油污和氧化皮不敏感的酸性焊条。

3）对受条件限制不能翻转的结构，有些焊缝处于非平焊位置，应选用全位置焊接的焊条。

4. 根据操作工艺性能要求

在满足产品性能要求的条件下，尽量选用工艺性能好的酸性焊条。

5. 根据经济效益要求

1）在满足使用性能和操作工艺的条件下，尽量选用成本低、效率高的焊条。

2）对于焊接工作量大的结构，应尽量选用高效率焊条，如铁粉焊条、重力焊条等，或选用封底焊条、立向下焊条等专用焊条，以提高生产率。

第二节 焊接接头及坡口

焊接接头包括焊缝、熔合区和热影响区三部分，如图3-2所示。

一、焊接坡口的类型与选择

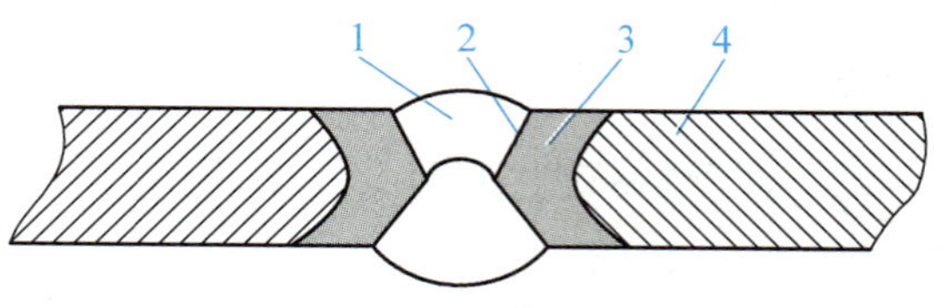

图3-2 焊接接头组成示意图

1—焊缝 2—熔合区 3—热影响区 4—母材

坡口是利用机械（如刨削、车削等）、火焰或电弧（炭弧气刨）等方法加工而成，开坡口目的是保证电弧能深入接头根部，使根部焊透并便于清渣，以获得较好的成形。坡口还可以调节焊缝的熔合比（即母材金属在焊缝中占的比例）。

1. 坡口类型

坡口形式及其尺寸一般随板厚而变化，同时还与焊接位置、坡口加工方法以及焊件材质等有关。坡口的基本形式和尺寸已经标准化。常用的坡口基本形式有 I 形坡口、V 形坡口、X 形坡口和 U 形坡口。

2. 坡口形式和尺寸选择

（1）保证焊件焊透　这是保证接头性能的主要因素。

（2）有利于控制焊接应力和减少变形　采用 X 形坡口比 V 形坡口不但可以减少焊缝金属量约一半，而且焊接接头变形较小，利于避免焊接裂纹。

（3）经济性　依据现有设备条件等综合考虑坡口加工费用和金属填充消耗量大小。

二、焊接接头的类型及特点

由于焊件的结构形状、厚度及技术要求不同，其焊接接头的类型也不相同。焊接接头的基本形式有对接接头、T 形接头、角接接头、搭接接头四种。焊接接头的基本类型、特点及应用见表 3-14 。有时焊接结构中还有一些特殊的接头形式，如十字接头、端接接头、卷边接头、套管接头、斜对接接头、锁底对接接头等。

表 3-14　焊接接头的基本类型、特点及应用

接头类型	特点及应用	图示
对接接头	两焊件表面构成 ≥ 135°、≤180°夹角的接头称为对接接头，这是采用最多的一种接头形式。按照钢板厚度选用不同形式的坡口	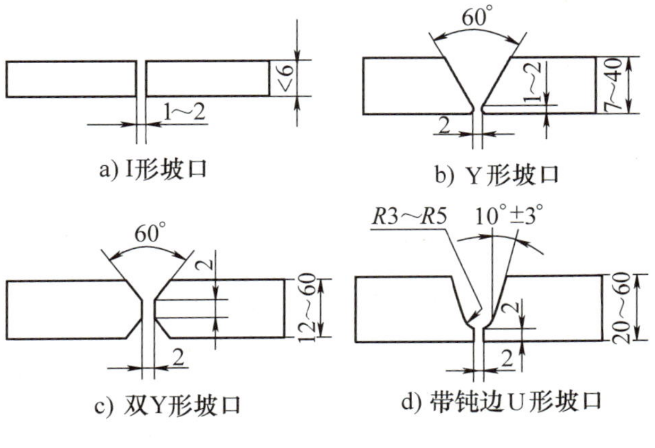 a) I形坡口 b) Y形坡口 c) 双Y形坡口 d) 带钝边U形坡口

（续）

接头类型	特点及应用	图示
T形接头	T形接头是一焊件端面与另一焊件表面构成直角或近似直角的接头。它主要用于箱形、船体结构。按照钢板厚度和对结构强度的要求，可分别考虑选用不同形式坡口，使接头焊透，保证接头强度	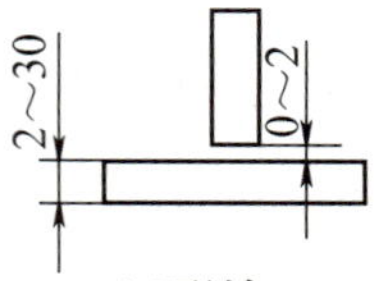 a) I形坡口 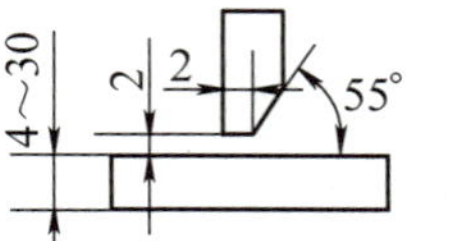　b) 带钝边单边V形坡口 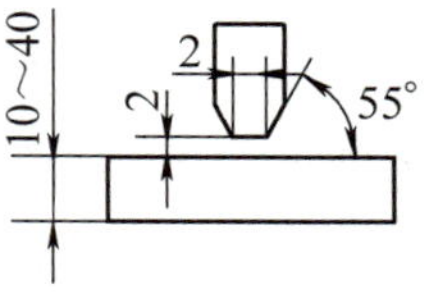　c) 带钝边双单边V形坡口 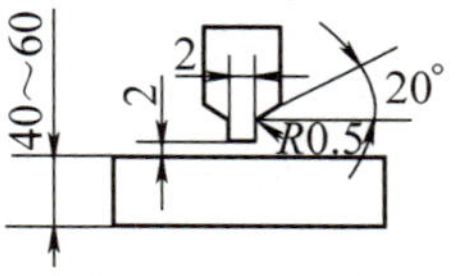　d) 带钝边双J形坡口
角接接头	两焊件端面间构成>35°、<135°夹角的接头，称为角接接头，其承载能力差，一般用于不重要的焊接结构。可根据板厚开不同形式坡口	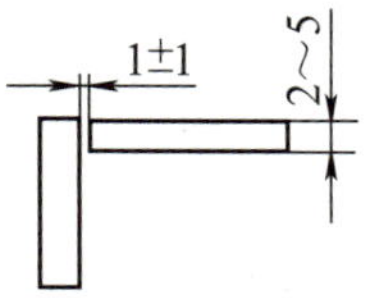 a) I形坡口 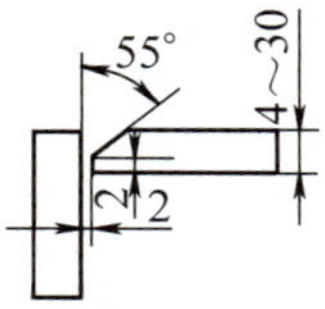　b) 带钝边单边V形坡口 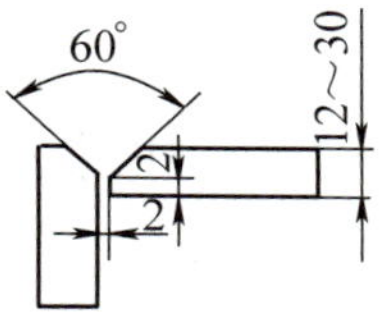　c)Y形坡口 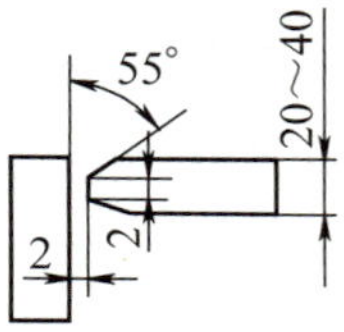　d) 带钝边双单边V形坡口
搭接接头	两焊件部分重叠构成的接头称为搭接接头，特别适用于被焊结构狭小处及密闭的焊接结构。I形坡口的搭接接头，其重叠部分为3~5倍板厚，并采用双面焊接	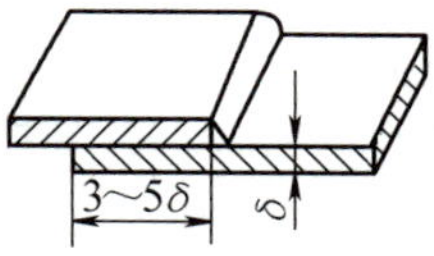 a) I形坡口 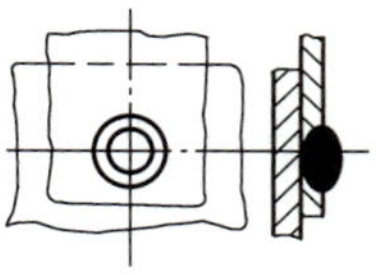　b) 塞焊缝 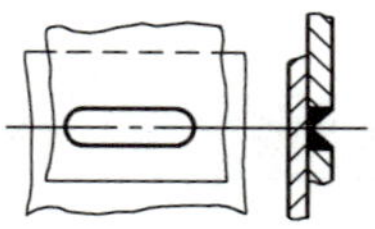　c) 槽焊缝

三、焊缝形式

焊缝是构成焊接接头的主体部分，焊缝按不同的分类方法可有以下几种划分：

（1）按施焊时焊缝在空间位置分类　焊缝有平焊缝、立焊缝、横焊缝及仰焊缝四种形式。

（2）按焊缝的结构型式分类　焊缝有对接焊缝、角焊缝、塞焊缝、槽焊缝和端接焊缝五种形式。

（3）按焊缝断续情况分类 焊缝有定位焊缝、连续焊缝及断续焊缝三种形式。

在实践生产中，在施焊条件允许的情况下，通常采用船形焊，即将 T 形接头、十字形接头和角接接头处于平焊位置进行的焊接，也称平位置角焊。船形焊能避免产生咬边和焊角下偏等焊接缺陷，同时操作便利，可使用大直径焊条和大电流焊接，提高了生产率，容易获得平整美观的焊缝。

第三节 焊缝符号和焊接方法代号

在图样上标注焊缝形式、焊缝尺寸及焊接方法的符号称为焊缝符号。焊缝符号一般由基本符号与指引线组成，必要时还可以加上补充符号和焊缝尺寸符号。

一、焊缝符号

1. 基本符号

基本符号表示焊缝横截面的基本形式或特征，它采用近似于焊缝横截面形状的符号来表示。见表 3-15。

表 3-15 焊缝的基本符号

序号	名称	示意图	符号
1	卷边焊缝（卷边完全熔化）		⌒⌒
2	I 形焊缝		‖
3	V 形焊缝		V
4	单边 V 形焊缝		V
5	带钝边 V 形焊缝		Y
6	带钝边单边 V 形焊缝		Y

（续）

序号	名称	示意图	符号
7	带钝边 U 形焊缝		
8	带钝边 J 形焊缝		
9	封底焊缝		
10	角焊缝	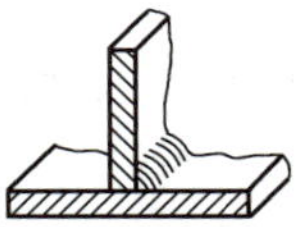	
11	塞焊缝或槽焊缝	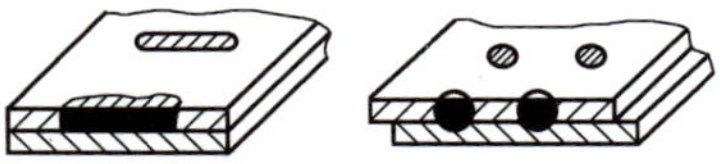	
12	点焊缝	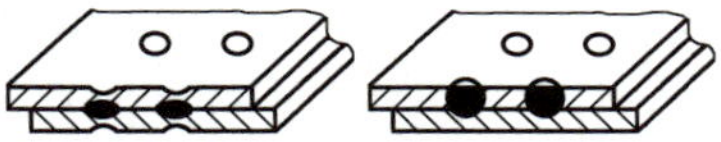	
13	缝焊缝	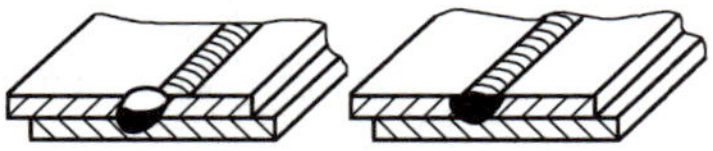	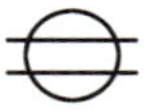
14	陡边 V 形焊缝		
15	陡边单 V 形焊缝		
16	端焊缝		
17	堆焊缝	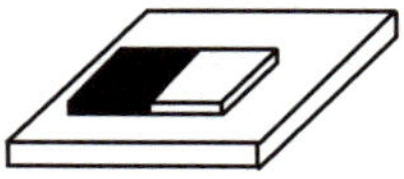	

（续）

序号	名称	示意图	符号
18	平面连接（钎焊）	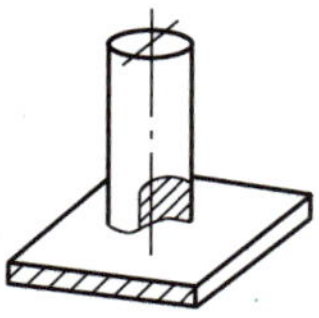 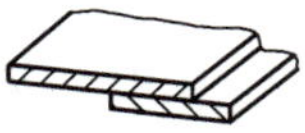	=
19	斜面连接（钎焊）	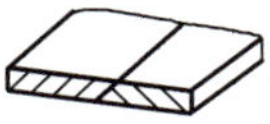	//
20	折叠连接（钎焊）		

2. 基本符号的组合

标注双面焊焊缝或接头时，基本符号可以组合使用，见表 3-16。

表 3-16　焊缝基本符号的组合

序号	名称	示意图	符号
1	双面 V 形焊缝（X 焊缝）	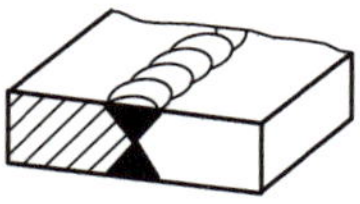	X
2	双面单 V 形焊缝（K 焊缝）	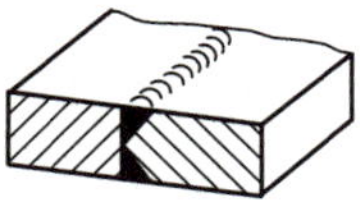	K
3	带钝边的双面 V 形焊缝		
4	带钝边的双面单 V 形焊缝	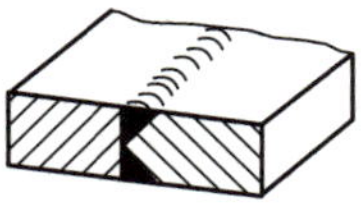	
5	双面 U 形焊缝	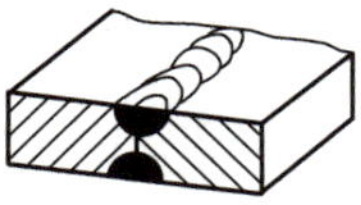	

3. 补充符号

补充符号是为了补充说明焊缝或接头的某些特征而采用的符号，见表3-17。

表3-17 焊缝补充符号

序号	名称	符号	说明
1	平面		焊缝表面通常经过加工后平整
2	凹面		焊缝表面凹陷
3	凸面		焊缝表面凸起
4	圆滑过渡		焊趾处过渡圆滑
5	永久衬垫	M	衬垫永久保留
6	临时衬垫	MR	衬垫在焊接完成后拆除
7	三面焊缝		三面带有焊缝
8	周围焊缝		沿着焊件周边施焊的焊缝 标注位置为基准线与箭头线的交点处
9	现场焊缝		在现场焊接的焊缝
10	尾部		可以表示所需的信息

4. 焊缝尺寸符号

焊缝尺寸符号是表示坡口和焊缝特征尺寸的符号。必要时，可以在焊缝符号中标注尺寸，见表3-18。

表3-18 焊缝尺寸符号

符号	名称	示意图	符号	名称	示意图
δ	焊件厚度	δ	b	根部间隙	b
α	坡口角度	α	p	钝边	p
β	坡口面角度	β	R	根部半径	R

（续）

符号	名称	示意图	符号	名称	示意图
H	坡口深度	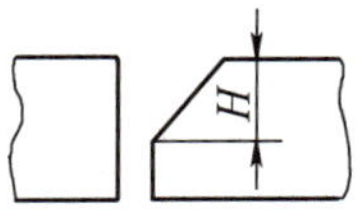	n	焊缝段数	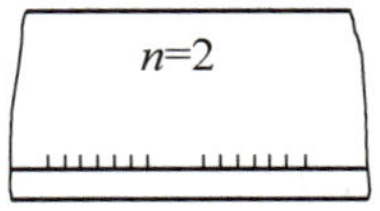
S	焊缝有效厚度	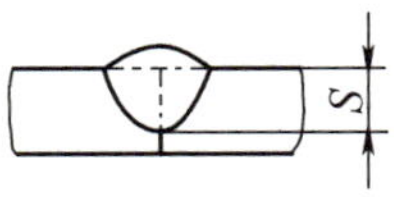	l	焊缝长度	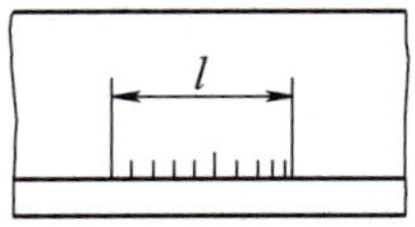
c	焊缝宽度	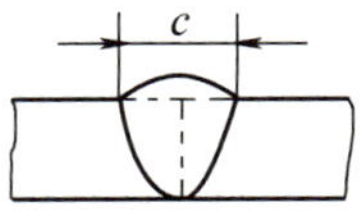	e	焊缝间距	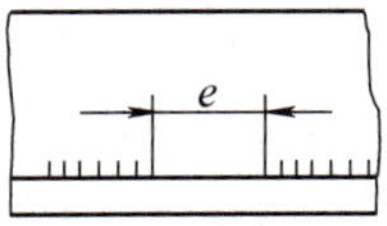
K	焊脚尺寸	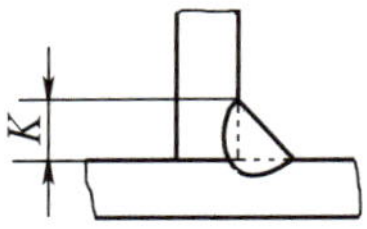	N	相同焊缝数量	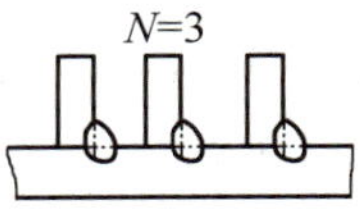
d	点焊：熔核直径 塞焊：孔径	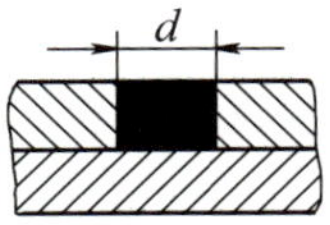	h	余高	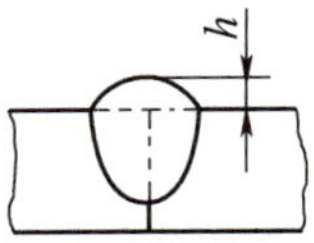

5. 指引线

指引线一般由带有箭头的箭头线和两条基准线（一条为实线，另一条为虚线）两部分组成，必要时可在基准线的实线末端加一尾部符号，进行其他说明用（如焊接方法等），如图 3-3 所示。

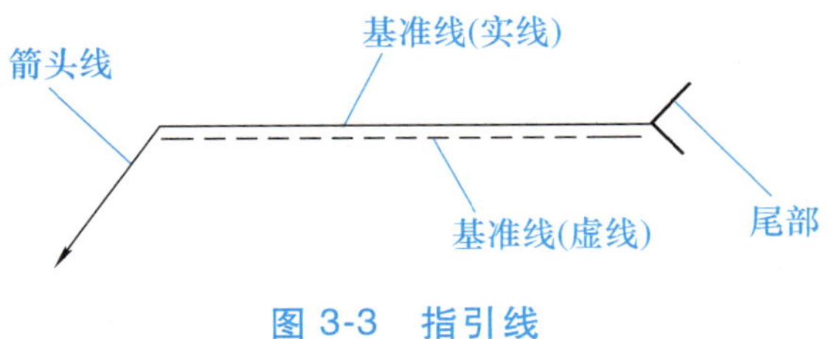

图 3-3　指引线

二、焊接方法代号

在焊接结构图样上，为了简化焊接方法的标注和说明，国家标准中规定了 6 类 99 种焊接方法代号。焊接方法代号以数字形式标注在基准线实线末端的尾部符号中。主要焊接方法代号见表 3-19。

表 3-19 主要焊接方法代号

方法	德文缩写 (DIN1910)	英文缩写	数字代号 (ISO4063)
气焊	G		3
氧乙炔焊	G		311
焊条电弧焊	E	SMAW	111
自保护药芯焊丝电弧焊	MF		114
埋弧焊	UP	SAW	12
气体保护焊	SG		
熔化极气体保护电弧焊	MSG	GMAW	13
熔化极活性气体保护电弧焊	MAG	MAG	135
非惰性气体保护的药芯焊丝电弧焊		FCAW	136
熔化极惰性气体保护电弧焊	MIG	MIG	131
非熔化极气体保护电弧焊	WSG	GTAW	14
钨极惰性气体保护电弧焊	WIG	TIG	141
等离子弧焊	WP	PAW	15
激光焊	LA	LBW	52
电子束焊	EB	EBW	51
压力焊			4
电阻焊	R	RW	2
电阻点焊	RP		21
缝焊	RR		22
凸焊	RB		23
闪光焊	RA		24
摩擦焊	FR	FW	42
螺柱焊	B		78
电渣焊	RES	ESW	72

三、焊缝符号的标注

焊缝符号和焊接方法代号必须通过指引线，按照国家标准规定进行标注，才能准确无误地表示焊缝。

国家标准规定，箭头线相对焊缝的位置一般没有特殊要求，但是在标注V、Y、J焊缝时，箭头线应指向带坡口一侧的焊件，如图3-4所示。必要时，允许箭头线弯折一次，如图3-5所示。

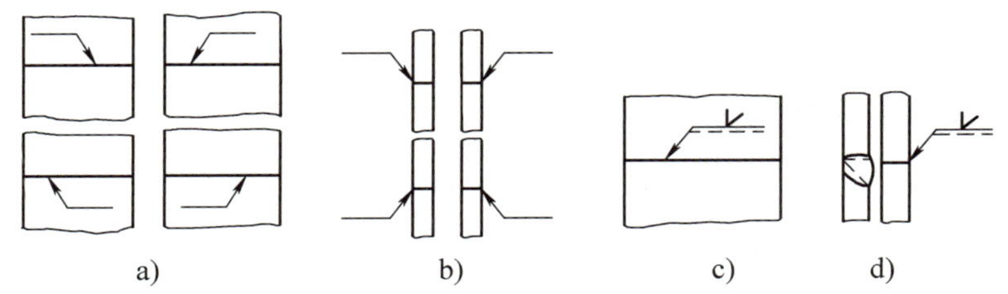

图 3-4　箭头线的位置

基准线的虚线可以画在基准线的实线上侧或下侧。基准线一般应与图样的底边平行，特殊情况下也可与底边相垂直。

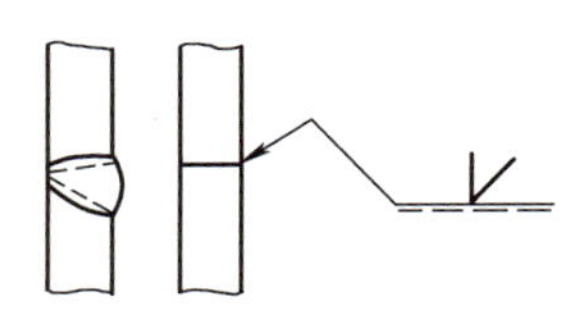

图 3-5　弯折的箭头线

如果焊缝在接头的箭头侧，则将基本符号标注在基准线的实线上，如图 3-6a 所示。

如果焊缝在接头的非箭头侧，则将基本符号标注在基准线的虚线上，如图 3-6b 所示。

标注对称焊缝及双面焊缝时，可不加虚线，如图 3-6c、d 所示。

此外，国家标准还规定，必要时基本符号可附带尺寸符号及数据，其标注位置如图 3-7 所示。

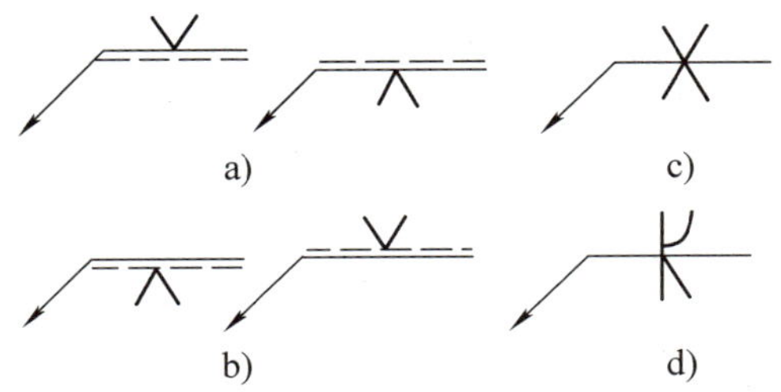

图 3-6　基本符号相对基准线的位置

a）焊缝在接头的箭头侧　b）焊缝在接头的非箭头侧

c）对称焊缝　d）双面焊缝

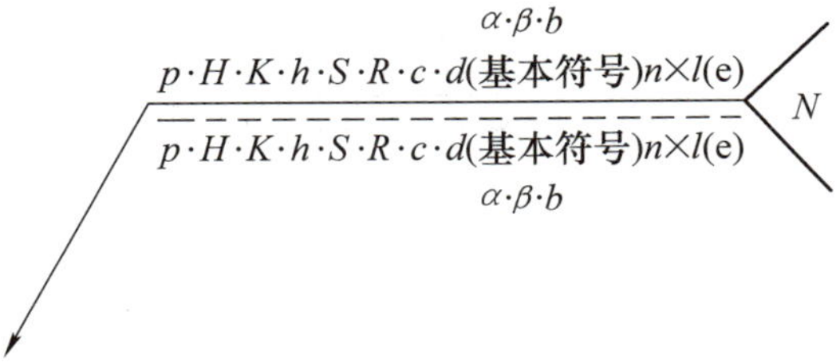

$\alpha \cdot \beta \cdot b$

$p \cdot H \cdot K \cdot h \cdot S \cdot R \cdot c \cdot d$(基本符号)$n \times l$(e)

N

$p \cdot H \cdot K \cdot h \cdot S \cdot R \cdot c \cdot d$(基本符号)$n \times l$(e)

$\alpha \cdot \beta \cdot b$

图 3-7　焊缝尺寸的标注位置

这些原则是：

1）焊缝横向尺寸标注在基本符号的左侧。

2）焊缝纵向尺寸标注在基本符号的右侧。

3）坡口角度、坡口面角度、根部间隙标注在基本符号的上侧或下侧。

4）相同焊缝数量符号标注在尾部。

5）当需要标注的尺寸数据较多，不易分辨时，可在数据前标注相应的尺寸符号。

焊缝符号的标注示例见表3-20。

表3-20 焊缝符号的标注示例

接头形式	焊缝形式	标注示例	说明
对接接头	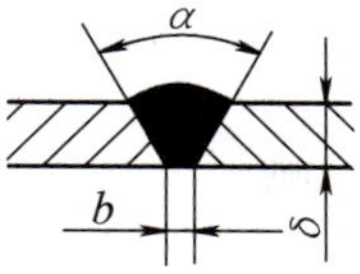	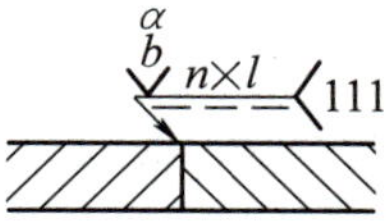	111表示用焊条电弧焊，V形焊缝，坡口角度为α，根部间隙b，有n条焊缝，焊缝长度为l
T形接头	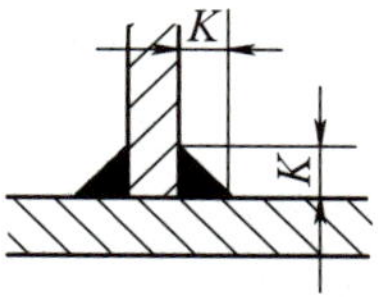	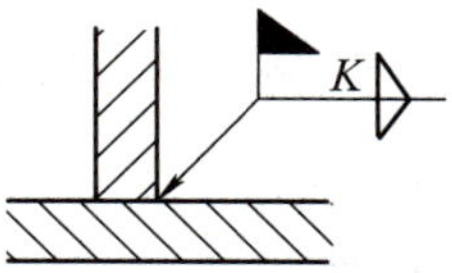	 表示在现场装配时进行焊接 表示双面角焊缝，焊脚高为K
	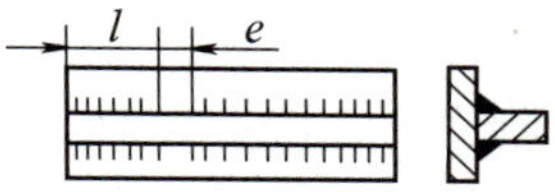	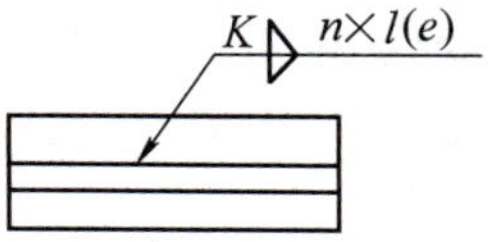	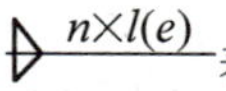 $n\times l(e)$表示有n条断续双面链状角焊缝，l表示焊缝的长度，e表示断续焊缝的间距
	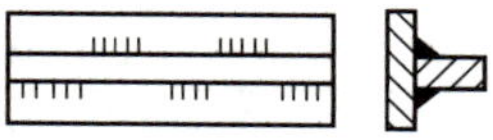	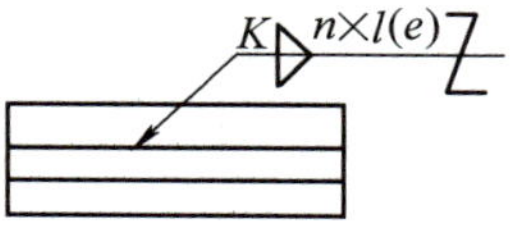	 表示断续交错焊缝
角接接头	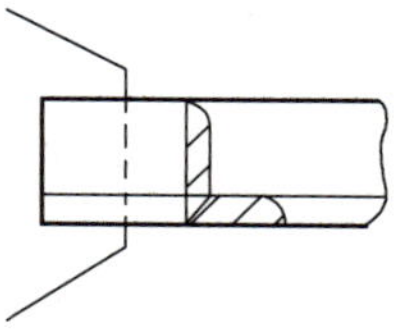	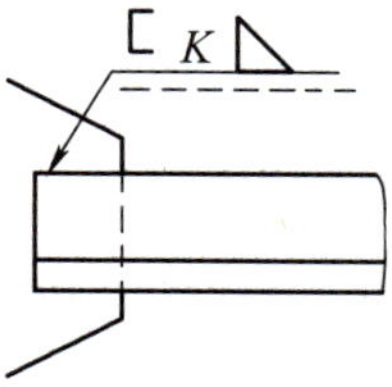	[表示三面焊接 表示单面角焊缝
	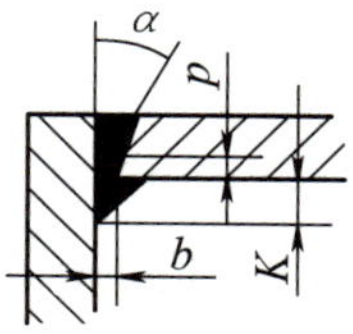	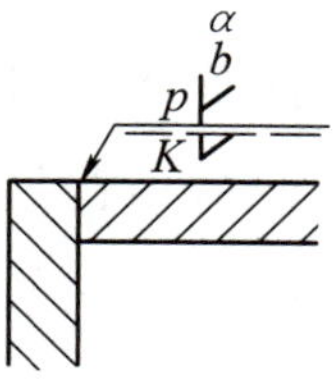	 表示双面焊缝上面为带钝边单边V形焊缝，下面为角焊缝

（续）

接头形式	焊缝形式	标注示例	说　明
搭接接头	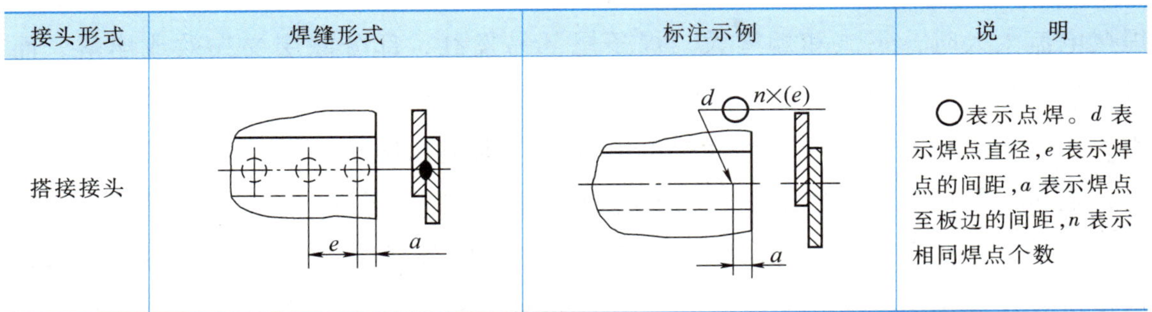		○表示点焊。d 表示焊点直径，e 表示焊点的间距，a 表示焊点至板边的间距，n 表示相同焊点个数

第四节　焊条电弧焊焊接参数

焊接参数是指焊接时，为保证焊接质量而选定的诸物理量（如焊接电流、电弧电压、焊接速度、热输入等）的总称。焊条电弧焊的焊接参数主要包括焊条直径、焊接电流、电弧电压、焊接速度、焊缝层数和热输入等。

一、焊条直径

焊条直径是根据焊件厚度、焊接位置、接头形式、焊接层数等进行选择的。

厚度较大的焊件，搭接和 T 形接头的焊缝应选用直径较大的焊条。对于小坡口焊件，为了保证底层的熔透，宜采用较小直径的焊条，如打底焊时一般选用 ϕ2.5mm 或 ϕ3.2mm 焊条。不同的位置，选用的焊条直径也不同，通常平焊时选用较粗的 ϕ4.0~ϕ6.0mm 的焊条；立焊和仰焊时选用 ϕ3.2~ϕ4.0mm 的焊条；横焊时选用 ϕ3.2~ϕ5.0mm 的焊条。对于特殊钢材，需要小焊接参数时可选用小直径焊条。

根据焊件厚度选择焊条直径时，可参考表 3-21。对于重要结构，应根据规定的焊接电流范围（或根据热输入）确定。

表 3-21　焊条直径与焊件厚度的关系

焊件厚度/mm	2	3	1~6	6~12	>13
焊条直径/mm	ϕ2	ϕ2.5~ϕ3.2	ϕ3.2~ϕ4	ϕ4~ϕ5	ϕ4~ϕ6

二、焊接电流

焊接电流是焊条电弧焊的主要参数，焊接电流的选择直接影响着焊接质量和劳动生产率。焊接电流越大，熔深越大，焊条熔化越快，焊接效率也越高。但是焊接电流太大时，飞溅和烟雾大，焊条尾部易发红，部分涂层要失效或崩落，而且容易产生咬边、焊瘤、烧穿等缺陷，增大焊件变形，还会使接头热影响区晶粒粗大，焊接接头的韧性降低；焊接电流太小，则引弧困难，焊条容易粘连在焊件上，电弧不稳定，易产生未焊透、未熔合、气孔和夹渣等缺陷，且生产率低。

因此，选择焊接电流时，应根据焊条类型、焊条直径、焊件厚度、接头形式、焊接位置及焊接层次来综合考虑。首先应保证焊接质量，其次应尽量采用较大的电流，以提高生产率。板件厚度较大的T形接头和搭接接头，在施焊环境温度低时，由于导热较快，所以焊接电流要大一些。

1. 考虑焊条直径

焊条直径越大，熔化焊条所需的热量越大，必须增大焊接电流。每种焊条都有一个最合适的电流范围，焊条直径与焊接电流的关系见表3-22。

表3-22 焊条直径与焊接电流的关系

焊条直径/mm	ϕ1.6	ϕ2.0	ϕ2.5	ϕ3.2	ϕ4.0	ϕ5.0	ϕ6.0
焊接电流/A	25~40	40~60	50~80	100~130	160~210	200~270	260~300

当使用碳钢焊条焊接时，还可以根据选定的焊条直径，用下面的经验公式计算焊接电流：

$$I=dK$$

式中 I——焊接电流（A）；

d——焊条直径（mm）；

K——经验系数（A/mm），见表3-23。

表3-23 焊接电流经验系数与焊条直径的关系

焊条直径 d/mm	ϕ1.6	ϕ2~ϕ2.5	ϕ3.2	ϕ4~ϕ6
经验系数 K/(A/mm)	20~25	25~30	30~40	40~50

2. 考虑焊接位置

在平焊位置焊接时，可选择偏大些的焊接电流；非平焊位置焊接时，为了易于控制焊缝成形，焊接电流比平焊位置小10%~20%。

3. 考虑焊接层次

通常焊接打底焊道时，为保证背面焊道的质量，应使用较小的焊接电流；焊接填充焊道时，为提高效率，保证熔合好，应使用较大的焊接电流；焊接盖面焊道时，为防止咬边和保证焊道成形美观，使用的焊接电流应稍小些。

4. 考虑焊条类型

当其他条件相同时，碱性焊条使用的焊接电流应比酸性焊条小10%~15%，不锈钢焊条使用的焊接电流比碳钢焊条小15%~20%。

焊接电流一般可根据焊条直径进行初步选择，焊接电流初步选定后，要经过试焊，看飞溅，检查焊缝成形和缺陷，看焊条熔化状况等才可确定。对于有力学性能要求的，如锅炉、压力容器等重要结构，要经过焊接工艺评定合格以后，才能最后确定焊接电流等参数。

三、电弧电压

当焊接电流调好以后，焊机的外特性曲线就确定了。实际上电弧电压主要是由电弧长度来决定的。电弧长，电弧电压高；反之则低。焊接过程中，电弧不宜过长，否则会出现电弧燃烧不稳定、飞溅大、熔深浅及产生咬边、气孔等缺陷；若电弧太短，则容易粘焊条。一般情况下，电弧长度以等于焊条直径的0.5~1倍为好，即为短弧焊，相应的电弧电压为16~25V。碱性焊条的电弧长度不超过焊条的直径，为焊条直径的一半较好，应尽可能地选择短弧焊；酸性焊条的电弧长度等于焊条直径。

四、焊接速度

焊条电弧焊的焊接速度是指焊接过程中焊条沿焊接方向移动的速度，即单位时间内完成的焊缝长度。焊接速度过快，会使焊缝变窄，造成严重凸凹不平，容易产生焊缝波形变尖；焊接速度过慢，会使焊缝变宽，余高增加，功效降低。焊接速度还直接决定着热输入量的大小，一般根据钢材的淬硬倾向来选择。

五、焊缝层数

厚板的焊接，一般要开坡口并采用多层焊或多层多道焊。多层焊和多层多道焊接头的显微组织较细，热影响区较窄。前一条焊道对后一条焊道起预热作用，而后一条焊道对前一条焊道起热处理作用。因此，接头的塑性和韧性都比较好。特别是对于易淬火钢，后焊道对前焊道的回火作用，可改善接头的组织和性能。

为保证接头的塑性和韧性，每层焊缝厚度应不大于4mm。

六、热输入

熔焊时，由焊接能源输入给单位长度焊缝上的热量称为热输入。

热输入对低碳钢焊接接头性能的影响不大，因此，对于低碳钢焊条电弧焊一般不规定热输入。对于低合金钢和不锈钢等钢种，热输入太大时，接头性能可能降低；热输入太小时，有的钢种焊接时可能产生裂纹。因此，要根据焊接工艺规定热输入。焊接电流和热输入规定之后，焊条电弧焊的电弧电压和焊接速度就间接地大致确定了。

七、预热

预热能降低焊后冷却速度，而对于给定成分的钢种，焊缝及热影响区的组织和性能取决于冷却速度的大小。对于易淬火钢，通过预热可以减小淬硬程度，减小热影响区的温度差别、焊接应力，防止产生焊接裂纹。因此，对于有淬硬倾向的钢材，经常采用预热措施。

预热温度的选择应根据焊件的成分、结构刚性、焊接方法等因素综合考虑，并通过焊接性试验来确定。常采用火焰加热、工频感应加热和红外线加热等方法。

八、后热

焊后将焊件保温缓冷，可以减缓焊缝和热影响区的冷却速度，起到与预热相似的作用。其中，对于冷裂纹倾向性大的低合金高强度钢，还有一种专门的后热处理，即消氢处理，就是在焊后立即将焊件加热到250～350℃，保温2～6h后空冷。消氢处理的目的，主要是使焊缝金属中的扩散氢加速逸出，降低焊缝和热影响区中的氢含量，以防止产生冷裂纹。

九、焊后热处理

焊后热处理是将焊件整体或局部加热保温，进行炉冷或空冷的一种工艺。材料经过热处理可以降低焊接残余应力，软化淬硬部位，改善焊缝和热影响区的组织和性能，从而提高接头的塑性和韧性及稳定结构的尺寸。

焊后热处理的方法分整体热处理和局部热处理两种。

第五节 焊条电弧焊常见焊接缺陷及防止措施

按照焊接缺陷在焊接接头中的位置，焊条电弧焊常见缺陷可以分为外观缺陷和内部缺陷。外观缺陷即焊缝缺陷位于焊缝的外表面，它包括焊缝尺寸和形状不符合要求、咬边、焊瘤、弧坑、下塌与烧穿、根部收缩、表面气孔、表面裂纹等；内部缺陷即焊缝缺陷位于焊缝的内部，它包括夹渣、未焊透、内部气孔、未熔合和内部裂纹等。焊条电弧焊与其他熔焊方法的常见缺陷及防止原理大致是相同的，本节主要研究焊条电弧焊常见缺陷产生原因及防止措施。

一、焊缝尺寸及形状不符合要求

（1）常见现象 焊缝外表形状高低不平，焊波粗劣；焊缝宽度不齐，太宽或太窄；焊缝余高过高或高低不均等都属于焊缝尺寸及形状不符合要求，如图 3-8 所示。

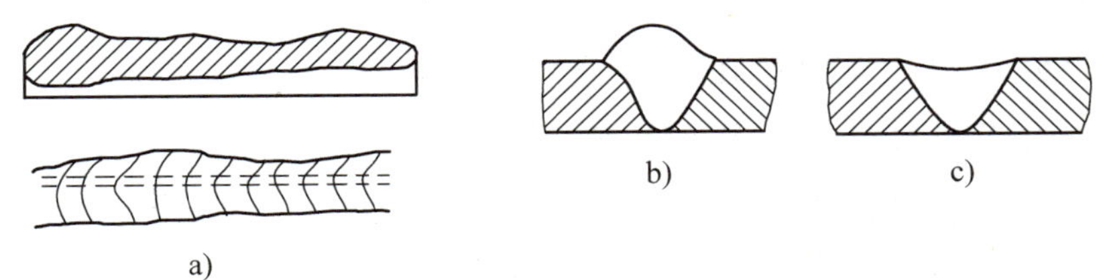

图 3-8 焊缝尺寸及形状不符合要求

a）焊缝高低不平、宽度不齐、焊波粗劣 b）余高过高 c）焊缝低于母材金属

焊缝宽度不一致，除了造成焊缝成形不美观，还影响焊缝与母材金属的结合强度。焊缝余高太高，使焊缝与母材金属的交界突变，形成应力集中；而焊缝低于母材金属时，就不能得到足够的接头强度。

（2）产生原因 产生焊缝尺寸及形状不符合要求的原因很多，如焊接坡口角度不当；装配间隙不均匀；焊接速度不合适；焊条角度不当等因素都会使焊缝的外形尺寸和形状产生偏差等。

（3）防止措施 为使焊缝达到技术要求，焊前应根据材料的厚度和材料的性质，选择正确的焊接参数，并掌握好操作要领，不断地提高操作技术水平；严格执行焊接工艺规程。

二、咬边

（1）常见现象　咬边是指由于焊接参数选择不当，或操作方法不正确，沿焊趾的母材部位产生的沟槽或凹陷，如图 3-9 所示。咬边不仅减弱了焊接接头强度，而且在咬边处会形成应力集中，承载后有可能在咬边处产生裂纹，所以承受载荷的焊接构件，对咬边的深度和长度都有一定限制。在一般的焊接构件中咬边深度通常不允许超过 0.5mm。

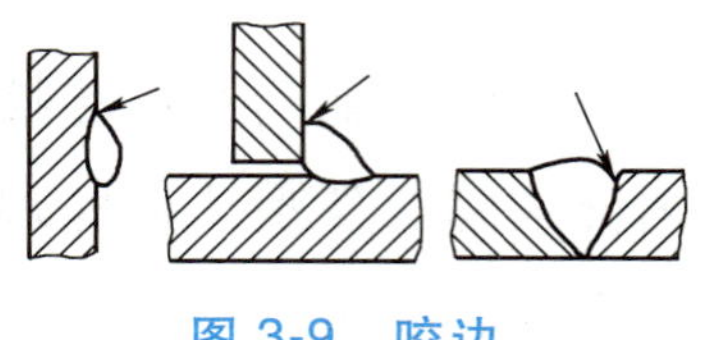

图 3-9　咬边

（2）产生原因　焊接电流过大；电弧过长；运条不合适；移动速度过快；焊条角度不适当等。

（3）防止措施　选择正确的焊接参数；选择合适的焊接位置施焊；提高焊工操作技术水平。

三、焊瘤

（1）常见现象　焊瘤是指在焊接过程中，熔化金属流淌到焊缝以外未熔化母材上所形成的金属瘤。焊瘤存在于焊缝表面，特别是立焊时焊缝的表面更容易产生焊瘤，它的下面往往伴随着未熔合、未焊透等缺陷；由于焊缝的几何形状突然发生变化，造成应力集中；管子内部焊瘤会减小管路介质的流通截面，如图 3-10 所示。

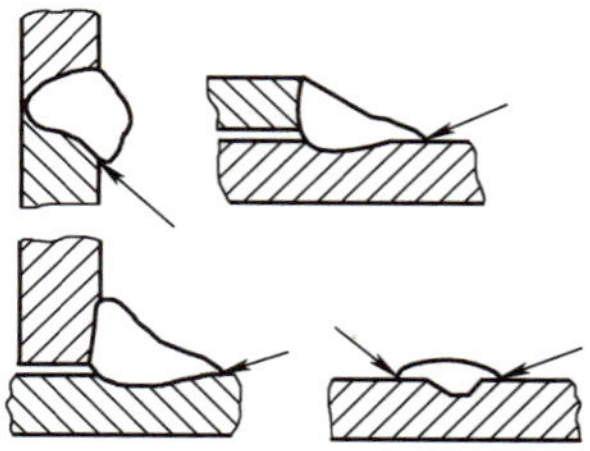

图 3-10　焊瘤

（2）产生原因　焊接参数选择不当，焊接电流、电弧电压太大；钝边过小，间隙过大；焊接操作时，焊条摆动角度不对，焊工操作技术水平低等。

（3）防止措施　合理选择焊接参数；严格执行装配工艺规程；提高焊工操作技术水平，运条的速度要均匀。

四、弧坑

（1）常见现象　弧坑是焊条电弧焊时，由于收弧不当，在焊道末端形成的低于母材的低洼部分，如图 3-11 所示。弧坑也是凹坑的一种。弧坑减小了焊缝的有效工作截面，在弧坑处熔化金属填充不足，熔池进行的冶金反应不充分，容易产生偏析和杂质聚积。因此，在弧坑处往往伴有气孔、夹渣、裂纹等焊接缺陷。

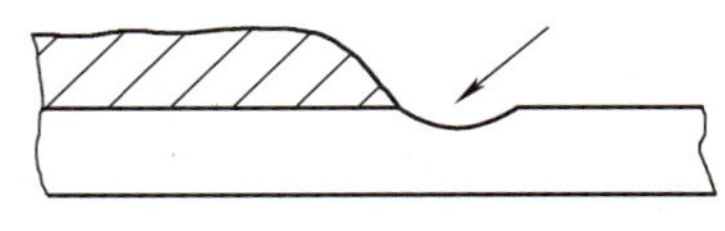

图 3-11 弧坑示意图

(2) 产生原因 焊条在收弧处停留时间短、提前熄弧；由于电弧吹力而引起的凹坑没有得到足够的熔化金属填充而形成弧坑。

(3) 防止措施 提高焊工操作技术水平；用正确的焊接工艺方法填满弧坑。

五、下塌与烧穿

(1) 常见现象 下塌是指单面焊时，由于焊接工艺不当，造成焊缝金属过量而透过背面，使焊缝正面塌陷，背面突起的现象；烧穿是指焊接过程中，熔化金属自坡口背面流出，形成穿孔缺陷的现象，如图 3-12 所示。

(2) 产生原因 焊接电流大，焊接速度慢，使焊件过度加热；坡口间隙大，钝边过薄；焊工操作技能差等。

(3) 防止措施 选择合适的焊接参数及合适的坡口尺寸；提高焊工操作技能等。

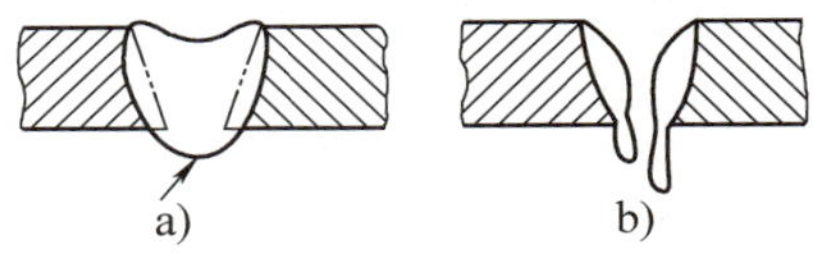

图 3-12 下塌与烧穿

a）下塌 b）烧穿

六、夹渣

(1) 常见现象 焊后残留在焊缝中的熔渣称为夹渣，如图 3-13 所示。夹渣会降低焊缝的力学性能，引起应力集中，易形成裂纹。

(2) 产生原因 焊层之间及焊件边缘焊渣清除不干净；焊条直径太粗，焊接电流过小；熔化金属凝固太快，熔渣来不及浮出；运条不当；焊件和焊条的化学成分不当，熔池内含非金属元素成分较多等。

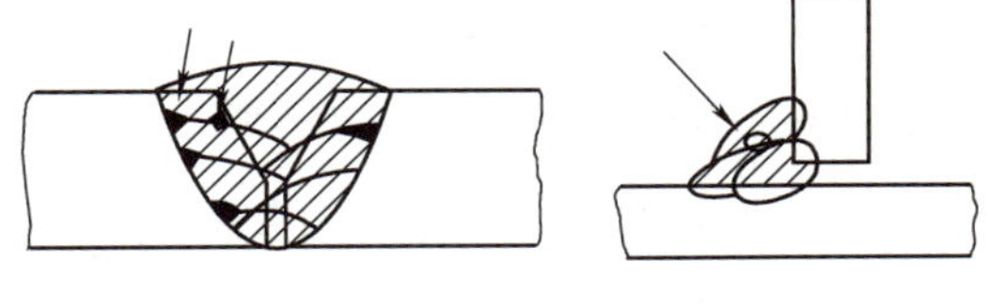

图 3-13 夹渣

(3) 防止措施 注意坡口及焊层间的清理，清除残留的熔渣和锈皮；选择适当的焊接电流，避免焊缝金属冷却过快；运条正确，弧长适当，使熔渣能上浮到铁液表面；选择具有良好工艺性能的焊条；对严重的夹渣应铲修后再补焊。

七、未焊透

(1) 常见现象 未焊透是指在熔焊时，接头根部未完全熔透的现象，如

图 3-14 所示。未焊透减小了焊缝的有效工作截面；在根部尖角处产生应力集中，容易引起裂纹，导致结构破坏。

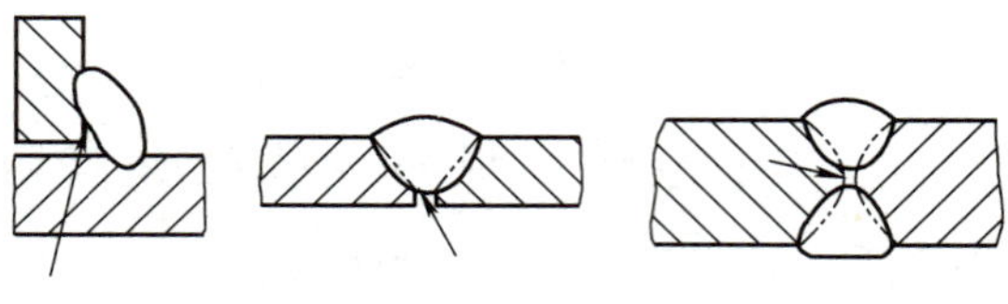

图 3-14 未焊透

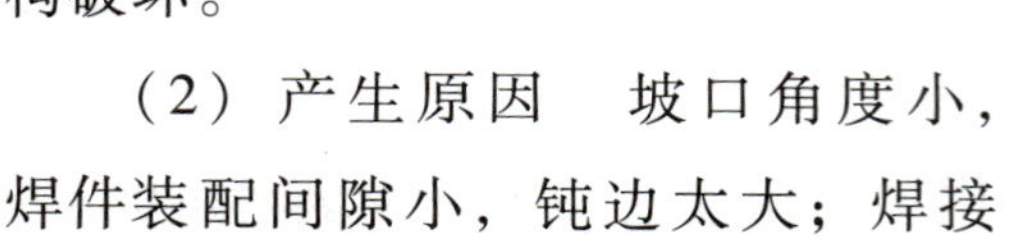

（2）产生原因 坡口角度小，焊件装配间隙小，钝边太大；焊接电流小，焊接速度太快，母材金属未充分熔化；未注意焊条角度和摆动等。

（3）防止措施 严格遵守焊件装配工艺规程；合理选择焊接参数；提高焊工操作技术水平。

八、未熔合

（1）常见现象 未熔合是指焊接时焊道与母材、焊道与焊道之间未完全熔化结合的现象，如图 3-15 所示。

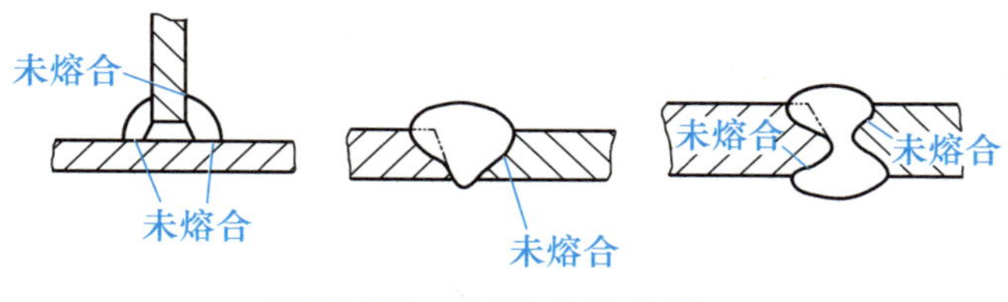

图 3-15 未熔合示意图

（2）产生原因 层间清渣不干净；焊接电流太小或焊接速度太快；焊条药皮偏心；焊条角度不对及摆动不够，致使焊件边缘加热不充分等。

（3）防止措施 加强焊缝层间清渣；正确选择焊接电流和焊接速度；注意焊条的摆动，以防止偏焊。

九、气孔

（1）常见现象 气孔是指在焊接过程中，焊缝金属中的气体在金属冷却以前未能逸出，而残留下来形成的空穴。气孔有圆形、条形、链形和蜂窝形，分布形式有在焊缝表面、根部或内部（呈横向或纵向分布），如图 3-16 所示。焊缝中的气孔会降低焊接接头的严密性和塑性，减小焊缝有效截面面积，使接头的力学性能降低。

（2）产生原因 焊接时空气侵入；焊件及焊条上沾的水、锈、油漆等污物，在电弧热能的作用下分解产生气体；焊条药皮太薄，变质或受潮；焊接工艺不当，熔化金属冷却过快，气体来不及从焊缝逸出等。

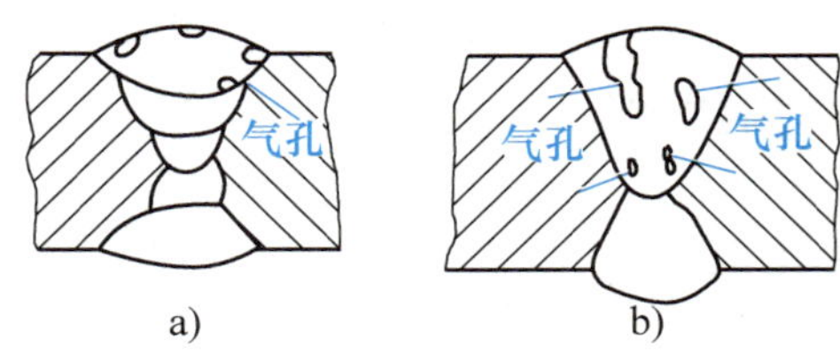

图 3-16　焊缝气孔示意图

a）焊缝表面气孔　b）焊缝内部气孔

（3）防止措施　不得使用药皮开裂、变质、偏心、剥落及焊芯锈蚀的焊条；施焊前应按规定的温度和时间烘干焊条；清除焊件上和焊条表面的污物；选择适当的焊接电流，运条速度不应太快；焊件体积很大或周围温度较低时，可进行必要的预热。

十、裂纹

（1）常见现象　裂纹是指在焊接过程中或焊后，在焊接应力及其他致脆因素的共同作用下，焊接接头出现局部金属破裂的缝隙，如图 3-17 所示。焊缝裂纹是焊接接头中最主要的缺陷，有纵向裂纹与横向裂纹。裂纹可能存在于表面，也可能存在于内部。裂纹在承载时可能会不断延伸和扩大，造成产品报废，甚至引起严重的事故，所以一旦焊件有裂纹，一律认作是不合格品。

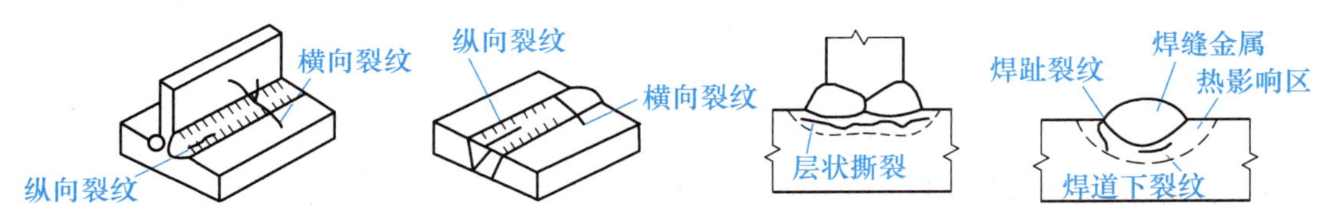

图 3-17　焊接裂纹

按产生的温度、时间，裂纹可分为热裂纹、冷裂纹和再热裂纹。在焊接过程中产生的裂纹包括热裂纹和冷裂纹，而焊后热处理过程中产生的裂纹为再热裂纹。

（2）产生原因　焊接熔池中含有较多的碳、硫、磷等有害元素，致使焊缝中生成裂纹（一般是热裂纹）；焊接熔池中含有较多的氢，会导致焊后焊趾、焊根和热影响区生成裂纹（一般是冷裂纹）；焊接过程中由于焊件结构刚度大，产生大的焊接应力；焊接接头冷却速度太快；焊接参数选择不当；焊接结束时弧坑没有填满，致使弧坑中产生裂纹。

（3）防止措施　采用焊前预热和焊后缓冷方法能有效地减小焊接应力，防止裂纹产生；降低熔池中氢的含量，严格按要求对焊条和焊剂进行烘干，焊前对焊接接头进行清理；采用低氢碱性焊条，焊后加热和去氢处理，都能降低冷裂纹的倾向；采用合理的焊接顺序和方向，降低结构刚性；焊缝结束收弧时，采用断弧法填满弧坑等。

【经验交流】

在焊接对接焊缝、全熔透角焊等焊缝时，在焊接起止端时，由于电流、电压不够稳定，起止点的温度也不够稳定，因此容易导致出现起止端焊缝有未熔合、未熔透、裂纹、夹渣、气孔、凹坑等缺陷，降低焊缝强度，致使其达不到设计要求。

在工程实践中，经常采用在焊缝两端设置引弧板和引出板，其作用是将两端易产生缺陷的部分引到焊件外后，再将缺陷部分割掉来保证焊缝的质量。

【操作示例】

训练一 引弧及平敷焊

一、焊前准备

引弧及平敷焊

（1）焊条 选用 E4303 或 E5015 焊条，直径为 ϕ3.2mm。

（2）焊接电源 E4303 焊条一般采用交流或直流弧焊电源，而 E5015 焊条采用直流电源并且反接。

（3）焊件的加工及清理 应将 Q235 焊件两头及其两侧 20mm 内的铁锈、氧化皮、油、漆等污物清理干净，使之露出金属光泽。

（4）辅助工具 包括渣锤、面罩、划线工具及个人劳保用品。

（后续的焊接电源、焊件清理、训练辅助工具与此相同，不再复述。）

二、训练指导

焊接操作一般包括引弧、运条、焊道的起头、接头和收尾等环节。平敷焊是在平焊位置上堆敷焊道的一种操作手法，是焊条电弧焊其他位置焊接操作的基础，学员可以通过平敷焊的练习，练好基本功，为今后焊接技能的提高打下坚实的基础。

（一）引弧

引弧时，两脚与肩同宽，脚尖向外，身体自然蹲下，引弧处离脚尖的距离为300~500mm。常用的接触式引弧方法有划擦法和直击法，如图3-18所示。

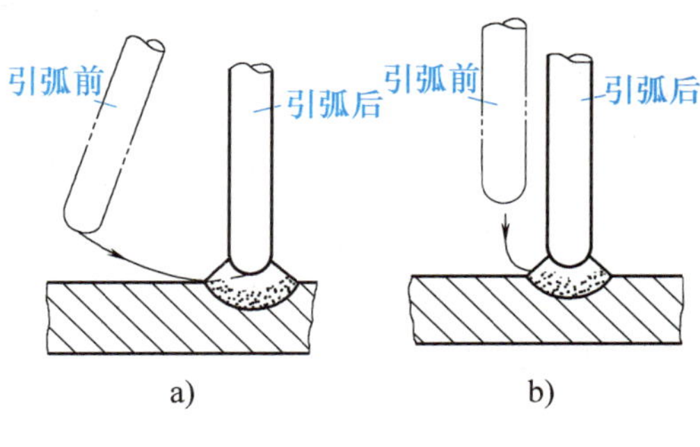

图3-18　引弧方法

a）划擦法引弧　b）直击法引弧

1. 划擦法引弧

首先将焊条前端对准焊件引弧处，然后转动手腕，使焊条在焊件表面轻微划擦一下，划擦引燃电弧后，电弧长度保持在2~4mm。这种引弧方法类似划火柴，易于掌握。

2. 直击法引弧

首先将焊条前端对准焊件引弧处，然后手腕向下转动，使焊条在焊件表面轻微碰击一下，引燃电弧后，手腕放平，电弧长度保持在2~4mm，使电弧稳定燃烧。

（二）平敷焊

1. 平敷焊的焊条角度（图3-19）

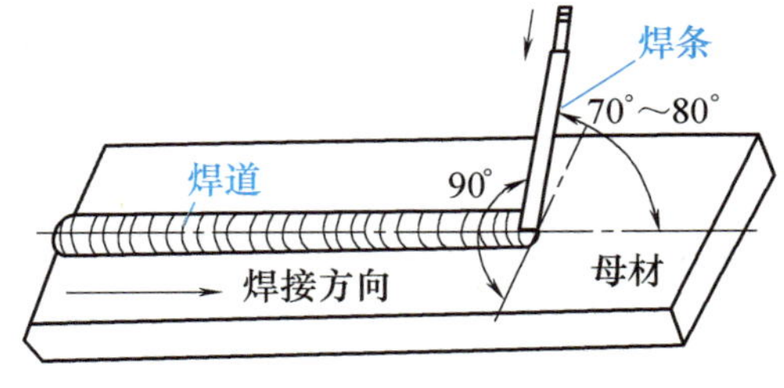

图3-19　平敷焊的焊条角度

2. 焊道的起头

起头是指刚开始焊接的阶段，在一般情况下这部分焊道略高些，质量也难以保证。因为焊件未焊之前温度较低，而引弧后又不能迅速使焊件温度升高，所以起点部分的熔深较浅；为了解决这一问题，可在引弧后先将电弧稍微拉长，使电弧对端头有预热作用，然后适当缩短电弧进行正式焊接。

在焊接重要结构时，常采用引弧板，即在焊前装配一块金属板，从这块板上开始引弧，焊后割掉。

3. 运条

在正常焊接阶段，焊条一般有三个基本的运动，即沿焊条中心线向熔池送进，沿焊接方向移动，焊条摆动，如图3-20所示。三个动作组成焊条有规则的运动，焊工可根据焊接位置、接头形式、焊条直径与性能，焊接电流大小以及技术熟练程度等因素来掌握。

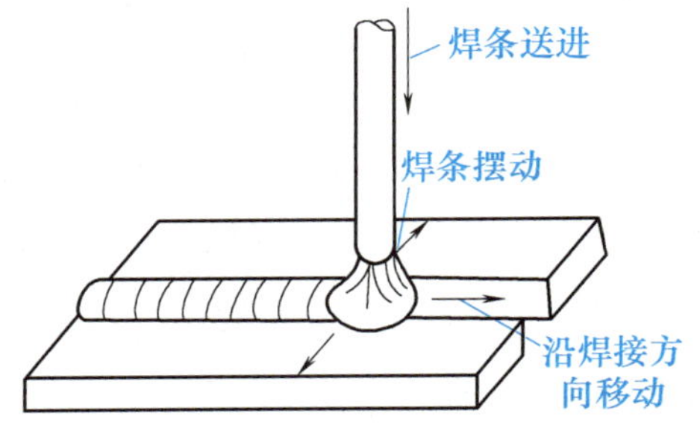

图3-20　运条的三个基本动作

运条的方法有很多，选用时主要根据接头的形式、装配间隙、焊缝的空间位置等因素决定，常用的运条方法及适用范围见表 3-24。

表 3-24 常用的运条方法及适用范围

运条方法		运条示意图	适用范围
直线形运条法			1）厚度 3~5mm I 形坡口对接平焊 2）多层焊的第一层焊道 3）多层多焊道
直线往返形运条法			1）薄板焊 2）对接平焊（间隙较大）
锯齿形运条法			1）对接接头（平焊、立焊、仰焊） 2）角接接头（立焊）
月牙形运条法			同锯齿形运条法
三角形运条法	斜三角形		1）角接接头（仰焊） 2）对接接头（开 V 形坡口横焊）
	正三角形		1）角接接头（立焊） 2）对接接头
圆圈形运条法	斜圆圈形		1）角接接头（平焊、仰焊） 2）对接接头（横焊）
	正圆圈形		对接接头（厚焊件平焊）
八字形运条法			对接接头（厚焊件平焊）

4. 焊道的连接

焊道的连接一般有以下几种方式，如图 3-21 所示。

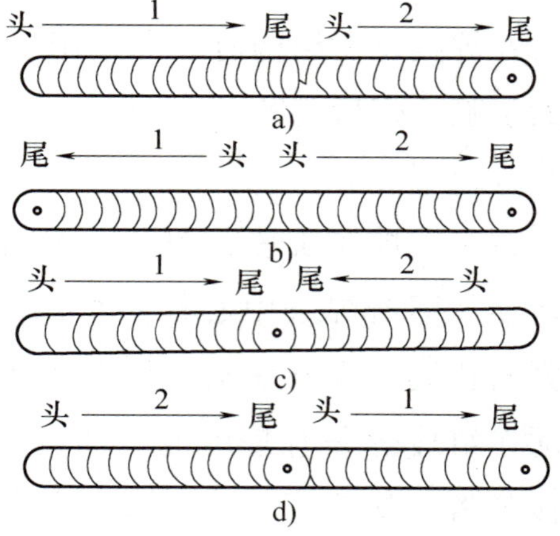

图 3-21 焊道的连接方式

图 3-21a 所示的接头方式使用最多，接头的方法是在先焊焊道弧坑稍前处（约 10mm）引弧。电弧长度比正常焊接略微长些（碱性焊条电弧不可加长，否则易产生气孔，然后将电弧移到原弧坑的 2/3 处），填满弧坑后，即向前进入正常焊接。如果电弧后移太多，则可能造成接头过高；后移太

少，将会使接头脱节，造成弧坑未填满的缺陷。

焊接接头时，更换焊条的动作越快越好，因为在熔池尚未冷却时进行接头，不仅能保证质量，而且焊道外表面成形美观，这种方法称为热接法。

5. 焊道的收尾

收尾动作不仅是熄弧，还要填满弧坑。一般收尾动作有以下几种，如图 3-22 所示。

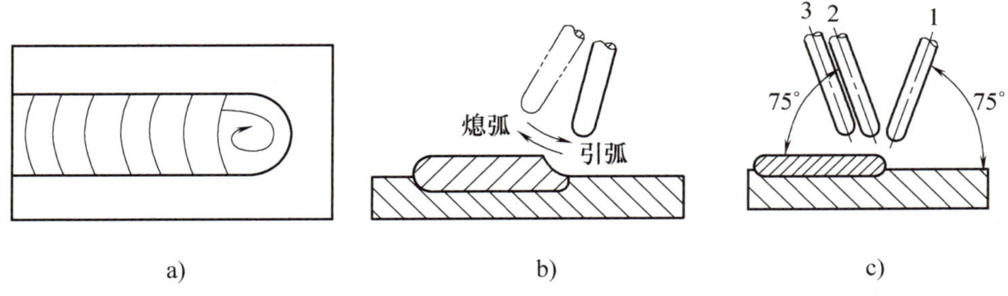

图 3-22 焊道的收尾方法

a）划圈收尾法 b）反复断弧收尾法 c）回焊收尾法

（1）划圈收尾法 如图 3-22a 所示，焊条移至焊道终点时做圆圈运动，直到填满弧坑再拉断电弧。此法适用于厚板焊接，对于薄板则有烧穿的危险。

（2）反复断弧收尾法 如图 3-22b 所示，焊条移至焊道终点时，在弧坑上需做数次反复熄弧—引弧，直到填满弧坑为止。此法适用于薄板焊接。但碱性焊条不宜用此法，因为容易产生气孔。

（3）回焊收尾法 如图 3-22c 所示，焊条移至焊道收尾处即停止，但未熄弧，此时适当改变焊条角度。碱性焊条宜用此法。

【经验交流】

1）引弧时，焊条提起太快或过高，都不易引燃电弧；焊条提起太慢，焊条端部熔化，就会与焊件粘在一起，造成焊接回路短路。因此，要控制好焊条提起的速度和距离。

2）若发生粘条现象，左右摇摆几下，就可脱开；如果还不能脱开，就应立即将焊钳从焊条上取下，待焊条冷却后，将焊条用手扳下。

3）采用不同的运条方法运条，并进行起头、运条、接头、收尾的训练。

训练二 平对接双面焊

焊条电弧焊
平对接焊

一、训练图样

训练图样如图 3-23 所示。

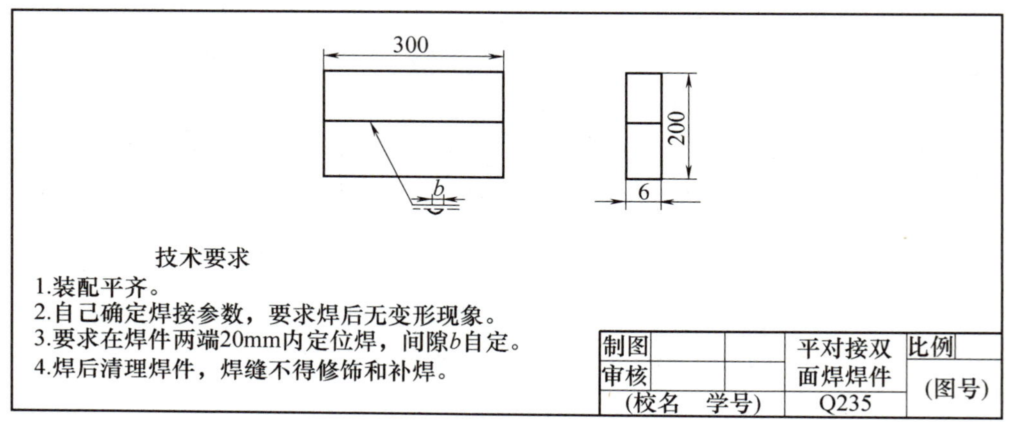

图 3-23 平对接双面焊焊件图

二、焊前准备

（1） 焊条 E4303（或 E5015） 焊条，直径为 ϕ3.2mm 和 ϕ4mm。

（2） 焊接材料 Q235 钢板，尺寸为 300mm×100mm×6mm，每人 2 块。

（3） 确定焊件装配及定位焊参数 见表 3-25。

（4） 确定焊接参数 见表 3-26。

表 3-25 焊件装配及定位焊参数

装配间隙/mm	错变量/mm
始焊端约为 3	≤1.2
终焊端约为 4	

表 3-26 焊接参数

焊接层次	焊条直径/mm	焊接电流/A
正面焊	ϕ4.0	150～180
反面焊	ϕ3.2	100～120

（以上焊接参数均属参考数值，具体数值的确定还应结合个人操作习惯而定，以后各任务中焊接参数的确定与此相同。）

三、训练指导

1. 装配及定位焊

焊件装配应保证两板对接处齐平，间隙要均匀。一般根据焊件厚度及技术要求等因素留出装配间隙，当焊缝较长时，终焊端要比始焊端略大些。当板厚小于6mm时，其间隙一般为1~3mm。

焊前为固定焊件的相对位置进行的焊接操作称为定位焊，为保证定位焊缝的质量，必须注意以下几点：

1）定位焊缝一般作为正式焊缝的一部分，所用焊条应与以后正式焊接时相同。

2）为防止未焊透等缺陷，定位焊时电流应比正式焊时大10%~15%。

3）如遇有焊缝交叉时，定位焊缝应离交叉处50mm以上。

4）定位焊缝的余高不应过高，定位焊缝的两端应与母材平缓过渡，以防止正式焊接时产生未焊透等缺陷。

5）如定位焊缝开裂，必须将裂纹处的焊缝铲除后重新定位焊。在定位焊之后，如出现接口不齐平，应进行校正，然后才能正式焊接。

6）定位焊缝的长度、间距可参考表3-27，而焊件两端的定位焊点应距离焊件边缘15~20mm。

表3-27　定位焊缝的参考尺寸　（单位：mm）

焊件厚度	定位焊缝长度	定位焊缝间距
<4	5~10	50~100
4~12	10~20	100~200
>12	≥20	200~300

2. I形坡口平对接焊

焊缝的起头、连接和收尾与平敷焊的要求相同，焊条角度如图3-24所示。

平对接焊操作时，以焊缝位置线作为运条的轨迹，焊条与焊件两侧保持垂直，与焊接方向的夹角为40°~90°。焊条与焊件夹角大，焊接熔池深度也大：焊条与焊件夹角小，焊接熔池深度也小。平对接焊时的焊条角度如图3-24所示。

首先进行正面焊接，根据焊件厚度选择焊条直径和相应的焊接电流，采用直

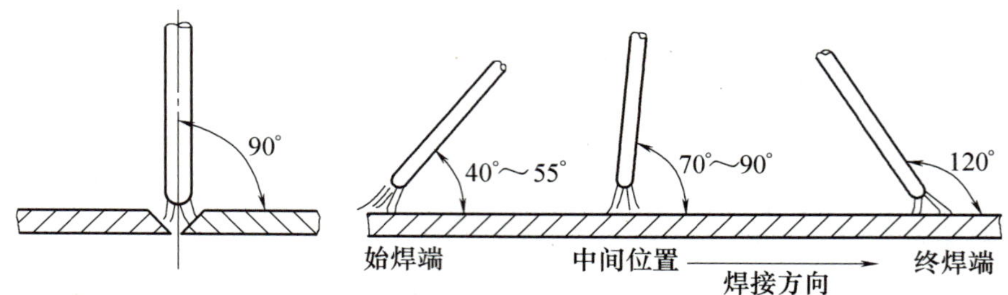

图 3-24 平对接焊及焊条角度

线或直线往复运条，短弧操作。为了获得较大的熔深和宽度，运条速度可慢些，以保证正面焊缝的熔深达到板厚的2/3，焊缝宽度应为5～8mm，余高小于1.5mm，如图3-25所示。

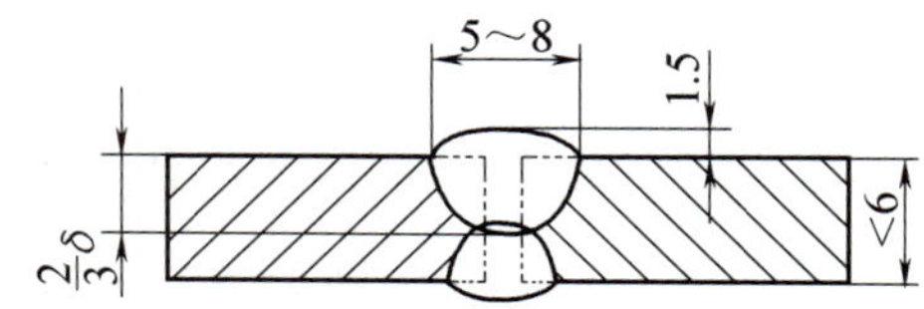

图 3-25 不开坡口的平对接焊焊缝尺寸要求

操作中如发现熔渣与铁液混合不清，则可把电弧稍拉长一些，同时将焊条向焊接方向倾斜，并向熔池后面推送熔渣，这样熔渣被推到溶池后面，减少了焊接缺陷，维持焊接的正常进行，如图3-26所示。

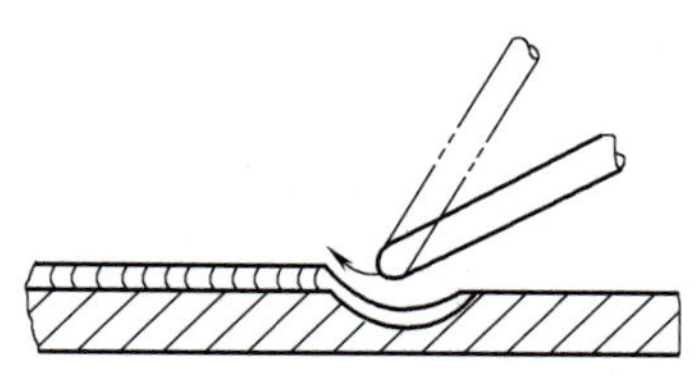

图 3-26 推送熔渣的方法

在正面焊完之后，接着进行反面封底焊。反面焊接之前，应清除焊根的熔渣，适当加大焊接电流，保证与正面焊缝内部熔合，以熔透为原则。

【经验交流】

当焊接厚度小于3mm的薄焊件时，焊接时往往会出现烧穿现象，因此装配时可不留间隙，操作中采用短弧和快速直线往复式运条法，必要时可将焊件一头垫起，使其倾斜5°～10°，进行下坡焊，以减小熔深，防止烧穿和减小变形。

训练三　横对接双面焊

焊条电弧焊
横对接焊

一、训练图样

训练图样如图 3-27 所示。

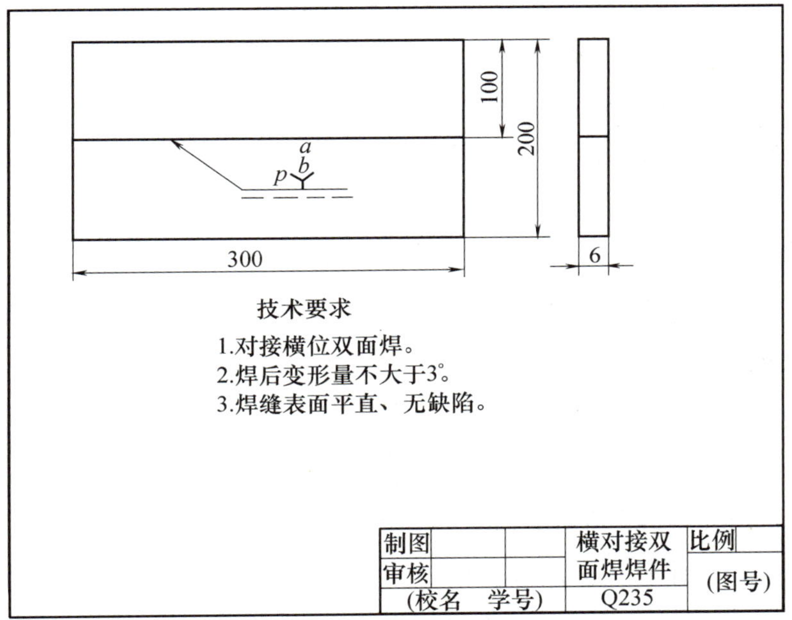

图 3-27　横对接双面焊焊件图

二、焊前准备

（1）焊条　E4303 型焊条，直径为 ϕ3.2mm。

（2）焊接材料　Q235 钢板，尺寸为 300mm×100mm×6mm，两块组对一个焊件。

（3）确定焊件装配与定位焊参数　见表 3-28。

表 3-28　焊件装配与定位焊参数

坡口角度	装配间隙/mm	钝边/mm	反变形	错变量/mm
I 形坡口	2	0	3°～4°	≤1.2

（4）确定焊接参数 见表 3-29。

表 3-29 焊接参数

焊接层次	焊条直径/mm	焊接电流/A
正面焊	ϕ3.2	80~100
反面焊	ϕ3.2	90~110

三、训练指导

横焊时，熔化金属在自重的作用下容易下淌，并且在焊缝上侧易出现咬边，焊缝下侧易出现下坠而造成未熔合和焊瘤等缺陷。对接横焊根据钢板的厚度不同，分为 I 形坡口双面焊、开坡口多层焊。

当焊件厚度小于 6mm 时，一般不开坡口，留一定间隙，即 I 形坡口的对接双面横焊。

1. 正面焊接

当正面焊缝的焊接焊件装配时，可留有适当间隙（1~2mm），以得到一定的熔透深度。采取两层焊：第一层焊道宜用直线往复运条法，选用直径为 ϕ3.2mm 的焊条，焊条向下倾斜与水平面约成 15°夹角，与焊接方向成约 70°夹角，如图 3-28 所示。这样可借助电弧的吹力托住熔化金属，防止其下淌。选择的焊接电流可比平对接焊小 10%~15%。

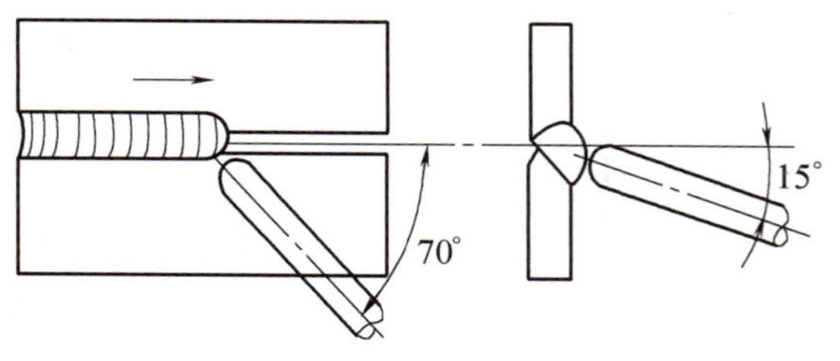

图 3-28 对接横焊焊条角度

2. 背面焊

焊前要清理干净熔渣，选用小直径的焊条，为保证有一定熔深与正面焊缝熔合，焊接电流应调整稍大一些，采用直线形运条法进行焊接，用一条焊道完成背面封底。操作中，要时刻观察熔池温度的变化，若温度偏高，熔池有下淌趋势，应适时运用灭弧法来调节，以防止出现烧穿、咬边等缺陷。

【经验交流】

当正面焊的余高不够或成形不理想时，往往在正面第一层焊完后进行表面层焊接，表面层焊接宜用直线形运条法或直线往复形运条法。可采用多道焊作为表面修饰焊缝。一般堆焊三条焊道：第一条焊道应该紧靠在第一层焊道的下面焊接，第二条焊道压在第一条焊道上面约 1/3～1/2 的宽度，第三条焊道压在第二条焊道上面约 1/2～2/3 的宽度。要求第三条焊道与母材圆滑过渡，最好能窄而薄些，因此运条速度应该稍快些，焊接电流要小些。

训练四　平　角　焊

一、训练图样

训练图样如图 3-29 所示。

焊条电弧焊平角焊

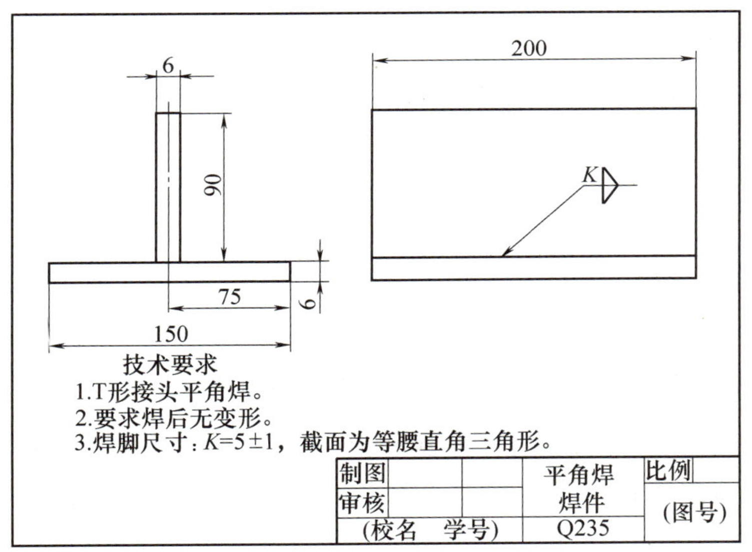

图 3-29　平角焊焊件图

二、焊前准备

（1）焊条　E4303 型焊条，直径为 $\phi3.2$mm 和 $\phi4.0$mm。

（2）焊接材料　Q235 钢板，尺寸为 200mm×90mm×6mm 和 200mm×150mm×6mm 各一块。

（3）焊件装配与定位焊　不留间隙，两块钢板如图 3-30 所示组成 T 形接头。

（4）确定焊接参数　参考表 3-31。

三、训练指导

平角焊包括T形接头、角接接头和搭接接头处于水平位置的焊接，它们的焊接方法相类似（这里就以T形接头平角焊为例）。角焊缝的表面形状有凹形和凸形两种情况，有时也可能出现平面角焊缝。

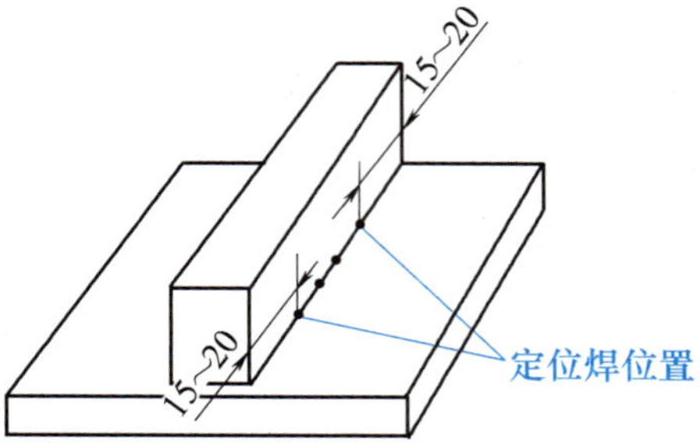

图3-30 T形接头平角焊的装配及定位焊

1. 焊件装配与定位焊

平角焊焊前装配时，立板与横板应垂直。一般情况可不留间隙。但有时为了加大角焊缝熔透深度，将立板与横板之间预留1~2mm间隙。定位焊位置如图3-30所示。

2. 焊接操作

角焊缝的焊脚尺寸应符合技术要求，以保证焊接接头的强度。角焊缝钢板厚度与焊脚尺寸见表3-30。如果焊接两块不同厚度的金属板，则以较薄板的厚度作为参考依据。

表3-30 角焊缝钢板厚度与焊脚尺寸 （单位：mm）

钢板厚度	8~9	9~12	12~16	16~20	20~24
焊脚最小尺寸	4	5	6	8	10

平角焊焊接方式有单层焊、多层焊和多层多道焊三种。采用哪种焊接方式取决于所要求的焊脚尺寸。当焊脚尺寸在6mm以下时，采用单层焊；焊脚尺寸为8~10mm时，采用多层焊；焊脚尺寸大于10mm时，采用多层多道焊。本书重点介绍单层平角焊操作。

单层平角焊时，由于钢板散热快，不容易烧穿；但在T形接头根部，由于热量不足容易形成未焊透缺陷，因此平角焊的焊接电流比相同板厚的对接平焊电流要大10%左右。单层角焊缝的焊接参数见表3-31。

表3-31 单层角焊缝的焊接参数

焊脚尺寸/mm	3	4		5~6		7~8	
焊条直径/mm	ϕ3.2	ϕ3.2	ϕ4	ϕ4	ϕ5	ϕ4	ϕ5
焊接电流/A	110~120	110~120	160~180	160~180	200~220	160~180	200~220

平角焊焊接时，当焊脚尺寸小于5mm时，可采用短弧直线形运条法焊接，焊

条与水平板成45°夹角，如两板厚度不相同时，应使电弧偏向厚板的一边，这样才能得到相同的焊脚长度。焊条与焊接方向成65°~80°夹角，T形接头平角焊的焊条角度如图3-31所示。焊接过程中，应始终注视熔池的熔化状况，根据熔池的位置、形状，适当调整焊接速度，随时调节焊条与焊接方向的夹角；夹角过小，会造成根部熔深不足；夹角过大，熔渣容易跑到电弧前方形成夹渣。若平角焊焊脚尺寸在5~8mm时，可采用斜圆圈形运条法焊接。

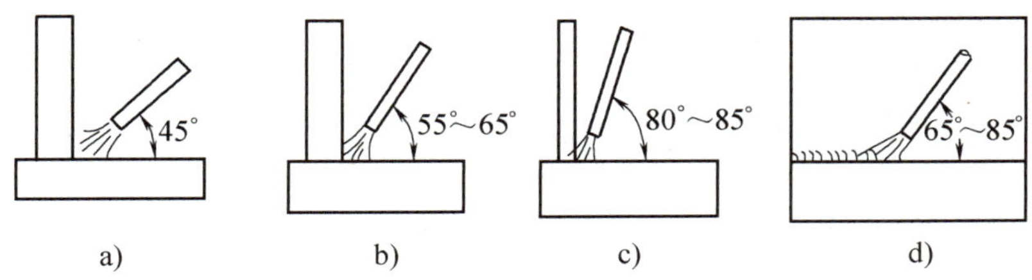

图3-31　T形接头平角焊的焊条角度

a）两板厚度相同　b）、c）两板厚度不等　d）焊条与焊接方向的夹角

【经验交流】

在实际生产中，如焊件能翻转，应尽量采用船形焊。焊接时，可采用月牙形或锯齿形运条法。焊接第一层焊道采用小直径焊条及稍大的焊接电流，其他各层可使用大直径焊条。焊条做适当的摆动，电弧应更多地在焊道的两侧停留，以保证焊缝良好地熔合。

训练五　立对接单面焊双面成形

一、训练图样

焊条电弧焊

立对接焊

训练图样如图3-32所示。

二、焊前准备

（1）焊条　E4303型焊条，直径为ϕ3.2mm和ϕ4.0mm。

（2）焊接材料　Q235钢板，尺寸为300mm×100mm×12mm，一侧开30°坡口，

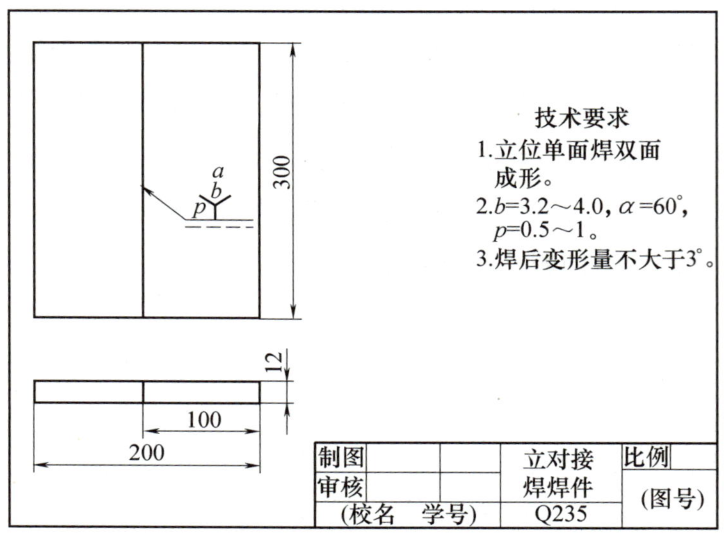

图 3-32 V形坡口立对接焊焊件图

两块组对一个焊件。

（3）确定焊件装配与定位焊参数 见表 3-32。

表 3-32 焊件装配与定位焊参数

坡口角度	装配间隙/mm	钝边/mm	反变形	错变量/mm
60°±2°	始焊端约为 3.2 终焊端约为 4.0	0.5～1	0°～3°	≤1.2

（4）确定焊接参数 见表 3-33。

表 3-33 焊接参数

焊接层次	运条方法	焊条直径/mm	焊接电流/A
第一层	断弧运条法	ϕ3.2	100～110
第二层	锯齿形运条法	ϕ4.0	110～120
第三层	锯齿形运条法	ϕ3.2	95～105

三、训练指导

单面焊双面成形是从焊件坡口的正面进行焊接，实现正反面同时形成致密均匀焊缝的工艺方法。单面焊双面成形技术广泛应用于某些既要焊透又无法在背面清根的重要焊接结构，如锅炉、压力容器的焊接。

1. 焊件装配定位

（1）焊件装配　一般来说，单面焊双面成形时的间隙宜大不宜小，而且终焊端要比始焊端略大些。装配好焊件后，进行焊条定位焊接，定位焊缝应在试件背面的两边端头处，对定位焊焊缝质量要求与正式焊接一样。

（2）预留反变形　为减少对接焊后的角变形，常采用反变形法。一般12~16mm的焊件焊接时，变形角θ控制在30°以内，如图3-33a所示。获得反变形的操作方法如图3-33b所示。θ角如果无专用量具测量，可采用如下方法：将水平尺放在试板两侧，中间正好通过ϕ4mm焊条时，此反变形角合乎要求。检验反变形角如图3-33c所示。

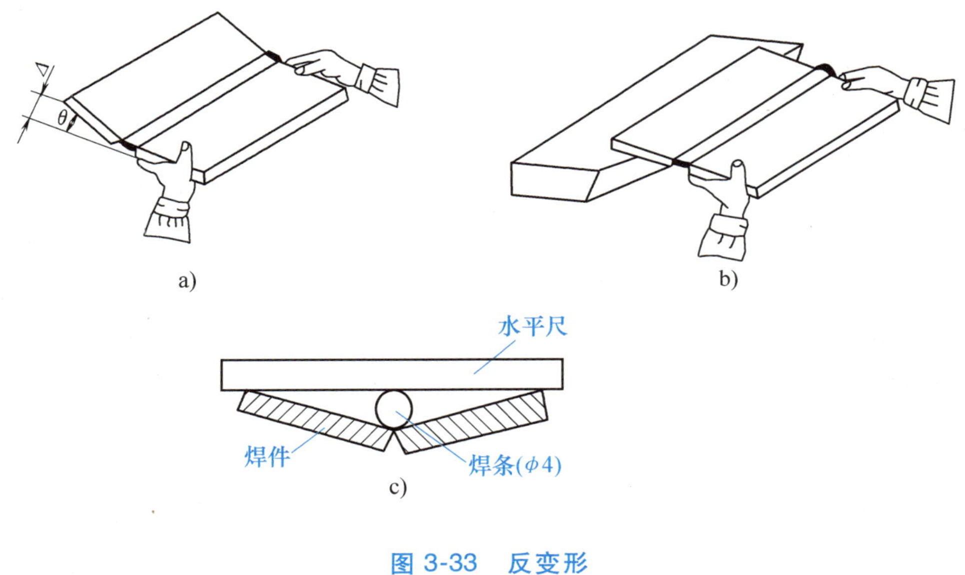

图3-33　反变形

a）反变形角度θ　b）获得反变形的操作方法　c）检验反变形角

2. 焊条角度和握焊钳的方法

立焊时，熔池金属和熔滴因受重力作用具有下坠趋势，容易产生焊瘤，使得焊缝成形困难。立焊有两种焊接方法：一种是由上向下施焊，这种方法往往要求使用专用的立向下焊条来保证焊接质量；另一种是由下向上施焊，这种方法是生产中常用的焊接方法。由下向上施焊的工艺如下：

（1）焊条角度　焊接时焊条应处于通过两焊件接口而垂直于焊件的平面内，并与施焊前进方向成60°~80°的夹角，如图3-34所示。

（2）握焊钳的方法　握焊钳有正握法和反握法，如图3-35所示。正握法在焊接时较为灵活，活动范围大，便于控制焊条摆动的节奏，因此，正握法是常用的握焊钳的方法。

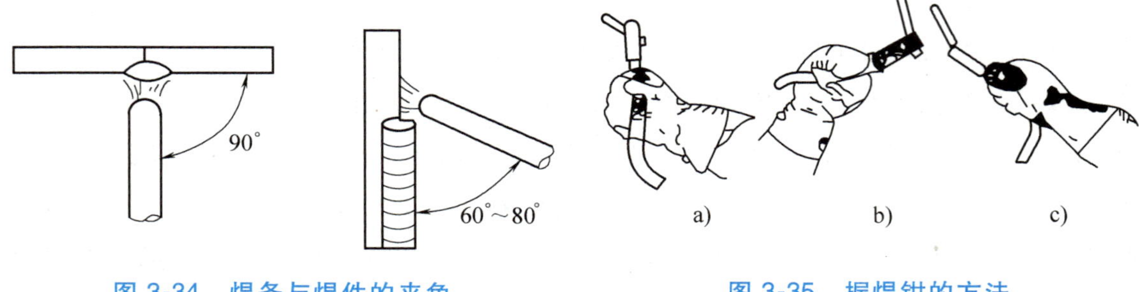

图 3-34 焊条与焊件的夹角

图 3-35 握焊钳的方法

a)、b) 正握法 c) 反握法

3. 打底焊

为控制熔池温度，避免熔池金属下淌，打底焊的焊接方式有挑弧法和灭弧法（也称断弧法）两种。

挑弧法一般用在焊件根部间隙不大，而且不要求背面焊缝成形的第一层焊道。而灭弧法一般用在装配间隙偏大的第一层焊道和要求单面焊双面成形的打底焊。

灭弧法主要是依靠电弧时燃时灭的时间长短来控制熔池的温度、形状及填充金属的薄厚，以获得良好的背面成形和内部质量。

（1）引弧及灭弧焊　在始焊端的定位焊处引弧，并略抬高电弧稍作预热，焊至定位焊缝尾部时，将焊条向下压一下，听到“噗噗”的一声后立即灭弧。此时熔池前端应有熔孔，深入两侧母材0.5~1mm，如图3-36所示。当熔池边缘变成暗红，熔池中间仍处于熔融状态时，立即在熔池的中间引燃电弧，焊条略向下轻微地压一下，形成熔池，打开熔孔后立即灭弧，这样反复击穿直到焊完。运条间距要均匀准确，使电弧的2/3压住熔池，1/3作用在熔池前方，用来熔化和击穿坡口根部形成熔池。此时，如果没有形成熔孔就进行灭弧，则焊件就会出现未焊透现象。

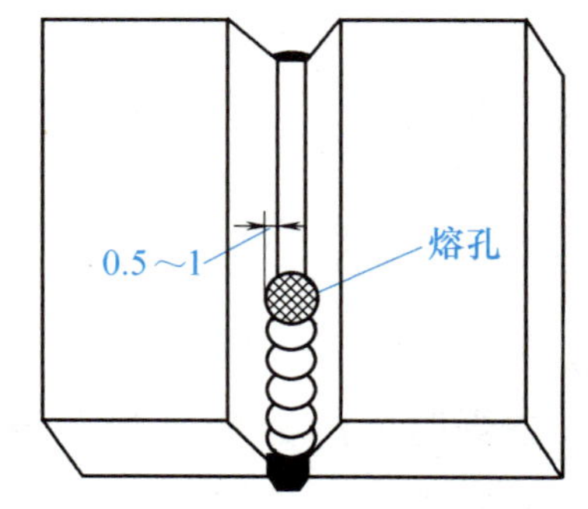

图 3-36 V形坡口对接立焊时的熔孔

（2）接头　采用热接法，在收弧熔池还没有完全冷却时，立即在熔池前10~15mm处引弧，然后将焊条直接送到坡口根部，稍稍用力往下压一下，一边压焊条一边往坡口根部送焊条，当听到“噗”声时收弧，这个过程在4s左右，然后正常击穿焊接。

4. 填充焊

在进行填充焊以前，对前一层焊缝要仔细清理干净。填充焊的运条手法常用反月牙形或锯齿形。无论采用哪种方法，焊条摆动到焊道两侧时，都要稍作停顿或上下稍作摆动，以控制熔池温度，使两侧良好熔合，并保持扁圆形的熔池外形，如图3-37所示。以后中间各层施焊时可采用锯齿形、三角形、月牙形或8字形的运条法，但均应注意保持焊层厚薄均匀。焊条与焊件的下倾角为70°~80°，填充焊的最后一层焊道应低于焊件表面1~1.5mm，显露坡口边缘，对局部低洼处要通过焊补将整个填充焊道焊接平整，为盖面焊打好基础。

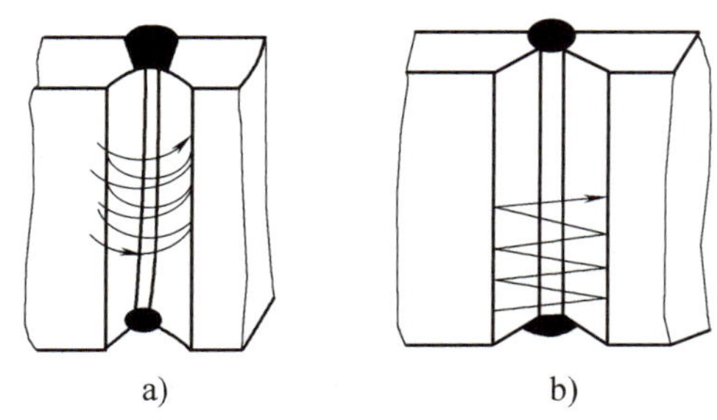

图3-37 板对接立焊打底焊常用运条方法

a）反月牙形运条法 b）锯齿形运条法

5. 盖面焊

盖面焊直接影响焊缝外观质量。焊接时可根据焊缝余高的不同要求来选择运条方法。如要求余高稍平些，可选用锯齿形运条法；若要求余高稍凸些，可采用月牙形运条法。焊接电流可略小于中间各层，运条速度要均匀，摆动要有节奏，焊条与焊件的下倾角为75°~80°，如图3-38所示。运条至a、b两点时，应将电弧进一步缩短并稍作停顿，并稍作上下摆动，这样有利于熔滴过渡和防止咬边。焊条摆动到焊道中间的过程要快些，防止熔池外形凸起产生焊瘤。有时表面焊缝要获得薄而细腻的焊缝波纹，焊接时可采用短弧运条，焊接电流稍大，与焊条摆动频率相适应，采用快速左右摆动的运条方法。

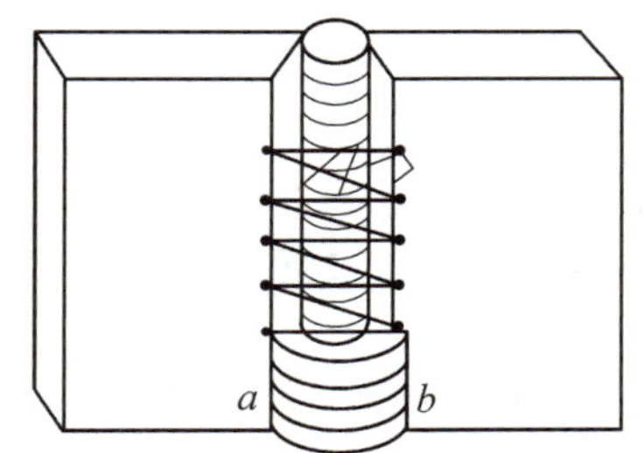

图3-38 盖面焊运条法

【经验交流】

灭弧焊要把握住三个要领：一要“看熔池”、二要“听声音”、三要“落弧准”。

在立焊过程中，应始终控制熔池形状为椭圆形或扁圆形，保持熔池外形下部边缘平直，熔池宽度一致、厚度均匀，从而获得良好的焊缝形状。

训练六 立 角 焊

一、训练图样

训练图样如图 3-39 所示。

焊条电弧焊立角焊

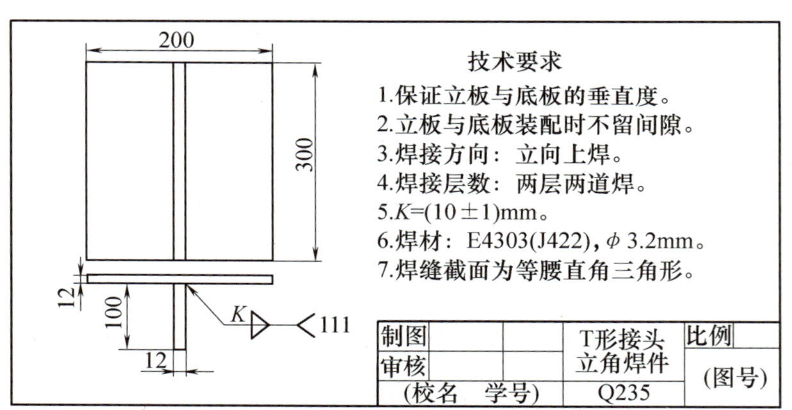

200
300
12
100
12
K
111
技术要求
1.保证立板与底板的垂直度。
2.立板与底板装配时不留间隙。
3.焊接方向：立向上焊。
4.焊接层数：两层两道焊。
5.K=(10±1)mm。
6.焊材：E4303(J422)，ϕ3.2mm。
7.焊缝截面为等腰直角三角形。
制图
审核
(校名 学号)
T形接头
立角焊件
Q235
比例
(图号)

图 3-39 T 形接头立角焊焊件图

二、焊前准备

（1）焊条　E4303 型，直径为 ϕ3.2mm，焊前进行 150~200℃ 烘干并保温 1~2h，随用随取。

（2）焊件材料　Q235 钢板，底板尺寸 300mm×200mm×12mm 一块，立板尺寸 300mm×100mm×12mm 一块，检查并修复钢板及装配面的平直度，将待焊区域 20~30mm 范围内的油污、铁锈、氧化皮等清理干净。

三、训练指导

立角焊时，焊缝处于垂直位置，熔渣的流动性较好，液态金属和熔渣容易分离，便于分清熔池和熔渣。但因受重力的作用，熔池很容易脱离熔渣保护而产生焊接缺陷。立角焊时，焊接电流应比平焊电流小约10%～15%，采用短弧焊接。立角焊时，一定要控制住熔池温度及形状，防止熔池温度过高、熔池下坠形成焊瘤，也要防止熔池温度过低，造成根部未熔合、夹渣等缺陷。电弧在焊道两侧的底板与立板边缘处应注意停留，防止咬边。

焊接参数选择见表3-34。

表3-34　焊接参数

焊接层次	运条方法	焊条直径/mm	焊接电流/A
第一层焊道	断弧法　锯齿形或月牙形	ϕ3.2	90～120
第二层焊道	连弧法　锯齿形或反月牙形	ϕ3.2	90～100

1. 装配定位焊

按照图3-40所示的要求进行划线，并按定位线进行装配，保证立板与底板的垂直度，装配定位时应压紧立板，不留装配间隙。

定位焊时选择平角焊的焊接位置进行定位，定位焊焊缝的位置在先焊角焊缝的背面两端，焊缝长度10～15mm，以保证焊缝的强度，如图3-41所示。定位焊的焊条角度如图3-42、图3-43所示，焊条中心线与角焊缝中心线重合，保持焊条与底板上表面夹角45°，与焊接方向夹角65°～85°施焊。定位焊所用焊材应与正式焊缝所用焊材相同，且焊前应先按焊材烘干和保温的要求进行烘干、保温。定位焊焊接电流要比正式焊接电流大15%～20%，以便于引弧，且更能保证焊缝根部的熔

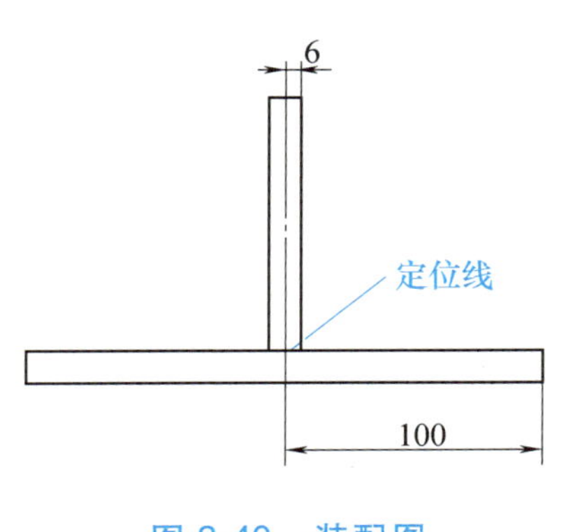

图3-40　装配图

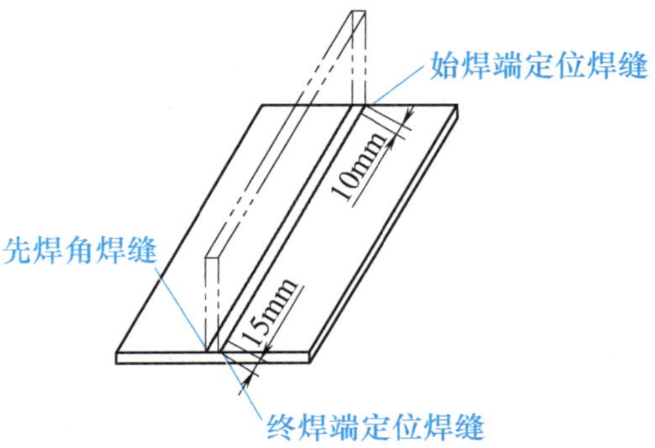

始焊端定位焊缝
10mm
先焊角焊缝
15mm
终焊端定位焊缝

图3-41　定位焊焊缝的位置

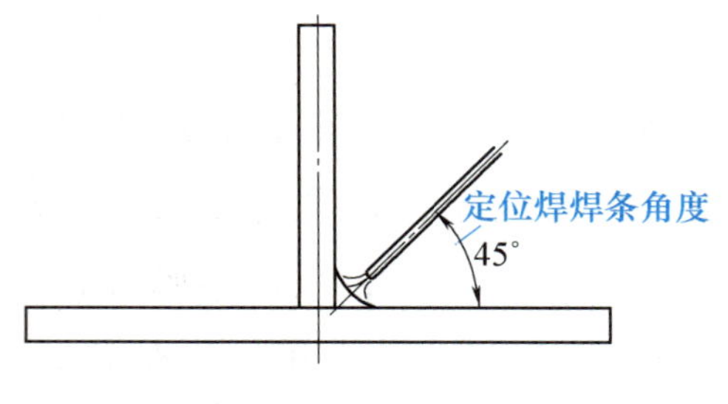

图 3-42 焊条与底板角度

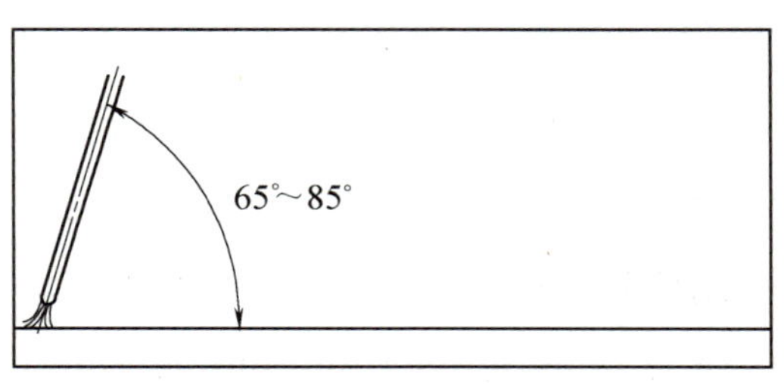

图 3-43 焊条与焊接方向角度

透及焊缝的质量，防止和减小焊接缺陷的产生。焊后认真清理焊缝药皮、氧化皮、飞溅等。

2. 第一层焊道

焊条与两焊件间的夹角为 45°，下倾与焊缝成 60°～80°，采用锯齿形运条法或月牙形运条法，从下至上进行断弧焊接，如图 3-44 所示。

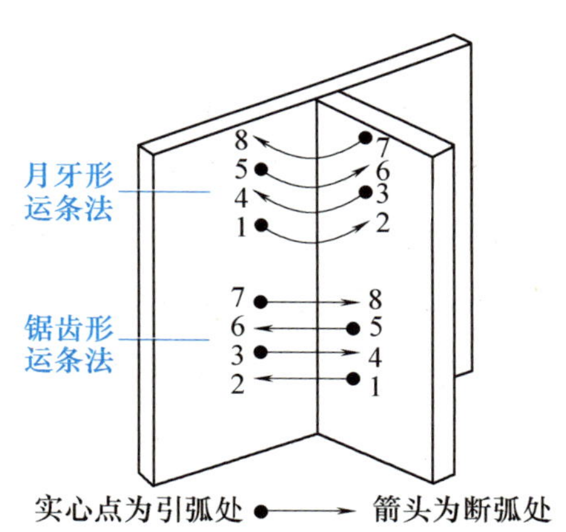

图 3-44 第一层焊道运条方法

（1）引弧 找准引弧位置，调整合适的焊条角度。在距焊件始焊端上方 15～20mm 处引弧，引弧时焊条与底板表面的夹角为 45°，与焊缝中心垂直线夹角为 60°～70°。将电弧回拉到焊件始焊端端面上方 2～3mm 处预热后，向下压低电弧对准焊缝根部中心线的顶角，保持焊条与焊缝中心垂直线夹角为 80°～85°，保持电弧长度为 2～3mm，使根部顶角形成熔池，将熔池两侧焊趾处填充饱满。

（2）运条焊接 引燃电弧后，将电弧回拉至焊缝起始端左右摆动，形成第一个熔池，保证熔池形状为上下宽窄一致的椭圆形。在焊接时，应保证将夹角处熔化，熔池温度升高后立即断火。当熔池冷却颜色变为暗红色时，将焊条下压到壶口处，重新引燃电弧并左右摆动。焊条在两侧母材处稍作停留，中间一带而过，形成新的熔池，新熔池应覆盖前面熔池的1/2～2/3处，然后重复断弧操作，这样就能有规律地形成立角焊缝。

3. 第二层焊道

焊接前，将前一层焊道的熔渣、飞溅、药皮清理干净，采用连弧法焊接，锯齿形或反月牙形运条法，短弧焊接，如图3-45所示。

焊接时焊条角度同打底层一致，焊条摆动的幅度以焊条中心到达前层焊道两侧与母材熔合的焊趾处为宜，摆动到两侧时要稍作停留，以保证与母材良好的熔合，避免产生咬边缺陷。中间摆动要稍快些，合理控制熔池的温度，防止在焊缝中间凸起。

为保证熔池始终为椭圆形，焊接时应随时调整焊条角度。如果熔池温度增高，熔化的铁液有下淌的倾向时，应立即断弧，待熔池温度降低后，再重新进行焊接。

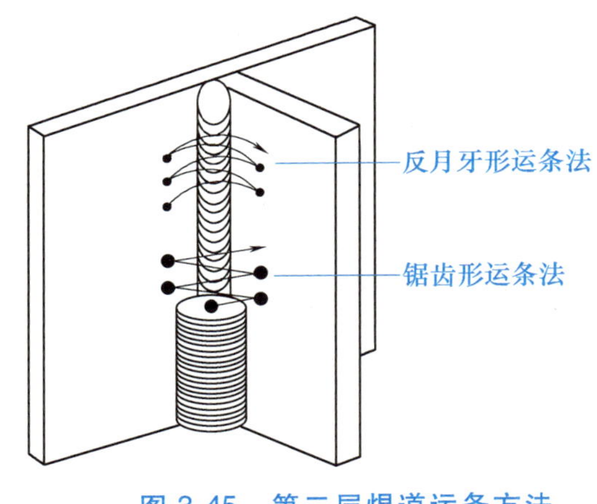

图3-45　第二层焊道运条方法

【经验交流】

1）焊件夹持时，根据个人蹲姿高度和臂长的不同，将焊件调整到合适的高度，使视线水平线略低于焊件终焊端平面，以方便引弧及正式的焊接。

2）断弧焊接时，如果前一个熔池尚未冷却到一定温度，就引燃焊接，会造成熔池温度过高，焊接金属下淌形成焊流。若电弧引燃位置不正确，会造成波纹脱节，焊道宽度不整齐，影响焊缝成形美观和焊接质量。

【工程案例】

钢结构行车梁焊接工艺卡示例

<table>
<tr><td colspan="2" rowspan="9">零件简图
300
翼板
12
8
腹板
10
加强板
1000
翼板</td><td colspan="3">焊接工艺卡编号</td><td colspan="6">HJGYK-03</td></tr>
<tr><td colspan="3">零部件图号</td><td colspan="6">GJHCL-03</td></tr>
<tr><td colspan="3">零部件名称</td><td colspan="6">钢结构行车梁 H1</td></tr>
<tr><td colspan="3">零部件数量</td><td colspan="6">1</td></tr>
<tr><td colspan="3">母材材质</td><td colspan="6">Q355B</td></tr>
<tr><td colspan="3">母材规格</td><td colspan="6">12mm</td></tr>
<tr><td colspan="3">接头数量</td><td colspan="6">2</td></tr>
<tr><td colspan="3">焊接工艺评定报告编号</td><td colspan="6">××××</td></tr>
<tr><td colspan="3">焊工持证项目</td><td colspan="6">SMAW-FeⅡ-2F-12-Fef3J</td></tr>
<tr><td rowspan="2">接头形式</td><td rowspan="2">T 形角焊缝</td><td rowspan="2">焊接位置</td><td rowspan="2">横焊(H)</td><td rowspan="2">层次</td><td rowspan="2">焊材牌号</td><td rowspan="2">焊材规格</td><td colspan="4">焊接工艺参数</td></tr>
<tr><td>电流/A</td><td>电压/V</td><td>焊接速度/(cm/min)</td><td>气流量/(L/min)</td></tr>
<tr><td>焊接方法</td><td>焊条电弧焊(SMAW)</td><td>烘干温度及时间</td><td>350℃,1h</td><td>打底</td><td>E5015</td><td>ϕ3.2mm</td><td>95~125</td><td>18~25</td><td>4~8</td><td>—</td></tr>
<tr><td>预热温度/℃</td><td>≥5</td><td>层间温度/℃</td><td>≤200</td><td>填充</td><td>E5015</td><td>ϕ4.0mm</td><td>100~140</td><td>18~25</td><td>4~8</td><td>—</td></tr>
<tr><td>后热/℃</td><td>—</td><td>保护气体</td><td>—</td><td>盖面</td><td>E5015</td><td>ϕ4.0mm</td><td>100~140</td><td>18~25</td><td>4~8</td><td>—</td></tr>
<tr><td colspan="3">焊接检验:
1. 外观:焊缝与母材应平滑过渡;焊缝及其热影响区表面无裂纹、未熔合、夹渣、气孔、弧坑、咬边等表面缺陷;焊缝宽窄差在任意连续 50mm 长度内不得大于 3mm;焊缝高低差在任意连续 25mm 长度内不得大于 3mm。
2. 无损检测:按 GB/T 11345 标准 100% UT,UT 检测 B 级合格(探伤应在焊后 24h 以后,经外观检查合格后,才能进行)。</td><td colspan="8">工艺说明:
1. 焊前焊条须经 350℃烘焙 1h,随烘随用。焊件坡口及附近 50mm 内,油、锈等污物应清除干净。
2. 禁止在坡口以外的母材表面引弧。
3. 定位焊采用的焊接方法、材料与正式焊接时的打底焊相同。
4. 采用短弧操作,窄焊道方法。
5. 多层焊接,焊接接头应错开,并逐层逐道清渣。
6. 焊接完毕,应清除干净焊缝表面的熔渣、飞溅等物,并打上焊工钢印。
7. 焊接时,采用直流反接,单面焊双面成形。</td></tr>
</table>

【焊花飞扬】

劳动圆梦——毛琪钦

20年前，毛琪钦进入上海宝冶工程技术有限公司只是一名普通的电焊学徒工，20年后，他已成为中冶集团首席技师、国际焊接技师、上海工匠、全国优秀技术能手、全国五一劳动奖章获得者、一线高技能人才的优秀代表。他凭着执着与热爱、追求与奋斗，在平凡岗位闪耀光芒，书写了新时代劳动美之歌和工匠之歌。

劳动圆梦——毛琪钦

【考级练习与课后思考】

一、判断题

1. 开坡口的目的是为了使根部焊透及便于清渣，以获得好的焊缝质量。（　　）

2. 坡口的选择不需要考虑加工的难易性。（　　）

3. 在相同板厚的情况下，焊接平焊缝用的焊条直径要比焊接立焊缝、仰焊缝、横焊缝用的焊条直径大。（　　）

4. 为了保证根部焊透，对多层焊的第一层焊道应采用大直径的焊条来进行。（　　）

5. 焊条直径就是指焊芯直径。（　　）

6. 焊条电弧焊时，在整个焊缝金属中，焊芯金属只占极少的一部分。（　　）

7. 酸性焊条的产尘量和有毒物质大于碱性焊条。（　　）

8. 使用碱性焊条焊接时的烟尘较酸性焊条少。（　　）

9. 碱性焊条药皮中的氟石所起的作用是提高熔渣的黏度和抗气孔能力。（　　）

10. 锰铁、硅铁在药皮中既可作为脱氧剂，又可作为合金剂。（　　）

11. 酸性焊条对铁锈、水分、油污的敏感性小。（　　）

12. 焊接Q235钢与Q355钢时，应选用E5015型焊条来焊接。（　　）

13. 对于不锈钢、耐热钢，应根据母材的化学成分来选择相应的焊条。（　　）

14. E5015型焊条不适用于全位置焊。 ( )

15. 为了防止产生热裂纹和冷裂纹，应该使用酸性焊条。 ( )

16. 焊接电流过小，易造成夹渣缺陷。 ( )

17. 焊前预热，焊后缓冷，可防止产生热裂纹和冷裂纹。 ( )

18. 焊接接头中最危险的焊接缺陷是焊接裂纹。 ( )

19. 焊缝的余高越高，连接强度越大，因此余高越高越好。 ( )

20. 咬边就是由于填充金属不足，在焊缝表面形成的连续或断续的沟槽。 ( )

21. 焊接时常见的焊缝内部缺陷有气孔、夹渣、夹钨、裂纹、未熔合等。 ( )

22. 焊缝后热的目的是为了提高焊缝的硬度。 ( )

23. 钨极氩弧焊的焊接方法代号是141。 ( )

24. 留钝边的目的是防止接头根部被烧穿。 ( )

25. 未熔合是指焊道与母材之间或焊道与焊道之间，未能完全熔化结合的部分。 ( )

26. 焊条电弧焊焊接时，焊芯的化学成分，不会影响焊缝的质量。 ( )

27. 焊条烘干的目的，是防止产生气孔，而不是防止产生裂纹。 ( )

28. 焊条就是涂有药皮的供焊条电弧焊使用的熔化电极。 ( )

29. 焊条直径的选择主要取决于焊件厚度、接头类型、焊缝位置及焊接层次。 ( )

30. 焊条电弧焊是利用电弧放电所产生的热量将焊条和焊件熔化，焊条与焊件互相熔合、二次冶金后冷凝形成焊缝，从而获得焊接接头。 ( )

31. 焊条电弧焊是工业生产中应用最广泛的焊接方法。 ( )

32. 焊条电弧焊可用于各种金属材料、各种厚度、各种结构形状的焊接。 ( )

二、选择题

1. 焊条电弧焊对焊接区域的保护方式是______。

A. 气保护　　B. 渣保护　　C. 气-渣联合保护

2. 焊条电弧焊时，焊条既作为电极，在焊条熔化后又作为______直接过渡到熔池，与液态的母材熔合后形成焊缝金属。

A. 热影响区　　B. 接头金属　　C. 焊缝金属　　D. 填充金属

3. 船形焊是T形（十字）接头和角接接头处于______位置时进行的焊接。

A. 平焊　B. 立焊　C. 横焊　D. 仰焊

4. 焊件厚度为16mm，焊条电弧焊时，既要保证焊接质量，又要便于坡口的加工，同时保证焊后变形小，故应选用______形坡口。

A. V　B. U　C. 双V

5. 应根据______选择焊条直径。

A. 焊件厚度　B. 空载电压　C. 焊接电源种类　D. 焊接电源极性

6. 牌号J507对应的型号是______。

A. E5003　B. E5015　C. E5016　D. E5017

7. 用E5015型焊条焊接时，其焊缝熔敷金属的抗拉强度为______ MPa。

A. 500　B. 15　C. 5015　D. 5010

8. 要求塑性好、冲击韧度高、抗裂性好的焊缝应选用______焊条。

A. 酸性　B. 碱性　C. 不锈钢　D. 铸铁

9. 不同强度等级的低碳钢与低合金钢焊接时，应该按强度等级______的钢材来选择相匹配的焊条。

A. 高　B. 低　C. 平均值

10. 焊条电弧焊时，焊接电源的种类应根据______进行选择。

A. 焊条性质　B. 焊条直径　C. 焊件材质　D. 焊件厚度

11. 焊接接头根部预留间隙的作用是在于______。

A. 防止烧穿　B. 保证焊透　C. 减少应力　D. 提高效率

12. 在没有直流弧焊电源的情况下，应选用的焊条是______。

A. E4303　B. E4310　C. E5015　D. E5010

13. 焊条电弧焊焊接方法的代号是______。

A. 111　B. 112　C. 113　D. 128

14. E4303焊条前两位数字表示熔敷金属抗拉强度的最小值为______。

A. 40MPa　B. 400MPa　C. 4000MPa　D. 430MPa

15. 当其他条件相同时，碱性焊条使用的焊接电流应比酸性焊条小______，不锈钢焊条使用的焊接电流比碳钢焊条小______。

A. 5%～10%　B. 10%～15%　C. 15%～20%　D. 20%～25%

16. 碱性焊条的脱渣性比酸性焊条的脱渣性______。

A. 差　B. 好　C. 一样　D. 不能判断

17. 焊条重复烘干次数不宜超过______次。

A. 2　　B. 3　　C. 4　　D. 5

18. E5015焊条属于______。

A. 不锈钢焊条　　B. 低温钢焊条　　C. 结构钢焊条　　D. 铸铁焊条

19. 低氢型焊条的烘干温度一般在______。

A. 70~150℃　　B. 150~200℃　　C. 250~300℃　　D. 350~400℃

20. 应根据______来选择焊条种类。

A. 焊件材料　　B. 坡口角度　　C. 钝边厚度　　D. 对口间隙

21. 坡口的选择原则正确的是______。

A. 防止焊穿　　B. 焊条类型　　C. 母材的强度　　D. 保证焊透

22. 焊缝横截面上的尺寸一般标注在基本符号的______侧。

A. 上　　B. 下　　C. 左　　D. 右

23. 产生焊缝尺寸不符合要求的主要原因是焊件坡口开得不当或装配间隙不均匀及______选择不当。

A. 焊接参数　　B. 焊接方法　　C. 焊接电弧　　D. 焊接线能量

24. 焊接时，接头根部未完全熔透的现象称为______。

A. 气孔　　B. 焊瘤　　C. 凹坑　　D. 未焊透

25. 造成咬边的主要原因是由于焊接时选用了大的______、电弧过长及角度不当。

A. 焊接电源　　B. 焊接电压　　C. 焊接电流　　D. 焊接电阻

26. 严格控制熔池温度不能太高是防止产生______的关键。

A. 咬边　　B. 焊瘤　　C. 夹渣　　D. 气孔

三、简答题

1. 焊条药皮的作用是什么？

2. 焊条药皮由哪些原料组成？按其在焊接过程中所起的作用不同通常分为哪几类？

3. 焊条药皮的类型主要有哪些？

4. 解释下列焊条型号的意义：E4303、E5015、E3088-15、E5515-B_3—VW。

5. 什么是碱性焊条？什么是酸性焊条？它们各有哪些优、缺点？

6. 焊条选用原则有哪些？

7. 什么是焊接接头？焊接接头包括哪几部分？焊接接头的基本形式有几种？

8. 写出图 3-46 所示焊缝符号的意义，并画图加以说明。

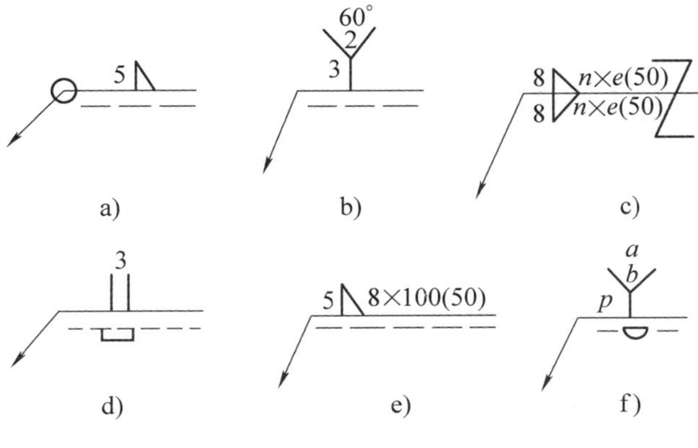

图 3-46　题 8 图

9. 什么是焊接参数？焊条电弧焊焊接参数主要包括哪些？

10. 焊条电弧焊时，焊接电流应如何确定？

11. 预热、后热、焊后热处理的作用是什么？

12. 焊条电弧焊时常见的焊接缺陷有哪些？应如何防止？

【拓展学习】

焊接工程图识读：空气储罐

模块四

金属熔焊过程

【学习指南】 本模块主要介绍熔滴过渡的形式，焊接化学冶金过程的特点，有害元素对焊缝金属的作用，焊缝金属的结晶，焊接热影响区的组织和性能。掌握这些熔焊的冶金基础知识，学会控制金属熔焊过程，对于从事焊接技术工作非常重要。

第一节 焊条、焊丝金属向母材的过渡

电弧焊时，焊条（或焊丝）端部在电弧高温作用下熔化成的液态金属滴，通过电弧空间不断地向熔池中转移的过程称为熔滴过渡。熔滴过渡对焊接过程的稳定性、焊缝成形、飞溅及焊接接头的质量有很大的影响。

一、熔滴过渡的作用力

焊条或焊丝上的熔滴过渡到焊缝中是由于受到了力的作用。下面具体讨论熔滴过渡时熔滴承受的作用力及其所受作用力对熔滴过渡的影响。

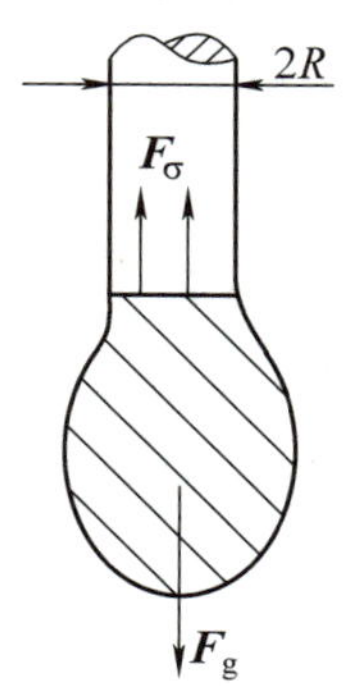

图 4-1 熔滴承受重力和表面张力图

F_σ—表面张力

F_g—重力

熔滴过渡的作用力主要包括重力、表面张力、电磁力、斑点压力和气体吹力。

1. 重力

任何物体都会因自身的重力而下垂。平焊时，金属熔滴的重力促进熔滴过渡；但是立焊和仰焊时，熔滴的重力会阻碍熔滴向熔池过渡。

2. 表面张力

液态金属具有表面张力，表面张力使得金属熔滴聚成球状，

如图 4-1 所示。焊条金属熔化后，由于表面张力的作用而形成球状，悬挂在焊条引弧端。表面张力对平焊时的熔滴过渡起阻碍作用，但是当熔滴接触到熔池时，表面张力却有利于熔滴过渡，熔滴容易被拉入熔池；在仰焊时，表面张力使熔滴倒悬在焊缝上不易滴落。表面张力越大，焊条引弧端的熔滴越大。表面张力的大小与多种因素有关，如焊条直径、液态金属温度和保护气体的性质等都会影响表面张力的大小。

3. 电磁力

通电导线能产生磁场，磁场中的通电导线会受到电磁力的作用。焊接时，可以把带电的焊条或焊丝及熔滴看成是由许多平行载流导体所组成的。焊条或焊丝及熔滴上就会受到由四周向中心的电磁压缩力。电磁压缩力对焊条或焊丝端部液态金属径向有压缩作用，会促使熔滴很快形成。尤其是熔滴的细颈部分电流密度最大，电磁压缩力作用也最大，这使熔滴很容易脱离焊条或焊丝端部向熔池过渡。不论是平焊或仰焊位置，它总是使熔滴沿着电弧轴线自焊条或焊丝端部向熔池过渡，如图 4-2 所示。

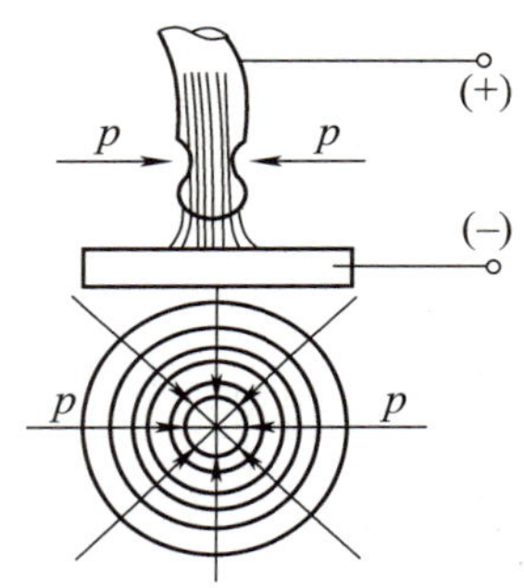

图 4-2 熔滴承受电磁力示意图

焊接时，由于采用的电流密度较大，因此电磁力是促使熔滴过渡的主要作用力。在气体保护焊时，人们常常通过调整焊接电流的大小来控制熔滴尺寸以获得优良的焊接接头。

4. 斑点压力

焊接电弧中的电子和正离子，在电场力的作用下会向两极运动，撞击两极的金属斑点而产生机械压缩力，这个力称为斑点压力，它是阻碍熔滴过渡的力。在直流正接时，阻碍熔滴过渡的是正离子的压力；在直流反接时，起阻碍作用的是电子的压力。由于正离子比电子的质量大，所以正离子流的压力要比电子流的压力大，即阴极的斑点压力大于阳极的斑点压力。所以，熔滴过渡在反接时比正接时要容易些。

5. 气体吹力

在焊条电弧焊时，焊条药皮的熔化稍落后于焊芯的熔化，这样便在焊条引弧端形成一个药皮套管。在套管内药皮分解产生的气体及焊芯中碳元素被氧化后生成的 CO 气体，当被电弧加热到高温时，体积急剧膨胀，并顺着套管方向形成稳定的气流，把熔滴“吹”到熔池中去，所以气体吹力有利于熔滴过渡。

二、熔滴过渡的形式

焊接时熔滴过渡的形式主要有三种：滴状过渡、短路过渡和喷射过渡。不同的焊接方法和焊接电流使得熔滴过渡的形式有所不同。

1. 滴状过渡

滴状过渡有粗滴过渡和细滴过渡两种。粗滴过渡是熔滴呈粗大颗粒状向熔池自由过渡的形式。当电流较小时，熔滴主要依靠重力的作用克服表面张力的束缚而下落，此时熔滴的形状和尺寸较大，呈粗滴过渡。由于粗滴体积大、重力大，过渡时飞溅较大，粗滴过渡电弧不稳定，通常在焊接中很少采用。当电流较大时，电磁力随之增大，使熔滴细化，过渡频率提高，飞溅减小，电弧较稳定，这种过渡形式称为细滴过渡。焊条电弧焊和埋弧焊所采用的主要过渡形式就是细滴过渡。

2. 短路过渡

由于短路电流很大，会使熔滴强烈过热，在磁收缩的作用下使焊条或焊丝端部的熔滴爆断，直接飞向熔池。当采用小电流焊接的同时降低电弧电压，可实现电弧稳定，飞溅较小，形成良好的短路过渡，如图4-3所示。细丝CO_2气体保护焊时，常采用短路过渡形式。碱性焊条电弧焊时，在大电流范围内，可呈细滴状过渡和短路过渡。

3. 喷射过渡

喷射过渡主要有射滴过渡和射流过渡两种。随着焊接电流的增加，熔滴尺寸变得更小，过渡频率也急剧提高，在电弧力的强制作用下，熔滴脱离焊丝沿焊丝轴向飞速地射向熔池，这种过渡形式称为喷射过渡，如图4-4所示。采用氩气或富氩气在熔化极气体保护焊反极性焊接时，当焊接电流达到某一临界电流值时，就会出现喷射过渡。当然在喷射过渡时还要求有一定的电弧长度（电弧电压）。当电流不大时，

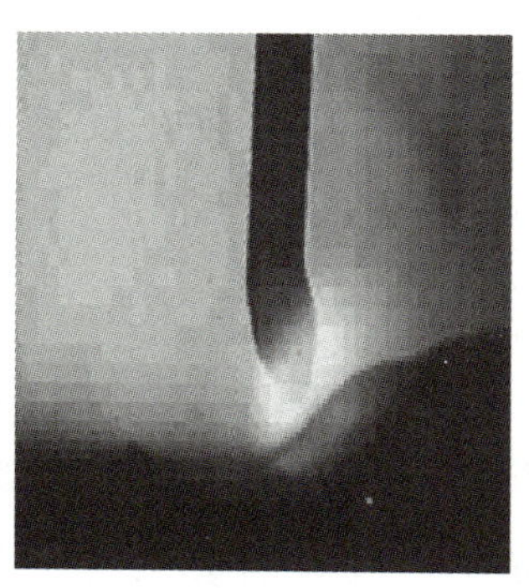

图4-3 短路过渡

图4-4 喷射过渡

如果弧长太短（电弧电压太低），则会出现短路过渡。

喷射过渡的特点是焊接过程稳定，飞溅小，熔深大，焊缝成形美观。平焊位置、板厚大于 3mm 的焊件多采用这种过渡形式。喷射过渡不宜焊接薄板。

第二节　焊接化学冶金过程

熔焊时，熔池周围充满着大量的气体和熔渣，这些气体和熔渣与熔化金属之间不断进行着复杂的冶金反应。焊接化学冶金过程的首要任务是对焊接区的金属进行保护，防止空气的有害作用，其次是通过气体、熔渣、熔化金属之间的冶金反应来减少焊缝金属中的有害杂质，增加有益的合金元素，因此这些反应在很大程度上决定着焊缝金属的成分和焊接质量。

一、焊接冶金过程的特点

1. 温度高、温度梯度大

焊接电弧的温度一般为 5000～8000℃。电弧高温使得金属元素强烈蒸发，电弧周围的气体不同程度地分解为气体原子或离子状态，并溶解在液态金属中。当焊接接头温度快速下降后来不及析出时，便会在焊缝中形成气孔。同时，在高温作用下的熔池周围是常温下的母材金属，温度梯度很大，容易形成焊接应力与变形。

2. 熔池体积小且存留时间短

焊接熔池从形成到完成结晶一般仅需要几秒钟，加上熔池的体积很小，温度急剧变化，使整个焊缝中的冶金反应经常达不到平衡，造成熔池内化学成分分布不均，常出现偏析现象。

3. 熔池金属不断更新

随着焊接过程的进行，熔池位置不断移动，新熔化的金属和熔渣连续地加到熔池中参与冶金反应，增加了焊接冶金过程的复杂性。

4. 反应接触面大、搅拌激烈

焊条熔化以后，以熔滴形式过渡到熔池，熔滴与气体及熔渣的接触面积大大超过一般炼钢的情况。接触面大既加快了冶金反应，同时又使气体侵入液态金属中的机会增多，因此焊缝金属易被氧化、氮化和形成气孔。焊接电弧对熔池的强烈搅拌不仅有助于加快冶金反应速度，也有助于熔池中气体的逸出。

二、气体对焊缝金属的影响

在焊接过程中，熔池周围充满着各种气体，它们不断地与熔池金属发生作用，影响焊缝金属的成分和性能。其主要成分为 H_2、O_2、N_2、CO、CO_2、H_2O（水蒸气），以及部分金属与熔渣的蒸气，气体中以氢、氧和氮对焊缝的质量影响最为明显。

1. 氢对焊缝金属的影响

氢元素主要来源于焊条药皮和焊剂受潮时吸收的水分、焊件和焊丝表面上的污物（铁锈、油污等）、焊条药皮中的有机物，以及空气中的水分等。

氢在焊缝中起到有害作用，它的主要危害性有下列几个方面：

（1）气孔　氢是焊缝中产生气孔的主要因素之一。当焊接过程中形成的氢分子来不及析出时，便会遗留在焊缝中形成氢气孔。

（2）氢致裂纹　氢原子结合成氢分子后会在金属内造成很大局部应力。氢气孔的存在将会降低金属材料的力学性能。对于淬硬倾向大的材料，在约束应力作用下就容易产生冷裂纹。同时，在接头处易产生脆硬组织，使塑性严重下降，抗裂性也下降。

（3）白点　含氢量较大的碳钢或低合金钢焊件焊缝受到拉伸时，断面会出现鱼目状白色圆形斑点，通常称其为白点。白点的直径一般为0.5~3mm，白点会使焊缝金属变脆。

减少氢的有害作用主要是严格控制焊缝中的含氢量。第一要限制氢及水分的来源，如焊前对焊条、焊剂进行烘干，焊前清理焊件及焊丝表面的污物等。第二应该尽量防止氢溶入金属中，如采用低氢型焊条、短弧操作等。如含氢量过高，可在焊后进行消氢处理或进行退火或高温回火处理。

2. 氧对焊缝金属的影响

焊接时，氧主要来自电弧中的 O_2、CO_2、H_2O 等成分以及药皮中的氧化物和焊件表面的铁锈、水分和油污等。氧常以原子氧和氧化亚铁（FeO）两种形式存在于液态金属中。

焊缝金属中含氧量的增加，会使其综合力学性能降低。溶解在熔池中的氧与碳、氢反应，生成不溶于液态金属的 CO 和 H_2O 气体，若在焊缝结晶时来不及逸出，就会形成气孔，并且 CO 气体在受热膨胀后会使熔滴爆炸造成飞溅，最主要的是氧会使大量的有益合金元素被氧化、烧损，增加了焊缝金属的冷脆、热脆倾向。因此，焊接时，除采取焊前清理、加强熔池保护外，还要设法在焊丝、药皮、焊剂中添加一些合金元素，去除已进入熔池中的氧，减少氧存留在焊缝金属中对焊接质量的不利影响。

3. 氮对焊缝金属的影响

焊接区中的氮主要来自空气。它在高温时溶入熔池中，当温度下降时由于氮的溶解度降低，来不及析出的氮会形成气孔；还有部分氮与铁形成针状化合物后存在于焊缝金属中，氮会使焊缝金属强度提高，塑性和韧性降低。消除氮的危害主要通过加强对焊接区域的保护，减少氮气与液态金属的接触。

三、熔渣对焊缝金属的作用

焊接过程中，焊条药皮或焊剂熔化后经过化学反应形成熔渣覆盖于焊缝表面，熔渣的存在对于焊接的顺利进行和提高焊接质量有重要的作用，主要表现在以下三个方面：

1. 熔渣具有机械保护作用

熔渣的密度比金属小，凝固后覆盖于焊缝表面，可以把空气与焊缝金属隔开，保护焊缝金属不被氧化和氮化，同时可以降低冷却速度，加快气体的析出和减少淬硬组织，从而改善焊缝组织，提高焊缝的综合力学性能。

2. 熔渣具有冶金处理的作用

熔渣参与熔池中的化学反应，在脱氧、脱硫、脱磷过程中起到了重要作用，还可以对焊缝进行渗合金，从而提高焊接质量。

3. 熔渣可以改善焊接操作工艺性能

熔渣中含有一定量的低电离电位的物质，可以保证电弧燃烧的稳定性。焊后熔渣均匀地覆盖在焊接熔池表面，有助于焊缝良好地成形。

四、焊接过程中的脱氧、脱硫和脱磷反应

1. 焊接中的脱氧

由于通过各种途径进入焊缝中的氧将会影响焊缝的质量，因此在焊接时需要对焊缝进行脱氧处理。焊缝脱氧主要有两个途径：脱氧剂脱氧（按脱氧的时间先后可分为先期脱氧、沉淀脱氧）和扩散脱氧。脱氧剂脱氧主要依据金属的化学活泼性，利用焊接温度下对氧的亲和力应比被焊金属对氧的亲和力大的原则选择金属

元素。在实际生产中常用锰铁、硅铁等元素作为脱氧剂。

酸性焊条和碱性焊条因为药皮类型不同，所以它们采用的脱氧途径及脱氧剂选用的元素也有差异，分别叙述如下：

（1）酸性焊条（以 E4303 型为例）

1）先期脱氧。焊接开始后，在焊条药皮加热过程中，药皮中的碳酸盐受热分解放出 CO_2，这时药皮内锰铁（Mn-Fe）与 CO_2 发生反应，氧化物转入渣中固定。

先期脱氧主要发生在焊条引弧端，脱氧剂主要用锰铁。

2）沉淀脱氧。利用熔池中的合金元素进行脱氧并使产物进入熔渣的脱氧方式为沉淀脱氧。沉淀脱氧的目标是溶解于熔池的氧。酸性焊条中为利用酸性熔渣与碱性氧化物反应的化学特性并使化学反应顺利进行，常用锰铁脱氧，效果比较显著。

3）扩散脱氧。利用熔渣中的酸性氧化物与熔池中的 FeO 反应，使熔池中的 FeO 扩散到熔渣中的脱氧反应为扩散脱氧。

（2）碱性焊条（以 E5015 型焊条为例）

1）先期脱氧。E5015 型焊条药皮中含有的大理石在加热时放出 CO_2 气体，药皮中主要依靠硅铁和钛铁来脱氧，焊条药皮中的碱性氧化物与脱氧产物 SiO_2 和 TiO_2 反应生成复合化合物进入熔渣。与酸性焊条不同的是，碱性焊条用硅铁、钛铁脱氧效果较好。

2）沉淀脱氧。E5015 型焊条药皮中用 Ti、Si 对熔池中的 FeO 进行脱氧，脱氧后的产物进入熔渣固定。

3）扩散脱氧。碱性焊条的扩散脱氧基本不存在。因为在碱性熔渣中存在的强碱性氧化物和熔池中的 FeO 碱性相同，因此扩散脱氧难以进行。

2. 焊缝金属的脱硫

硫是钢中的有害元素之一。在焊条药皮中某些物质常含有硫，硫在钢中主要以 FeS 和 MnS 的形式存在。FeS 可无限地溶解于液态铁中，而在固态铁中溶解度很小，因此熔池凝固时 FeS 析出并与 Fe 和 FeO 等形成低熔点共晶体，在应力作用下在晶界处产生热裂纹。因此必须对焊缝金属进行脱硫处理。在焊接过程中，脱硫的方法主要有元素脱硫和熔渣脱硫。

（1）元素脱硫　与脱氧类似，在焊接中常用 Mn 脱硫。脱硫产物 MnS 在液态铁中溶解度极小，所以容易随熔渣排出。

（2）熔渣脱硫　碱性焊条中的 CaO、MnO、CaF_2 等与 FeS 发生化学反应，产物进入溶渣，并且 CaO 脱硫效果较 MnO 好。

酸性焊条主要依靠锰铁脱硫，而碱性焊条则既可依靠熔渣脱硫，又可元素脱硫，所以碱性焊条的脱硫效果更好。

3. 焊缝金属的脱磷

磷以铁的磷化物（Fe_2P、Fe_3P）形式存在于钢中，磷的危害在于它能与铁形成低熔点共晶产物引起热裂，并且这些低熔点共晶产物削弱了晶粒间的结合力，导致钢在常温或低温时变脆，造成冷裂。因此，在焊缝中要限制含磷量。

脱磷有两个阶段：首先将 P 氧化成 P_2O_5，然后利用碱性氧化物与 P_2O_5 复合成磷酸盐进入熔渣。酸性焊条脱磷效果比碱性焊条差，所以一般是以严格控制原材料中的含磷量为主。而碱性焊条的脱磷效果则很好。

五、焊缝金属的渗合金处理

焊接过程中，熔池金属中的合金元素会由于氧化和蒸发等造成烧损，因而改变了焊缝金属的合金成分，使力学性能变坏。为了使焊缝金属的成分、性能和组织符合预定的要求，就必须根据合金元素损失的情况向熔池中添加一些合金元素。这种方法称为焊缝金属的渗合金。有时向焊缝金属中渗入母材不含或少含的合金元素，形成化学成分、组织和性能与母材完全不同的焊缝金属，可以获得有特殊要求的焊缝金属。

焊条电弧焊时，向焊缝中渗合金的方式有两种：通过焊芯（合金钢焊芯）过渡和焊条药皮过渡。焊条药皮过渡是在药皮中加入各种铁合金粉末和合金元素，然后在焊接时，把这些元素过渡到焊缝金属中去，这种方法在生产上应用得较广泛。为防止氧化，一般采用无氧化性的碱性药皮和氧化性小的酸性钛钙型药皮类型。

第三节　焊缝结晶

焊缝金属从高温的液态冷却至常温的固态，中间经过两次结晶过程：一次结晶是从液相转变为固相的结晶过程；二次结晶是在固相中出现同素异构转变的结晶过程。

一、焊缝金属的一次结晶

1. 结晶的两个阶段

焊缝金属由液态转变为固态的凝固过程称为焊缝金属的一次结晶。它遵循着金属结晶的一般规律，包括“生核”和“长大”两个阶段。

熔焊时，当电弧移去后，随着熔池液态金属温度的降低，金属原子间的活动能力下降，吸引力增强。当温度达到凝固温度时，原子便重新有规则地排列起来形成晶核。接着，晶核慢慢长大，最后到液态金属完全消失，如图4-5所示。

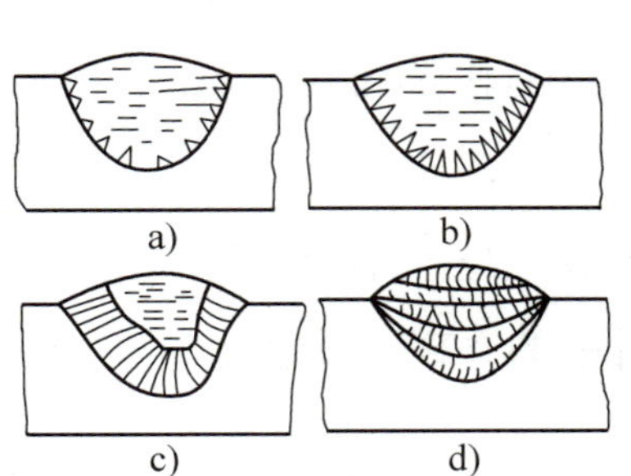

图4-5 焊接熔池结晶过程

a）开始结晶 b）晶体长大

c）柱状结晶 d）结晶结束

在熔池中，最先出现晶核的部位是在熔合线上，因为此处金属散热最快，温度最低。

2. 一次结晶过程中的偏析现象

偏析是指化学成分的不均匀，由于焊缝金属在一次结晶时冷却速度很快，熔池存留时间短，容易导致化学成分不均匀。偏析导致焊缝力学性能、化学性能的不均匀，容易产生裂纹、气孔、夹杂物等焊接缺陷。

焊缝中的偏析可以分为显微偏析、区域偏析和层状偏析三种类型。

（1）显微偏析 在一个柱状晶粒内部和晶粒之间的化学成分不均匀现象，称为显微偏析。

（2）区域偏析 熔池结晶时，由于柱状晶体的不断长大和移动，把杂质由边缘推向熔池中心，使中心的杂质含量比其他部位高的现象称为区域偏析。

不同的焊缝形状，其偏析的地方也不一样，它主要与焊缝成形系数有关。焊缝成形系数是指熔焊时，在单道焊缝横截面上，焊缝宽度（B）与焊缝计算厚度（H）的比值（$\varphi=B/H$）。焊缝成形系数小，焊缝窄而深，较多的杂质聚集在窄焊缝的中心；焊缝成形系数大，焊缝宽而浅，杂质聚集在焊缝上部，这种焊缝抗热裂纹的能力强，如图4-6所示。若同样厚度的钢板，用多层多道焊要比单层的焊缝抗热裂纹的能力强。

（3）层状偏析 熔池在结晶时要放出结晶潜热，当结晶潜热积聚到一定量时，熔池的结晶出现暂时停顿现象，稍后随着熔池的散热后，结晶又重新开始。因此，焊缝的结晶并不是一次完成的。这种晶体长大速度的变动，伴随着结晶前沿液态金属中夹杂浓度的变化，形成周期性的偏析现象，称为层状偏析。

二、焊缝金属的二次结晶

在一次结晶结束后，熔池转变为固态的焊缝。当焊缝金属由高温冷却到室温时，会发生一系列的相变过程，这种组织转变过程就称为焊缝金属的二次结晶。

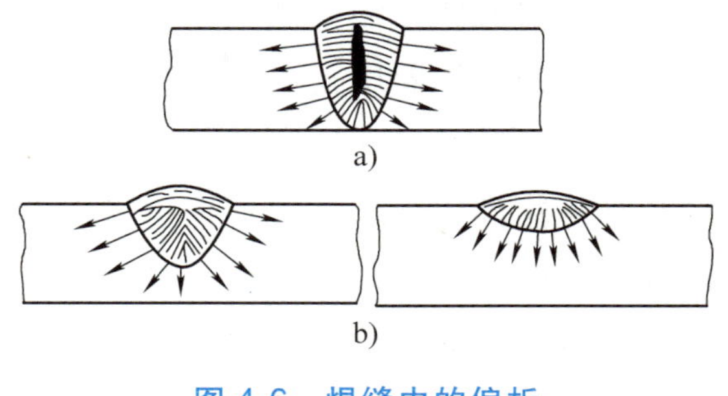

图 4-6　焊缝中的偏析

a）成形系数小　b）成形系数大

二次结晶对焊接接头的力学性能有重要的影响。接头冷却的速度会影响金属组织的形态，也会影响焊缝中气孔的数量。在大多数情况下，焊接接头慢冷后的质量优于快冷后的质量。

第四节　焊接热影响区组织与性能

一、焊接热循环

焊接过程中热源沿焊件移动时，焊件上某一点温度由低到高，达到最高值后，又由高到低随时间变化的这一过程称为焊接热循环。

加热速度、最高温度、相变温度以上的停留时间和冷却速度等是焊接热循环的主要参数。

二、熔合区的组织和性能

熔合区是指在焊接接头中，焊缝向热影响区过渡的区域。由于熔合区域很小，熔合区有时又称熔合线。熔合区的温度处在铁碳相图中固相线和液相线之间。因为该区域靠近热源，金属组织处于过热状态，材料的塑性和韧性很差。该区域在显微镜下的显微组织很难分辨，但它对焊接接头的强度、塑性等都有很大的影响。熔合区往往是产生焊接接头裂纹或局部脆性破坏的发源地。

三、焊接热影响区的组织和性能

焊接热影响区是焊接过程中受到了焊接加热的影响未熔化，导致其力学性能、组织等发生明显变化的区域。在热影响区中，金属的加热温度是不均匀的，越靠近焊缝，金属的加热温度越高。由于焊接加工方法的特殊性，焊件在焊接加工后冷却速度较大，部分材料容易引起淬硬现象，因此根据母材材质的不同，将材料分为易淬火钢和不易淬火钢，它们热影响区的划分如图4-7所示。

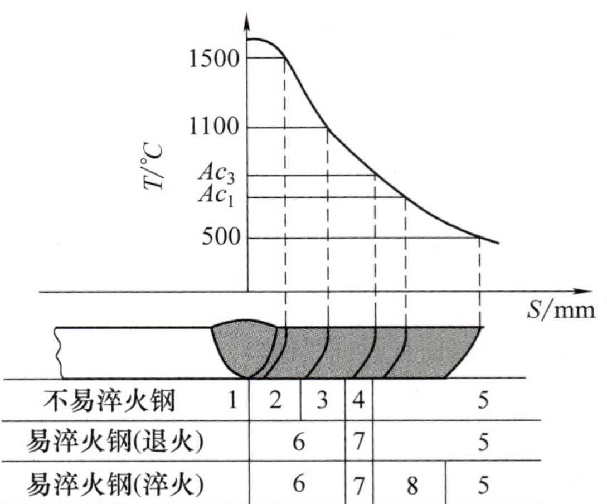

图4-7　焊接热影响区的分布特征

1—熔合区　2—过热区　3—相变量结晶区　4—不完全重结晶区　5—母材　6—淬火区　7—部分淬火区　8—回火区

一般来说，热影响区越窄，则焊接接头中内应力越大，越容易出现裂纹；热影响区越宽，则对焊接接头力学性能不利，变形也大。因此，在工艺上应在保证不产生裂纹的前提下，尽量减小热影响区的宽度。

热影响区宽度的大小取决于焊件的最高温度分布情况，因此，焊接方法对热影响区宽度的影响很大。不同焊接方法的热影响区宽度见表4-1。

表4-1　不同焊接方法的热影响区宽度

焊接方法	各段平均宽度/mm			总宽度/mm
	过热段	正火段	不完全重结晶段	
气焊	21.0	4.0	2.0	27.0
焊条电弧焊	2.2	1.6	2.2	2.5
电渣焊	18.0	5.0	2.0	25.0
埋弧焊	0.8~1.2	0.8~1.7	0.7	2.5

铁九桥最美“焊将”——王中美

王中美，中铁科工集团九桥公司首席电焊工，曾获“全国劳动模范”“全国三八红旗手”“全国技术能手”“赣鄱工匠”以及“全国五一劳动奖章”“中国青年五四奖章”等荣誉。她用辛勤和汗水将自己浇筑成一朵电焊战线上的铿锵玫瑰，用绽放的焊花

“焊将”巾帼花——王中美

“焊”出了一条通往高技能专家型人才的人生轨迹。

【考级练习与课后思考】

一、判断题

1. E4303 型焊条的脱硫效果比 E5015 型焊条好。（　　）
2. 作用在熔滴上的作用力都是促进熔滴过渡的。（　　）
3. 焊缝结晶有形成晶核和晶核长大两个过程。（　　）
4. 焊缝中的硫元素会导致热脆现象。（　　）
5. 酸性焊条和碱性焊条的脱硫效果是一样的。（　　）
6. 熔渣在焊接过程中主要起到有益作用。（　　）
7. 在任何空间的焊接位置，电弧气体的吹力都是促使熔滴过渡的力。（　　）
8. 选择合适的焊接参数，适当提高焊缝成形系数，采用多层、多道焊法，能防止热裂纹的产生。（　　）
9. 任何焊接位置，电磁压缩力的作用方向都是使熔滴向熔池过渡。（　　）
10. 斑点压力的作用方向总是阻碍熔滴向熔池过渡。（　　）
11. 熔滴的重力在任何焊接位置都是使熔滴向熔池过渡。（　　）
12. 采用小电流焊接的同时，降低电弧电压，熔滴会出现短路过渡形式。
13. 烘干焊条和焊剂是减少焊缝金属含氢量的重要措施之一。（　　）
14. 锰具有较强的脱氧效果，酸性焊条中常用锰铁作为脱氧剂。（　　）
15. 酸性熔渣往往没有碱性熔渣脱氧效果好。（　　）
16. 气孔、夹杂、偏析等缺陷大多是在焊缝金属的第二次结晶时产生的。（　　）
17. 焊接区中的氮绝大部分来自空气。（　　）
18. 除气体保护焊外，焊接区内的气体主要来自焊接材料。（　　）

二、选择题

1. ________过渡时，电弧稳定，飞溅小，成形良好，广泛用于薄板焊件焊接和全位置的焊接。

A. 粗滴　　B. 短路　　C. 喷射

2. 在焊接过程中，________元素是较好的脱硫剂。

A. 碳　　B. 硅　　C. 锰　　D. 铝

3. 酸性焊条不能在药皮中加入大量铁合金使焊缝金属合金化，是由于焊条熔渣的________。

A. 还原性强　　B. 氧化性强　　C. 脱硫磷效果差　　D. 黏度太小

4. 焊缝中心的杂质往往比周围高，这种现象称为________。

A. 区域偏析　　B. 相变　　C. 变质　　D. 层状偏析

5. ________的焊缝，极易形成热裂纹。

A. 窄而浅　　B. 窄而深　　C. 宽而浅　　D. 宽而深

6. 焊接接头中，焊缝向热影响区过渡的区域称为________。

A. 正火区　　B. 熔合线　　C. 过热区　　D. 熔合区

7. 下列参数中，属于焊接热循环参数的是________。

A. 加热所达到的最高温度　　B. 焊条熔化速度

C. 电流密度　　D. 电压高低

8. 立焊和仰焊时，促使熔滴过渡的力主要有________。

A. 重力　　B. 电磁压缩力　　C. 斑点压力　　D. 表面张力

9. 仰焊时不利于熔滴过渡的作用力是________。

A. 重力　　B. 表面张力　　C. 电磁力　　D. 气体吹力

10. 在焊接热源作用下，焊件上某点的温度随时间变化的过程称为________。

A. 焊接线能量　　B. 焊接热影响区　　C. 焊接热循环　　D. 焊接温度场

11. 焊缝成形系数是________的比值，用 ϕ 表示。

A. B 与 H　　B. H 与 B　　C. H 与 a

12. 横焊时，促使熔滴过渡的力有________。

A. 重力　　B. 电磁压缩力　　C. 斑点压力

13. 焊缝中的偏析、夹杂、气孔等是在焊接熔池________过程中产生的。

A. 一次结晶　　B. 二次结晶　　C. 三次结晶

14. 焊接熔池的金属由液态转变为固态的过程，称为焊接熔渣的________。

A. 一次结晶　　B. 二次结晶　　C. 三次结晶

三、问答题

1. 影响熔滴过渡的作用力有哪些？它们在焊接过程中的作用是什么？

2. 焊接冶金过程的特点是什么？

3. 熔渣在焊接过程中有哪些作用？

4. 焊缝金属脱氧的途径有哪些？哪种焊条脱氧效果好？为什么？

5. 硫在焊缝金属中有什么危害？焊缝金属脱硫的途径有哪些？酸、碱性焊条各采用什么途径脱硫？

6. 为什么要向焊缝金属渗合金？渗合金的方式有几种？

【拓展学习】

熔滴过渡形式

模块五

气体保护电弧焊

【学习指南】 气体保护电弧焊是用外加气体作为电弧介质并保护电弧和焊接区的电弧焊方法，简称气体保护焊。这种焊接方法可靠地保证焊接质量，弥补焊条电弧焊和埋弧焊的局限性。随着科学技术的迅猛发展，气体保护电弧焊在薄板、高效焊接方面，更加显示出其独特的优越性，目前在焊接生产中应用极其广泛。本模块主要介绍各种气体保护焊的特点、设备及工艺等。

第一节 气体保护电弧焊概述

一、气体保护电弧焊的原理及特点

1. 气体保护电弧焊的原理

气体保护电弧焊直接依靠从喷嘴中连续送出的气流，在电弧周围形成局部的气体保护层，使电极端部、熔滴和熔池金属与周围空气机械地隔绝开来，以保证焊接过程的稳定性，并获得质量优良的焊缝。

2. 气体保护电弧焊的特点

气体保护电弧焊与其他电弧焊相比具有以下特点：

1）采用明弧焊，一般不使用焊剂，没有焊渣，熔池可见度好，便于操作。而且保护气体是喷射的，适宜进行全位置焊接，不受空间位置的限制，有利于实现焊接过程的机械化和自动化。

2）由于电弧在保护气流的压缩下热量集中，焊接熔池和热影响区很小，因此焊接变形小，焊接裂纹倾向不大，尤其适用于薄板焊接。

3）采用氩、氦等惰性气体保护，焊接化学性质较活泼的金属或合金时，可获得高质量的焊接接头。

4）气体保护电弧焊不宜在有风的地方施焊，在室外作业时须有专门的防风措施，此外，电弧光的辐射较强，焊接设备较复杂。

二、气体保护电弧焊的分类

（1）根据保护气体的种类分　气体保护电弧焊可分为 CO_2 气体保护焊、氩弧焊、氦弧焊及混合气体保护焊等。

（2）根据所用的电极材料分　气体保护电弧焊可分为非熔化极气体保护焊和熔化极气体保护焊。

（3）根据操作方式的不同分　气体保护电弧焊可分为手工焊、半自动焊和自动焊。

随着科学技术的发展，为实现高效、优质、低成本的焊接方法，目前，在普通的气体保护电弧焊的基础上，又发展应用了一些特种气体保护电弧焊，如 CO_2 电弧点焊、热丝钨极氩弧焊、窄间隙熔化极氩弧焊、TIME 焊等。

第二节　CO_2 气体保护焊

CO_2 气体保护焊是利用 CO_2 作为保护气体，依靠焊丝与焊件之间产生的电弧来熔化金属以实现连接的一种熔化极电弧焊方法，简称 CO_2 焊。其焊接过程如图 5-1 所示。焊接电源 1 的两输出端分别接在焊枪和焊件上。盘状焊丝由送丝机构 5 带动，经送丝软管 4 与导电嘴 3 不断向电弧区域送给。同时，CO_2 气体以一定压力和流量送入焊枪，通过焊炬喷嘴 2 后，形成一股保护气流，使熔池和电弧与空气隔绝。随着焊枪的移动，熔池金属冷却凝固，形成焊缝。

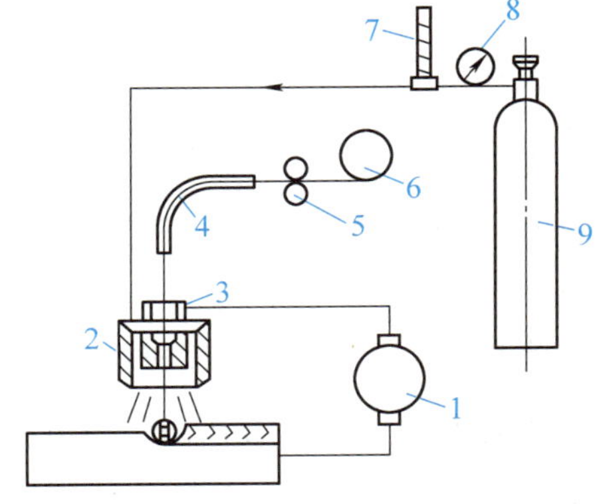

图 5-1　CO_2 气体保护焊焊接过程示意图

1—焊接电源　2—焊炬喷嘴　3—导电嘴　4—送丝软管　5—送丝机构　6—焊丝盘　7—流量计　8—减压器　9—CO_2 气瓶

一、CO_2 气体保护焊的特点及应用

由于 CO_2 气体保护焊采用的是具有氧化性的 CO_2 活性气体作为保护气体，因此 CO_2 气体保护焊在熔滴过渡、冶金反应等方面与一般气

体保护电弧焊有所不同。

1. CO_2 气体保护焊的冶金特点

（1）CO_2 气体的氧化性　焊接时 CO_2 气体在电弧高温下会分解出 CO 和原子态 O，原子态 O 具有强烈的氧化性。常用的脱氧措施是在焊丝中加入铝、钛、硅、锰脱氧剂，其中硅、锰用得最多。

（2）气孔　由于气流的冷却作用，熔池凝固较快，有利于薄板焊接，焊后变形也小，但很容易在焊缝中产生气孔。

常见的气孔有一氧化碳气孔、氮气孔和氢气孔，主要是氮气孔。加强焊接区的保护是防止氮气孔的重要措施。

（3）抗冷裂性　由于焊接接头含氢量少，因此 CO_2 气体保护焊具有较高的抗冷裂能力。

（4）飞溅　飞溅是 CO_2 气体保护焊的主要缺点。飞溅大会增加焊接成本、影响焊接生产率，影响电弧稳定性，降低保护气的保护作用，恶化劳动条件等。产生飞溅的原因及防止措施主要有以下几方面：

1）CO 气体引起的飞溅。CO_2 气体分解后具有强烈的氧化性，使 C 氧化成 CO 气体，CO 气体受热急剧膨胀，造成熔滴爆破，产生大量细粒飞溅。减少这种飞溅的方法可采用脱氧元素多、含碳量低的脱氧焊丝，以减少 CO 气体的生成。

2）斑点压力引起的飞溅。用正极性焊接时，熔滴受到斑点压力大，飞溅也大。采用反极性焊接可减少飞溅。

3）短路时引起的飞溅。在短路过渡过程中，当熔滴与熔池接触时，若短路电流增加速度过快或过慢，会使缩颈处的液态金属发生爆破或成段软化和断落，产生较多的颗粒飞溅，尤其当焊接电源的动特性不好时，飞溅更加严重。减少这种飞溅的方法主要是，在焊接回路中串联适当的直流回路电感，以控制短路电流增长速度及短路电流峰值。

此外，合理选定焊接参数，采用药芯焊丝以及 CO_2+Ar 混合气作为保护气体等均可显著减少飞溅。新近出现的表面张力焊接电源和实时回抽送丝控制方法，代表了当今低飞溅 CO_2 气体保护焊的最高水平。

2. CO_2 气体保护焊的熔滴过渡特点

CO_2 气体保护焊的熔滴过渡形式有滴状过渡、短路过渡和潜弧射滴过渡三种。

（1）滴状过渡　CO_2 气体保护焊在较粗焊丝（$>\phi 1.6$mm）、较大焊接电流和较高电弧电压焊接时，会出现颗粒状熔滴的滴状过渡。当电流在小于 400A 时，为大颗粒滴状过渡。此时较大的熔滴易形成偏离焊丝轴线方向的非轴向过渡，如图5-2所示，电弧不稳定，飞溅很大，焊缝成形也不好，因此在实际生产中不宜采用。

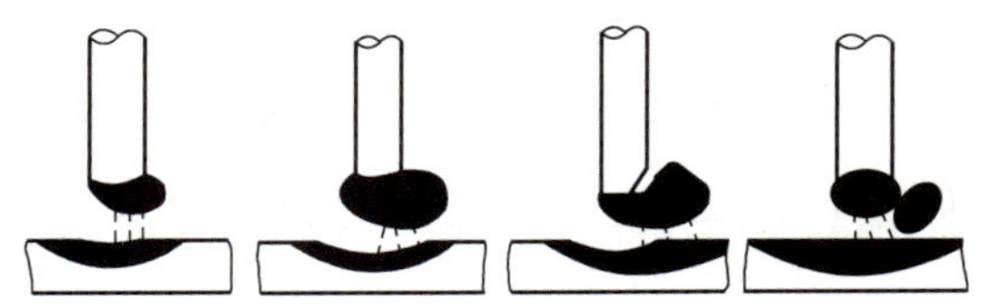

图 5-2　非轴线方向颗粒过渡示意图

当电流在400A以上时，熔滴细化，过渡频率也随之增大，虽然仍为非轴向过渡，但飞溅减小，电弧较稳定，焊缝成形较好，在生产中应用较广，多用于中、厚板的焊接。

（2）短路过渡　CO_2 气体保护焊时，在采用细焊丝小电流，特别是较低电弧电压的情况下，可获得短路过渡。短路过渡电弧的燃烧、熄灭和熔滴过渡过程均很稳定，飞溅小，焊缝成形良好，在生产中多用于薄板及全位置焊缝的焊接。

（3）潜弧射滴过渡　潜弧射滴过渡是介于上述两种过渡形式之间的过渡形式，此时的焊接电流和电弧电压比短路过渡大，比细颗粒滴状过渡小。焊接时，在电弧力的作用下，熔池会出现凹坑，电弧潜入凹坑中，焊丝端头在焊件表面以下，其结果使金属飞溅量大大减小，焊接过程较稳定，但焊缝深而窄，成形质量不够理想，生产中有时被应用于厚板的水平位置焊接，如图5-3所示。

图 5-3　潜弧射滴过渡示意图

3. CO_2 气体保护焊的应用

CO_2 气体保护焊由于具有成本低、抗氢气孔能力强、适合薄板焊接、易进行全位置焊等优点，因此广泛应用于低碳钢和低合金钢等钢铁金属材料的焊接。对于焊接不锈钢，因焊缝金属有增碳现象，影响抗晶间腐蚀性能，所以使用较少。对容易氧化的非铁金属，如Cu、Al、Ti等，则不能应用 CO_2 气体保护焊。随着对 CO_2 气体保护焊设备、材料和工艺的不断改进，CO_2 气体保护焊已被广泛应用。

二、CO_2 气体保护焊焊接材料

1. CO_2 气体

焊接用的 CO_2 气体一般是将其压缩成液体储存于钢瓶内。CO_2 气瓶的容量为40L，可装25kg的液态 CO_2，占容积的80%，20℃时瓶内压力约为5～7MPa，气瓶外表涂铝白色，并标有黑色“液化二氧化碳”的字样。CO_2 气瓶应防止烈日暴晒

或靠近热源，以免发生爆炸。

液态 CO_2 在常温下容易汽化。溶于液态 CO_2 中的水分易蒸发成水汽混入 CO_2 气体中，影响 CO_2 气体的纯度。在气瓶内 CO_2 气体中的含水量，与瓶内的压力有关，随着使用时间的增长，瓶内压力降低，水汽增多。当压力降低到 0.98MPa 时，CO_2 气体中含水量大为增加，不能再继续使用。焊接用 CO_2 气体的纯度应大于 99.5%，含水量不超过 0.05%。

2. 焊丝

CO_2 气体保护焊焊丝有实芯焊丝和药芯焊丝两种。实芯焊丝是目前最常用的焊丝，是热轧线材经拉拔加工而成。

对焊丝的要求主要有以下几点：

1）CO_2 气体保护焊焊丝必须比母材含有较多的 Mn、Si 等脱氧元素，以防止焊缝产生气孔，减少飞溅，保证焊缝金属具有足够的力学性能。

2）焊丝中碳的质量分数应限制在 0.10%以下，并控制硫、磷含量。

3）为了防止生锈，须对焊丝（除不锈钢焊丝外）表面进行特殊处理（主要是镀铜处理），不但有利于焊丝保存，并可改善焊丝的导电性及送丝的稳定性。

目前常用的 CO_2 气体保护焊焊丝有 ER49-1 和 ER50-6 等。ER49-1 对应的牌号为 H08Mn2SiA，ER50-6 对应的牌号为 H11Mn2SiA。对于低碳钢及低合金高强钢，常用焊丝为 H08Mn2SiA、H10MnSiMo，它有较好的工艺性能、力学性能以及抗热裂纹能力。

三、CO_2 气体保护焊设备

CO_2 气体保护焊设备包括半自动焊设备和自动焊设备，目前，常用的是半自动 CO_2 气体保护焊设备，其主要由焊接电源、送丝系统及焊枪、CO_2 供气系统、控制系统等部分组成。

1. 焊接电源

1）CO_2 气体保护焊使用交流电源时焊接电弧不稳定，飞溅大，所以一般采用直流焊接电源。

使用细焊丝（$\leqslant\phi1.2$mm）焊接时，一般采用等速送丝机构，配平特性或缓降特性的电源。

使用粗焊丝（$\geqslant\phi1.6$mm）焊接时，一般采用变速送丝机构，配下降特性的电源。

2）CO_2 气体保护焊焊机型号按照 GB/T 10249—2010 的规定，一般形式表示如下：

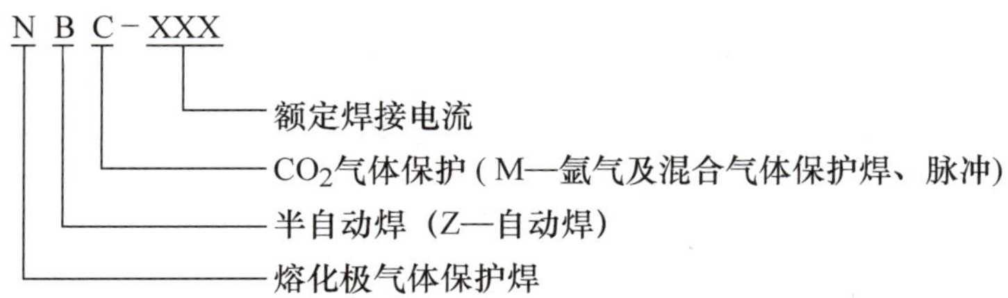

如常用半自动 CO_2 气体保护焊焊机型号 NBC-160、NBC-200、NBC1-300（1 代表全位置焊车式）等。

2. 送丝系统及焊枪

（1）送丝系统　送丝系统由送丝机（包括电动机、减速器、校直轮和送丝轮）、送丝软管、焊丝盘等组成。送丝方式主要有推丝式、拉丝式和推拉丝式三种。

1）推丝式结构如图 5-4a 所示，焊枪与送丝机构是分开的，这种焊枪结构简单，质量轻，但送丝软管较长，送丝阻力较大，因此不适合较细与较软材料的焊丝。通常推丝式所用的焊丝直径宜在 0.8mm 以上，其焊枪的操作范围在 2～5m。

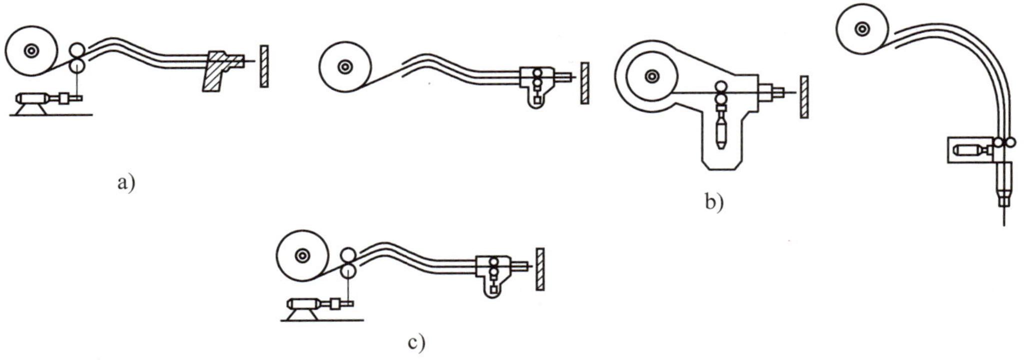

图 5-4　半自动 CO_2 气体保护焊的送丝方式

a）推丝式　b）拉丝式　c）推拉丝式

2）拉丝式结构如图 5-4b 所示，送丝机构与焊枪合为一体，结构复杂、笨重。但这种焊枪不用送丝软管，避免了焊丝通过送丝软管的阻力，送丝均匀稳定，操作的活动范围较大。目前国内细焊丝（ϕ0.5～ϕ0.8mm）半自动 CO_2 气体保护焊大量使用拉丝式结构。

3）推拉丝式结构如图 5-4c 所示。推拉丝式兼具前两种送丝方式的优点，焊丝送给时以推丝为主，而焊枪上装有拉丝轮，可克服焊丝通过送丝软管时的摩擦阻力，因此增加了送丝距离和操作的灵活性，还可多级串联使用，但焊枪及送丝机构较为复杂，而且使用两个电动机也给操作者带来不便。

（2）焊枪 焊枪的作用是导电、导丝、导气。按送丝方式可分为推丝式焊枪和拉丝式焊枪；按结构可分为鹅颈式焊枪和手枪式焊枪；按冷却方式可分为空气冷却焊枪和内循环水冷却焊枪。其中鹅颈式空气冷却焊枪应用最广。

3. CO_2 供气系统

供气系统的功能是向焊接区提供流量稳定的保护气体，CO_2 供气系统是由气瓶、预热器、干燥器、减压器、流量计等组成。瓶装的液态 CO_2 汽化时要吸热，可能使瓶阀及减压器冻结，所以，在气体经过减压器之前，需经预热器加热，并在输送到焊枪之前，应经过干燥器吸收 CO_2 气体中的水分，使保护气体符合焊接要求。现在生产的减压检测器是将预热器、减压器和流量计合为一体，使用起来很方便。

4. 控制系统

CO_2 气体保护焊控制系统的作用是对供气、送丝和供电等部分实现控制。半自动 CO_2 气体保护焊的控制程序如图5-5所示。

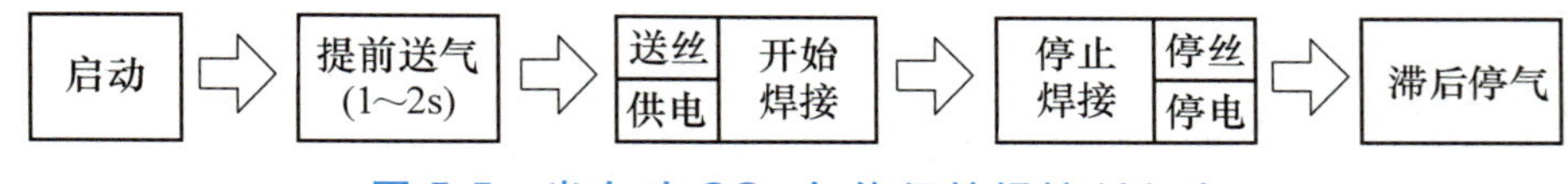

图5-5 半自动 CO_2 气体保护焊控制程序

四、CO_2 气体保护焊焊接参数

CO_2 气体保护焊的焊接参数应按细丝焊与粗丝焊及自动焊与半自动焊的不同来确定，同时要根据焊件厚度、接头形式及空间位置等来选择。

1. 焊丝直径

焊丝直径应根据焊件厚度、焊接空间位置及生产率的要求来选择。当焊接薄板或中厚板的立、横、仰焊时，多采用直径 ϕ1.6mm 以下的焊丝；在平焊位置焊接中厚板时，可以采用直径 ϕ1.2mm 以上的焊丝。焊丝直径的选择见表5-1。

表5-1 焊丝直径的选择

焊丝直径/mm	焊件厚度/mm	施焊位置	熔滴过渡形式
ϕ0.8	1~3	各种位置	短路过渡
ϕ1.0	1.5~6	各种位置	短路过渡

（续）

焊丝直径/mm	焊件厚度/mm	施焊位置	熔滴过渡形式
ϕ1.2	2~12	各种位置	短路过渡
	中厚	平焊、平角焊	细颗粒过渡
ϕ1.6	6~25	各种位置	短路过渡
	中厚	平焊、平角焊	细颗粒过渡
ϕ2.0	中厚	平焊、平角焊	细颗粒过渡

2. 焊接电流

焊接电流的大小应根据焊件厚度、焊丝直径、焊接位置及熔滴过渡形式来确定。在相同的送丝速度下，随着焊丝直径的增加，焊接电流越大。随着焊接电流增加，熔敷速度和熔深都会增加，熔宽也略有增加。焊丝直径与焊接电流的关系见表 5-2。

表 5-2　焊丝直径与焊接电流的关系

焊丝直径/mm	焊接电流/A	
	颗粒过渡	短路过渡
ϕ0.8	150~250	60~160
ϕ1.2	200~300	100~175
ϕ1.6	350~500	100~180
ϕ2.4	500~750	150~200

3. 电弧电压

电弧电压必须与焊接电流配合恰当，否则会影响到焊缝成形及焊接过程的稳定性。电弧电压随着焊接电流的增加而增大。短路过渡焊接时，通常电弧电压在 16~24V 范围内。细滴过渡焊接时，对于直径为 ϕ1.2~ϕ3.0mm 的焊丝，电弧电压可在 25~36V 范围内选择。

生产中，常用经验公式来确定电弧电压值范围，然后再进行调试。当焊接电流≤250A 时，电弧电压=[0.04×焊接电流(A)+16±1.5]V；当焊接>250A 以上时，电弧电压=[0.04×焊接电流(A)+20±2.0]V。

焊接电流主要控制送丝速度，电弧电压主要控制熔丝速度。调试时，当电弧电压正常，焊接电流过大时，会听到连续的“噼噼啪啪”声音；当电弧电压过大，焊接电流过小时，会听到断续的“啪啪”声音。当调试出声音听起来清脆柔和，看熔池饱满，则应是比较合理的配合。

4. 焊接速度

在一定的焊丝直径、焊接电流和电弧电压条件下，随着焊接速度增加，焊缝宽度与焊缝厚度减小。焊速过快，不仅气体保护效果变差，可能出现气孔，而且还易产生咬边及未熔合等缺陷；焊速过慢，则焊接生产率降低，焊接变形增大。一般半自动 CO_2 气体保护焊时的焊接速度在 15～30m/h。

5. 焊丝伸出长度

焊丝伸出长度（也称为干伸长）取决于焊丝直径，一般约等于焊丝直径的 10 倍，且不超过 15mm。伸出长度过大，焊丝会成段熔断，飞溅严重，气体保护效果差；伸出长度过小，不但易造成飞溅物堵塞喷嘴，影响保护效果，也影响焊工视线。

6. 气体流量

CO_2 气体流量应根据焊接电流、焊接速度、焊丝伸出长度及喷嘴直径等选择，过大或过小的气体流量都会影响气体保护效果。通常在细丝 CO_2 气体保护焊时，CO_2 气体流量约为 8～15L/min；粗丝 CO_2 气体保护焊时，CO_2 气体流量约在 15～25L/min。

7. 电源极性与回路电感

为了减少飞溅，保证焊接电弧的稳定性，CO_2 气体保护焊应选用直流反接。焊接回路的电感值应根据焊丝直径和电弧电压来选择。电感值是否合适，可通过试焊的方法来确定。若焊接过程稳定，飞溅很少，说明此电感值是合适的。不同直径焊丝的合适电感值见表 5-3。

表 5-3　不同直径焊丝的合适电感值

焊丝直径/mm	焊接电流/A	电弧电压/V	电感值/mH
ϕ0.8	100	18	0.01～0.08
ϕ1.2	130	19	0.10～0.16
ϕ1.6	150	20	0.30～0.70

8. 装配间隙与坡口尺寸

由于 CO_2 气体保护焊焊丝直径较细，电流密度大，电弧穿透力强，电弧热量集中，因此一般对于 12mm 以下的焊件不开坡口也可焊透。对于必须开坡口的焊件，一般坡口角度可由焊条电弧焊的 60°左右减为 30°～40°，钝边可相应增大 2～3mm，根部间隙可相应减少 1～2mm。

9. 焊枪倾角

当焊枪倾角小于10°时，不论是前倾还是后倾，对焊接过程及焊缝成形都没影响。当焊枪与焊件成后倾角时，焊缝窄，余高、熔深较大，焊缝成形不好；当焊枪与焊件成前倾角时，焊缝宽，余高小，熔深较浅，焊缝成形好。

五、CO_2 气体保护焊的焊接缺陷及防止措施

CO_2 气体保护焊的焊接缺陷与检查项及防止措施见表5-4。

表5-4　CO_2 气体保护焊的焊接缺陷与检查项及防止措施

焊接缺陷的种类	可能的原因	检查项及防止措施
气孔	(1) CO_2 气体流量不足 (2)空气混入 CO_2 中 (3)保护气被风吹走 (4)喷嘴被飞溅颗粒堵塞 (5)气体纯度不符合要求 (6)焊接接头处较脏 (7)喷嘴与焊件距离过大 (8)焊丝弯曲 (9)卷入空气	(1)调整气体流量到15~25L/min，气瓶中的气压应大于1000kPa (2)检查气管有无泄漏处，气管接头是否牢固 (3)风速大于2m/s时应采取防风措施 (4)去除飞溅(利用飞溅防堵剂或机械清除) (5)使用合格的 CO_2 气体 (6)接头处不要黏附油、锈、水、脏物和油漆 (7)通常，该距离为10~25mm，根据电流和喷嘴直径进行调整 (8)使电弧在喷嘴中心燃烧，应将焊丝校直 (9)在坡口内焊接时，由于焊枪倾斜，气体向一个方向流动，空气容易从相反方向卷入；环焊缝时，气体向一个方向流动，容易卷入空气，焊枪应对准环缝的圆心
电弧不稳	(1)导电嘴内孔尺寸不合适 (2)导电嘴磨损 (3)焊丝送进不稳 (4)网路电压波动 (5)导电嘴与焊件间距过大 (6)焊接电流过小 (7)接地不牢 (8)焊丝种类不合适	(1)应使用与焊丝直径相应的导电嘴 (2)导电嘴内孔可能变大，导电不良 (3)焊丝太乱，焊丝盘旋转不平稳，送丝轮尺寸不合适，加压滚轮压紧力太小，导向管曲率可能太小，送丝不良 (4)一次电压变化不要过大 (5)该距离应为焊丝直径的10~15倍 (6)使用与焊丝直径相适应的电流 (7)应可靠连接(由于母材生锈，有油漆及油污使得接触不好) (8)按所需的熔滴过渡状态选用焊丝
焊丝与导电嘴粘连	(1)导电嘴与焊件间距太小 (2)导电嘴不合适 (3)焊丝端头有熔球时起弧不好 (4)起弧方法不正确	(1)该距离由焊丝直径决定 (2)按焊丝直径选择尺寸适合的导电嘴 (3)剪断焊丝端头的熔球或采用带有去球功能的焊机 (4)不得在焊丝与焊件接触时引弧(应在焊丝与焊件保持一定距离时引弧)

（续）

焊接缺陷的种类	可能的原因	检查项及防止措施
飞溅多	(1)焊接规范不合适 (2)输入电压不平衡 (3)直流电感抽头不合适 (4)磁偏吹 (5)焊丝种类不合适	(1)检查焊接规范是否合适,特别是电弧电压是否过高 (2)一次侧有无断相(保险丝等) (3)大电流(>200A)用线圈多的抽头,小电流用线圈少的抽头 (4)改变一下地线位置,减少焊接区的间隙,设置工艺板 (5)按所需的熔滴过渡状态选用焊丝
电弧周期性的变动	(1)送丝不均匀 (2)导电嘴不合适 (3)一次输入电压变动大	(1)焊丝盘圆滑旋转,送丝轮打滑,导向管的摩擦阻力太大 (2)导电嘴尺寸不合适,导电嘴磨损 (3)电源变压器容量不够,附近有过大负载(电阻点焊机等)
咬边	(1)焊接规范不合适 (2)焊枪操作不合理	(1)电弧电压过高,焊速过快,焊接方向不合适 (2)焊枪角度和指向位置不正确,改进焊枪摆动方法
焊瘤	(1)焊接规范不合适 (2)焊枪操作不合理	(1)电弧电压过低、焊速过慢,焊丝干伸长过大 (2)焊枪角度和指向位置不正确,改进焊枪摆动方法
焊不透	(1)焊接规范不合适,电流过小 (2)焊枪操作不合理 (3)接头形状不良	(1)电流太小、电压太高、焊速太低,焊丝干伸长太大 (2)焊枪倾角过大、焊枪指向位置不正确 (3)坡口角度和根部间隙太小,接头形状应适合所用焊接方法
烧穿	(1)焊接规范不合适,电流过大 (2)坡口不良,间隙过大	(1)电流太大,电压太低,坡口角度太大 (2)钝边太小,根部间隙太大,坡口不均匀
夹渣	(1)焊接规范不合适 (2)前层焊缝有残留的熔渣	(1)正确选择焊接规范(适当增加电流、焊接速度) (2)摆动宽度太大,焊丝干伸长太大

六、药芯焊丝气体保护焊

药芯焊丝气体保护焊是利用药芯焊丝做电极及填充丝，利用 CO_2 或 CO_2+Ar 作为保护气体的一种焊接方法。药芯焊丝又称管状焊丝或粉芯焊丝，是继焊条和实芯焊丝之后的又一类焊接材料，它是更具发展前景的高技术焊接材料。

1. 药芯焊丝

药芯焊丝是采用经过光亮退火的 H08A 冷轧薄钢带，在轧机上通过一套轧辊进行纵向折叠，并在折叠过程中加进预先配制好的焊剂，最后拉拔成所需规格的焊丝，并绕成盘状供应。

药芯焊丝的截面形状多种多样，可简单地分为“O”形截面和复杂截面两大类，如图 5-6 所示。

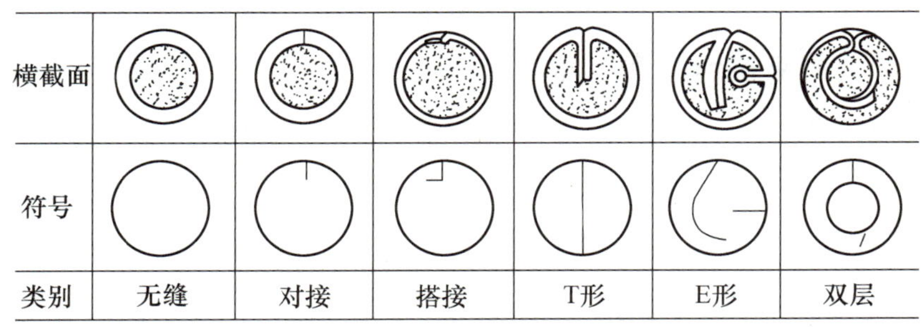

图 5-6 药芯焊丝截面形状示意图

药芯焊丝芯部粉剂的成分和焊条的药皮类似，药芯在焊接过程中起着和焊条药皮相同的作用。其粉剂成分可分为钛型、钙型和钛钙型几种，属酸性渣系药芯。钛型酸性渣系药芯焊丝熔敷金属不仅焊接工艺性能好，而且含氢量低，韧性好，应用较多。

2. 焊接参数

药芯焊丝气体保护焊的焊接参数与实芯焊丝气体保护焊的焊接参数相似，主要有焊接电流、电弧电压、焊接速度、焊丝伸出长度等。电源一般采用直流反接，焊丝伸出长度一般为 15~25mm，焊接速度通常在 30~50cm/min 范围内。药芯焊丝全自动焊时，焊接速度可达 1m/min 以上。

3. 特点

药芯焊丝气体保护焊有着焊条电弧焊和普通熔化极气体护焊无法比拟的优点，其主要优点是：

1）药芯焊丝气体保护焊时，通过药芯产生造气、造渣以及一系列冶金反应，明显地改善了焊接工艺性能，可实现熔滴的喷射过渡，飞溅少，并且可全位置焊接。

2）药芯焊丝气体保护焊时，熔敷速度明显高于焊条，并略高于实芯焊丝，生产率为焊条电弧焊的 3~4 倍，能源有效利用率也得以提高。

3）药芯焊丝可以通过外皮金属和药芯成分两种途径调整熔敷金属的化学成分，可以满足焊接不同成分钢材的需要。

4）由于粉剂改变了电弧特性，对焊接电源无特殊要求，交流、直流，平缓外特性电源均适用。

但药芯焊丝气体保护焊也存在一些缺点，主要有

1）焊丝制造过程复杂，成本高。

2）药芯焊丝较实芯焊丝软，送丝较困难，需要特殊的送丝机构。

3）焊丝外表容易锈蚀，其内部粉剂易吸潮。

4）与其他熔化极气保护焊相比，增加清渣工序，烟尘较多。

4. 应用

随着药芯焊丝工艺的日趋成熟，在冶金工程、造船、油气管线、压力容器、机械制造等工业制造领域及建筑工程建设中，药芯焊丝气体保护焊被广泛应用。如宝山钢铁公司的建设中，7万根钢管柱，共计6.8万条焊缝的连接；“西气东输”4000km管线的焊接工程；加氢反应器接管的内壁焊接；“鸟巢”工程中现场安装及制作工程的主次焊缝等，都采用了药芯焊丝气体保护焊。

【操作示例】

训练一 CO_2 气体保护焊——平敷焊

一、训练图样

训练图样如图5-7所示。

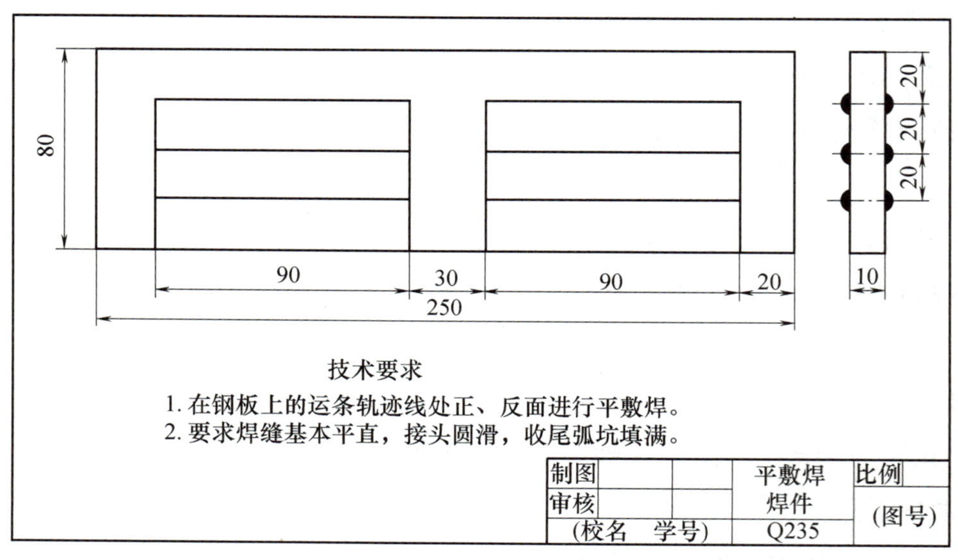

图5-7 平敷焊焊件图

二、焊前准备

（1）焊机　NBC-350 型焊机，直流反接。

（2）焊丝　ER49-1 焊丝，直径为 ϕ1.2mm。

（3）焊件　Q235 钢板 1 块，尺寸：250mm×80mm×10mm。

（4）CO_2 气体　CO_2 气体纯度≥99.5%。

（5）辅助工具　头戴式电焊面罩、角向打磨机、扳手、除渣锤、钢丝刷、钢直尺及焊缝万能量规等。

（6）焊前清理　清理坡口及坡口正反面两侧各 20mm 范围内的油污、锈蚀、水分及其他污物，直至露出金属光泽。并在焊件表面涂上一层飞溅防粘剂，在喷嘴上涂一层喷嘴防堵剂。

三、训练指导

平敷焊是 CO_2 气体保护焊项目的基础，旨在训练操作者对 CO_2 气体保护焊的基础操作技能，以及对 CO_2 电弧的认识熔池的认识和控制能力，训练引弧接头和收尾的操作方法。

平敷焊时，焊缝处于水平位置，操作比较容易，允许使用较粗的焊丝和较大的焊接电流。焊接参数选择见表 5-5。

表 5-5　焊接工艺参数

焊丝直径/mm	焊接电流/A	电弧电压/V	气体流量/(L/min)
1.2	130~150	22~26	10~15

1. 引弧

一般条件下，CO_2 气体保护焊采用左焊法，左焊法操作者具有清晰的视线，焊缝成形较右焊法平滑。

引弧前，先将焊丝端头剪去，这是因为焊丝端头常常有很大的球形直径，容易产生飞溅，造成缺陷。经剪断的焊丝端头应为锐角。

采用短路法引弧。引弧时，注意保持焊接姿势与正式焊接时一样。同时，焊丝端头距焊件表面的距离为 2~3mm，喷嘴与焊件相距 10~15mm。按下焊枪开关，随后自动送气、送电、送丝，直至焊丝与焊件表面相碰短路，引燃电弧。此时焊枪有抬起趋势，须控制好焊枪，然后慢慢引向待焊处，当焊缝金属融合后，以正常焊接速度施焊。

2. 直线焊接

直线无摆动焊接形成的焊缝宽度稍窄，焊缝偏高、熔深较浅。整条焊缝往往在始焊端、焊缝的连接处、终焊端等处产生缺陷。应采取以下措施：

（1）始焊端　焊件始焊端处于较低的温度，应在引弧之后，先将电弧稍微拉长一些，对焊缝端部适当预热，然后再压低电弧进行起始端焊接，这样可以获得具有一定熔深和成形比较整齐的焊缝。

（2）焊缝接头　在原熔池前方10~12mm处引弧，然后迅速将电弧引向原熔池中心，待熔化金属与原熔池边缘吻合填满弧后，再将电弧引向前方，使焊丝保持一定的高度和角度，并以稳定的速度焊接。

（3）终焊端　在收弧时，如果焊机没有电流衰减装置，则应采用多次断续引弧方式，或填充弧坑直至将弧坑填满，并且与母材圆滑过渡。

3. 摆动焊接

CO_2 气体保护焊时，为了获得较宽的焊缝，往往采用横向摆动。常见的摆动方式及应用范围见表5-6。

表5-6　焊枪的摆动方式及应用范围

摆动方式	应用范围
	薄板及中厚板的第一层焊接
	小间隙及中厚板打底焊接，减少焊缝余高
	第二层为横向摆动送枪焊接的厚板
	堆焊、多层焊接时的第一层
	大间隙
 ⑧ ⑥⑦④⑤②③ ①	薄板根部有间隙焊接、坡口有钢垫板或施工物时

摆动焊接时，横向摆动运丝角度和起始端的运丝要领与直线无摆动焊接相同，但在横向摆动运丝时，左右摆动幅度要一致，摆动到中间时速度应稍快，到两侧时要稍作停留，摆动的幅度不能过大，否则部分熔池不能得到良好的保护。一般摆动幅度限制在喷嘴内径的1.5倍范围内。运丝时以手腕作辅助，以手臂作主要控制，并掌握运丝角度。

摆动焊接时，焊缝接头的连接方法是，在原熔池前方10~12mm处引弧，然后以直线方式将电弧引向接头处，在接头中心开始摆动，在向前移动的同时加大摆幅（保持形成的焊缝与原焊缝宽度相同），然后转入正常焊接。

4. 收弧

焊接结束前必须进行收弧处理。对于重要产品，可采用收弧板，将火口引至焊件之外，以省去弧坑处理的操作。如果焊接电源有火口控制电路，则在焊接前将面板上的火口处理开关扳至“有火口处理”挡，在焊接结束收弧时，焊接电流和电弧电压会自动减少到适宜的数值，将火口填满。

【经验交流】

1）重要产品进行焊接时，可采用引弧板。若是直接在焊件端部引弧时，可在焊缝始焊端前15~20mm左右处引弧，然后快速返回起始点，再开始焊接。

2）在焊接过程中，要细心观察焊丝伸出端部的熔化情况，静心聆听焊接电弧短路过渡的爆炸声，根据这两方面的信息来判断最初预置的焊接电流和电弧电压配比是否适当，并做出进一步的微调。

训练二　CO_2 气体保护焊——平对接双面焊

一、训练图样

训练图样如图5-8所示。

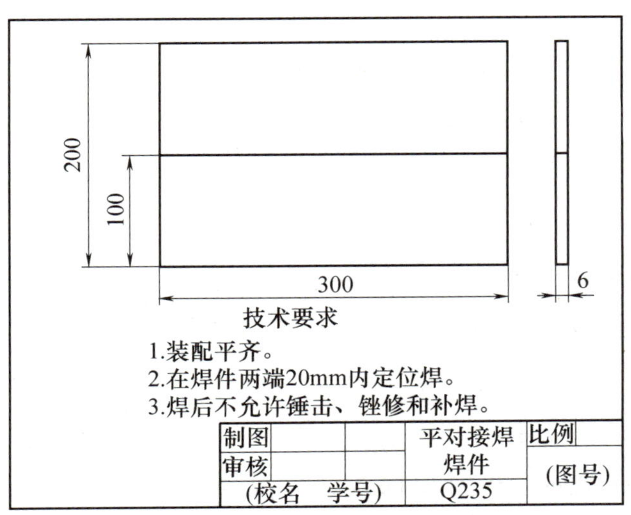

CO_2 气体保护焊——平对接焊

图5-8　平对接焊（I型坡口）焊件图

二、焊前准备

焊件　Q235钢板2块，尺寸：300mm×100mm×6mm。

焊接电源、焊丝、气体、训练辅助工具、焊前清理与训练一相同。

三、训练指导

Q235钢焊接性良好，无须特殊焊接工艺措施。

平焊时，焊缝处于水平位置，操作比较容易，允许使用较粗的焊丝和较大的焊接电流。焊接参数选择见表5-7。

表5-7　焊接参数

焊接层次	焊丝直径/mm	焊接电流/A	电弧电压/V	气体流量/(L/min)
正面焊	1.2	110~130	19~20	10~15
反面焊	1.2	130~150	22~26	10~15

1. 装配及定位焊

装配及定位焊要求与焊条电弧焊相同，见表5-8。

表5-8　装配及定位焊参数

装配间隙/mm	反变形量	错边量/mm
1.0~1.5	3°	≤1.2

2. I形坡口平对接焊

焊缝的起头、连接和收尾与平敷焊的要求相同。

调试好焊接参数后，首先进行正面焊接。在焊件的右端引弧，从右向左方向焊接，单层单道焊。焊枪角度如图5-9所示。焊枪沿装配间隙前后摆动或小幅度横向摆动，摆动幅度不能太大，以免产生气孔。熔池停留时间不宜过长，否则容易烧穿。

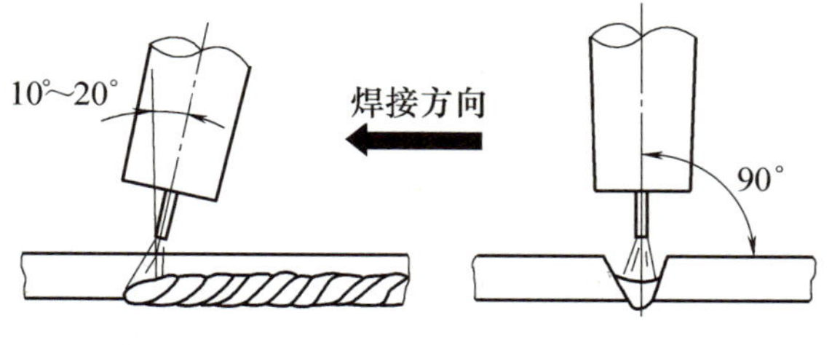

图5-9　焊枪角度

在正面焊接完成之后，进行反面焊接。反面焊时，可适当加大焊接电流，保证与正面焊缝内部熔合。

【经验交流】

在焊接过程中，正常熔池呈椭圆形，如出现椭圆形熔池被拉长，即为烧穿前兆。这时应根据具体情况，改变焊枪操作方式，以防止烧穿。例如，加大焊枪前后摆动或横向摆动幅度等。

采用短路过渡的方式进行焊接时，要特别注意保证焊接电流与电弧电压配合好。如果电弧电压太高，则熔滴短路过渡频率降低，电弧功率增大，容易引起烧穿，甚至熄弧；如果电弧电压太低，则可能在熔滴很小时就引起短路，产生严重的飞溅，影响焊接过程；当焊接电流与电弧电压配合好时，则焊接过程电弧稳定，可以观察到周期性的短路，听到均匀的、周期性的“啪、啪”声，熔池平稳，飞溅小，焊缝成形好。

训练三　CO_2 气体保护焊——平角焊

CO_2 气体保护焊——平角焊

一、训练图样

训练图样如图 5-10 所示。

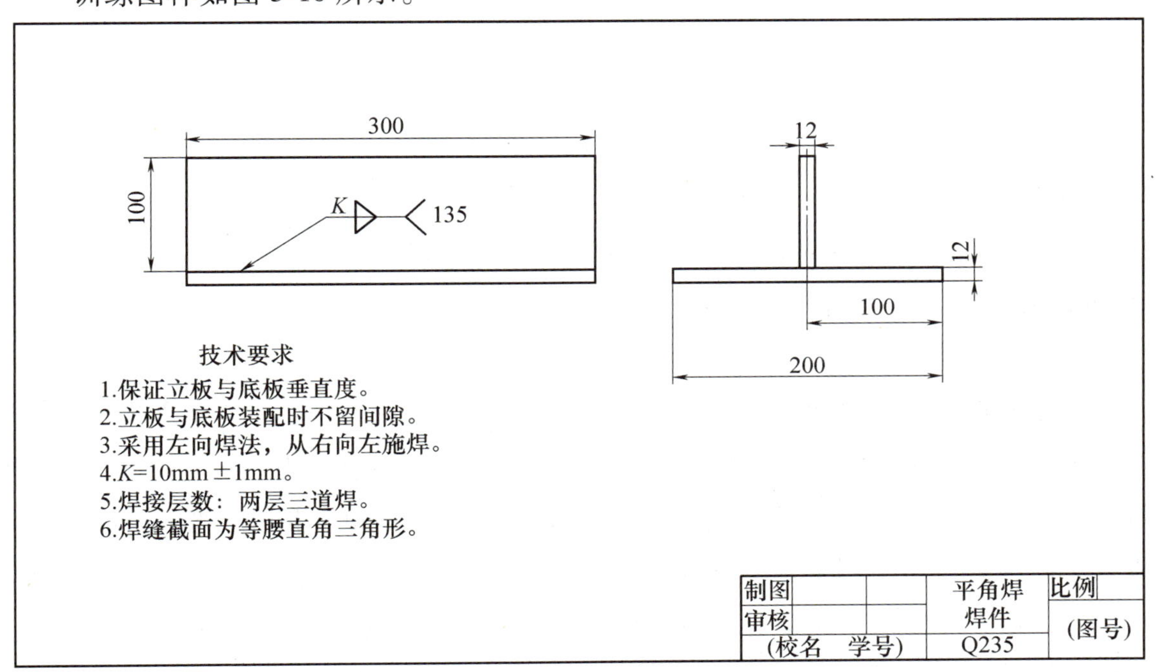
300
100
K
135
12
12
100
200
技术要求
1.保证立板与底板垂直度。
2.立板与底板装配时不留间隙。
3.采用左向焊法，从右向左施焊。
4.K=10mm±1mm。
5.焊接层数：两层三道焊。
6.焊缝截面为等腰直角三角形。
制图
审核
(校名　学号)
平角焊
焊件
Q235
比例
(图号)

图 5-10　平角焊焊件图

二、焊前准备

焊件：Q235 钢板 2 块，底板尺寸 300mm×200mm×12mm，立板尺寸 300mm×100mm×12mm。

焊接电源、焊丝、气体、训练辅助工具、焊前清理与训练一相同。

三、训练指导

此焊缝为非熔透焊缝，由于 T 形接头散热量大，因此需要较大的热输入和焊接电流。焊角尺寸较大，容易产生焊缝下拖及立板咬边，焊缝表面成形难以控制，为此，采用两层三道完成焊缝。第一层打底焊需要较大的焊接电流，以保证根部的熔合。第二层两道盖面焊采用相对较小焊接参数，焊缝两板边缘平滑过渡，确保质量。

焊接参数选择见表 5-9。

表 5-9 焊接参数

焊道层数	焊丝直径/mm	焊接电流/A	电弧电压/V	气体流量/(L/min)	焊丝伸出长度/mm
定位焊	φ1.2	180~200	23~24	12~15	15
打底焊		160~180	21~23	12~15	15
盖面焊 1		150~170	20~22	12~15	15
盖面焊 2		150~170	20~22	12~15	15

1. 装配定位焊

不留装配间隙，保证立板与底板垂直。应在先焊焊缝背面两端进行定位焊，压紧立板，让焊丝末端对准角焊缝根部，引弧进行定位焊，定位焊缝长度 10~15mm。焊枪与底板表面夹角为 45°，与焊接反方向夹角为 70°~80°。

2. 打底焊

采用左向焊法，焊枪中心线与底板表面夹角为 45°，与焊接反方向夹角为 70°~80°，如图 5-11 所示。在距离始焊端 15~20mm 处引燃电弧，迅速回焊到始焊端稍作停留，待根部出现熔池后，采用斜锯齿形向上运枪，稍作停留，当立板边缘处熔池饱满后向下斜锯齿形运枪，如此反复。焊枪在摆动过程中，应先向上摆动、停留后，再斜向下摆动、停留，继续向上摆动。焊枪斜向上摆动幅度应稍小，斜向下摆动斜度应稍大，以保证打底层焊道焊缝成形。焊接过程中双手持枪，保证运枪平稳，焊枪斜锯齿形摆动幅度要均匀一致，保证角焊缝根部熔合良好，注意观察熔池形状，及时调整焊接速度及摆动频率。打底层焊道焊脚尺寸为6~7mm。

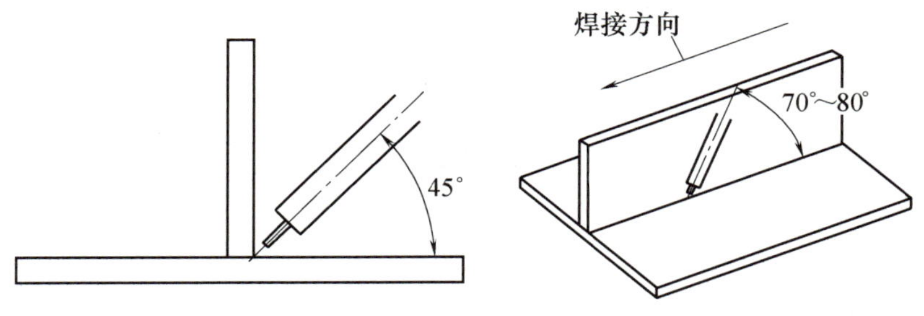

图 5-11　打底焊焊枪角度图

3. 盖面焊 1

焊前认真清理打底层焊道。焊接时，焊枪中心线与底板表面夹角为50°，与焊接反方向夹角为70°~80°。焊丝对准打底层焊道下焊趾，采用小斜圆圈形运枪，焊枪摆动幅度要均匀一致，使熔池的1/3覆盖在底板上，熔池的2/3覆盖在打底层焊道上，保证与底板熔合处平滑过渡。焊接速度要与熔池的形状大小相匹配，保证焊缝成形，使底板焊脚尺寸为9~11mm。

4. 盖面焊 2

焊前认真清理盖面焊1和打底层焊道。

焊接时焊枪中心线与底板表面夹角为40°，与焊接反方向夹角为70°~80°。焊丝对准打底层焊道上焊趾，采用直线往返形运枪，进三退二，前进时速度稍快，退后时熔池应覆盖在先焊熔池2/3处，稍作停留，待熔池饱满后再向前施焊，保证焊波均匀，焊脚尺寸符合要求。熔池下边缘应覆盖在打底层焊道1/3处并与盖面焊1焊道熔合良好，保证焊缝成形为等腰直角三角形，立板焊脚尺寸为9~11mm，如图5-12所示。

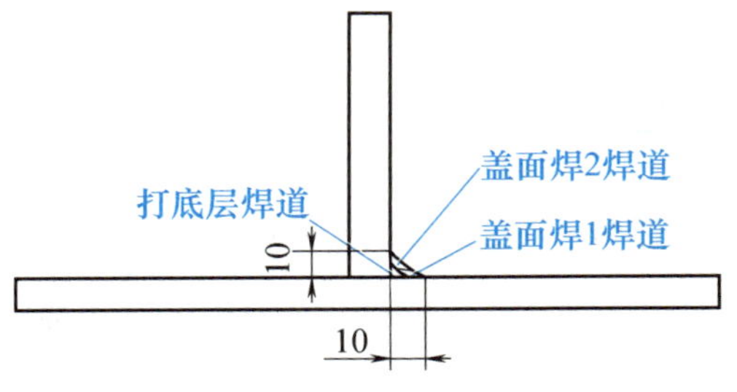

图 5-12　焊脚尺寸及焊道布置

【经验交流】

1）在焊接过程中，应根据熔池温度高低、熔池形状大小及熔合状态，随时调整焊枪角度、焊接速度、摆动幅度、摆动频率等，使各焊道宽度相等，焊趾圆滑过渡，焊道与焊道间熔合良好。

2）在 CO_2 气体保护焊中，焊接电流决定熔深的大小及焊丝的送进速度；电弧电压决定焊缝的宽度及焊丝熔化速度。只有焊接电流与电弧电压匹配时，电弧才能稳定燃烧，焊接质量和生产效率才能得到保障。

训练四 CO_2 气体保护焊——板对接立焊

一、训练图样

CO_2 气体保护焊——对接立焊

训练图样如图 5-13 所示。

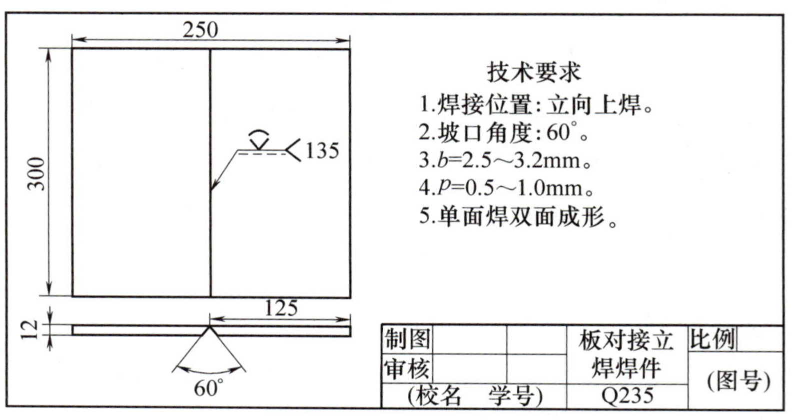

图 5-13 板对接立焊焊件图

二、焊前准备

焊件：Q235 钢板 2 块，尺寸 300mm×125mm×12mm。

焊接电源、焊丝、气体、训练辅助工具、焊前清理与训练一相同。

三、训练指导

立焊焊缝金属液易下淌形成焊瘤，使焊缝正面和背面成形困难，增加了单面焊双面成形的操作难度，因此要正确调节焊接电流与电弧电压，宜采用相对较小的焊接电流和较低的电弧电压，使熔滴过渡形式为短路过渡，焊接速度和焊枪摆动的幅度稍快，使焊缝薄而均匀。

焊接参数选择见表 5-10。

表 5-10　焊接参数

焊接层数	焊丝直径/mm	焊接电流/A	电弧电压/V	气体流量/(L/min)	焊丝伸出长度/mm
打底层	ϕ1.2	90~100	18~19	12~15	10
填充层		120~140	20~22	12~15	15
盖面层		110~120	20~21	12~15	15

1. 装配与定位

在焊件两端坡口内侧 10~15mm 处定位焊，始焊端根部间隙为 2.5mm，终焊端根部间隙为 3.2mm，焊缝长度为 10~15mm，预做反变形 3°，错边量≤1mm。

2. 打底层焊接

检查并清理导电嘴和喷嘴，选择合适的焊接参数，检查送丝是否正常，调整焊枪角度，焊枪中心线与立板表面夹角为 90°，与焊接反方向夹角为 70°~90°，如图 5-14 所示。

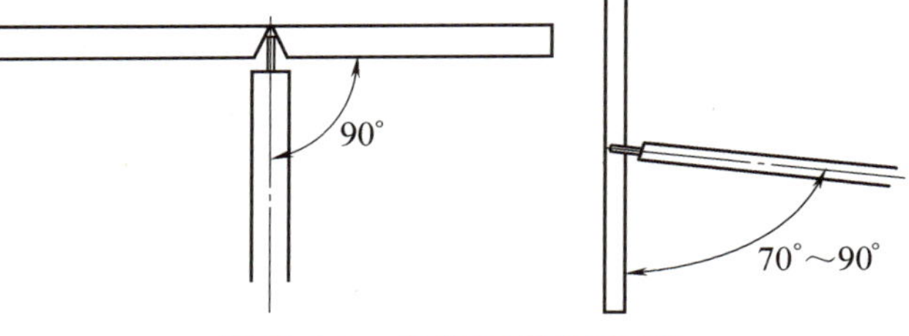

图 5-14　打底层焊枪角度

在焊件始焊端定位焊缝上引弧，以小锯齿形向上摆动焊枪，当电弧移动到定位焊缝与坡口根部连接处时，压低电弧，将坡口根部击穿，产生熔孔后，采用小间距锯齿形左右摆动焊枪施焊，坡口两侧各熔化 0.5~1.0mm 为宜。焊接过程中要控制住熔池形状为略扁的椭圆形，立板两侧熔孔的大小要一致，焊枪左右摆动幅度和速度要均匀一致，焊枪向上移动的间距要均匀一致，以获得良好的焊缝正面和背面成形。当熔池形状变圆变大或熔孔增大时，可适当加快焊枪左右摆动的速度，及时调整熔池及熔孔的形状和大小。

3. 填充层焊接

施焊前将打底层焊道清理干净，焊枪角度与打底层焊接相同。

采用锯齿形或反月牙形摆动焊枪施焊，增大焊枪左右摆动的幅度，熔池形状为上下宽窄一致的扁椭圆形，当电弧移动到坡口两侧时注意停留，保证焊道两侧熔合良好，焊道表面应平整。采用锯齿形运枪焊接填充层应焊两层，各层焊接速度稍快，保持焊道平整。采用反月牙形运枪焊接填充层，因焊道较厚，可一次完成填充层焊接。填充层焊道比坡口棱边低 1.5~2mm，不得破坏坡口棱边，为盖面层焊接打好基础。

4. 盖面层焊接

施焊前将填充层焊道清理干净，焊枪角度与打底层焊接相同。

采用锯齿形摆动焊枪施焊，增大焊枪横向摆动幅度，电弧在坡口两侧棱边应稍作停留，待熔池边缘熔化棱边并填满熔池后左右摆动焊枪施焊，焊枪左右摆动时幅度应均匀一致，停留时间不宜过长，防止盖面层焊缝余高过高。

【经验交流】

1）打底焊时，焊枪以施焊者手腕为中心横向摆动，焊枪左右摆动幅度和速度要均匀一致，焊丝末端始终处在熔池的上边缘，防止穿丝，保证熔池2/3压在焊缝上，熔池1/3熔化坡口棱边形成背面焊缝。

2）焊接过程中应认真观察熔池温度和形状尺寸变化等，及时调整焊枪角度，灵活运弧。各层焊道收弧时应填满弧坑，防止产生弧坑裂纹。

第三节 氩 弧 焊

一、氩弧焊概述

氩弧焊是以氩气作为保护气体的一种气体保护电弧焊方法。

1. 氩弧焊的分类

氩弧焊根据所用的电极材料，可分为钨极（不熔化极）氩弧焊（用TIG表示）和熔化极氩弧焊（用MIG表示）；若在氩弧焊电源中加入脉冲装置，又可分为钨极脉冲氩弧焊和熔化极脉冲氩弧焊。

2. 氩弧焊的特点

（1）焊缝质量较高　由于氩气是惰性气体，并且不溶解于液态金属，因此能保证高温下被焊金属中合金元素不会氧化烧损，有效地保护熔池金属，获得较高的焊接质量。

（2）焊接变形与应力小　由于氩弧焊热量集中，电弧受氩气流的冷却和压缩作用，使热影响区窄，焊接变形和应力小，特别适宜于薄件的焊接。

（3）可焊的材料范围广　几乎所有的金属材料都可进行氩弧焊。通常，多用于焊接不锈钢、铝、铜等非铁金属及其合金，有时还用于焊件的打底焊。

二、钨极氩弧焊

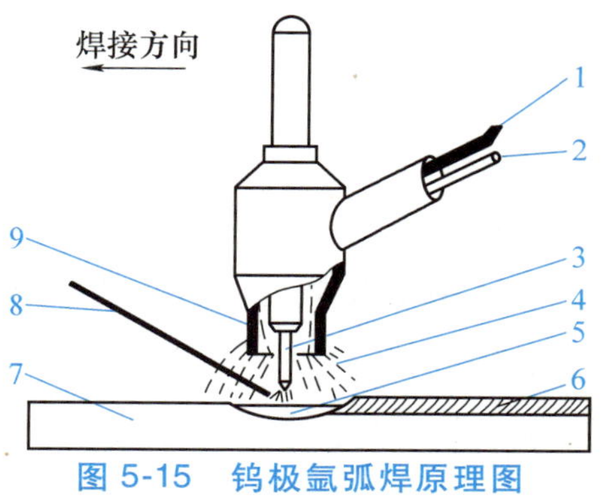

图 5-15 钨极氩弧焊原理图

1—电缆 2—保护气导管 3—钨极 4—保护气体 5—熔池 6—焊缝 7—焊件 8—填充焊丝 9—喷嘴

钨极氩弧焊是使用纯钨或活化钨（钍钨、铈钨）为电极的氩气保护焊，简称 TIG 焊。钨极本身不熔化，只起发射电子产生电弧的作用，故也称非熔化极氩弧焊（或 GTAW），主要适用于薄板焊接或打底层焊接，其原理如图 5-15 所示。

1. 钨极氩弧焊的焊接材料

钨极氩弧焊的焊接材料主要是钨极、氩气和焊丝。

（1）钨极氩弧焊对钨极材料的要求　耐高温，电流容量大，施焊损耗小，还应具有很强的电子发射能力，以保证引弧容易，电弧稳定。常用的钨极有纯钨极、钍钨极和铈钨极三种。

纯钨极（如牌号 W1、W2）要求电源空载电压高，且易烧损；钍钨极（如牌号 WTh-10、WTh-7）电子发射率提高，增大了许用电流范围，降低了空载电压，改善引弧和稳弧性能，但是具有微量放射性。而铈钨极（如牌号 WCe20）克服了纯钨极和钍钨极的缺点，因而应用最广。

为了使用方便，钨极的一端常涂有颜色，以便识别。例如，钍钨极涂红色，铈钨极涂灰色，纯钨极涂绿色。

常用的钨极直径为 ϕ0.5mm、ϕ1.0mm、ϕ1.6mm、ϕ2.5mm、ϕ3.2mm、ϕ4.0mm、ϕ5.0mm 等规格。

（2）氩气　氩气是无色、无味的惰性气体，不与金属起化学反应，也不溶解于金属，且氩气的密度比空气大 25%，使用时气流不易漂浮散失，有利于对焊接区的保护。氩的电离能较高，引燃电弧较困难，故需采用高频引弧及稳弧装置。但氩弧一旦引燃，燃烧就很稳定。

氩弧焊对氩气的纯度要求很高，为保证焊接质量，按我国现行标准规定，其纯度应达到 99.99%。焊接用工业纯氩以瓶装供应，在温度 20℃时满瓶压力为 14.7MPa，容积一般为 40L。氩气钢瓶外表涂灰色，并标有深绿色“氩气”的字样。

（3）焊丝　我国目前尚无专用的钨极氩弧焊焊丝标准，一般选用熔化极气体保护焊用焊丝或焊接用钢丝。焊接低碳钢及低合金钢时，一般按照等强原则选择焊丝；焊接特殊性能及非铁金属时，一般按照成分匹配原则选择焊丝。

2. 钨极氩弧焊设备

钨极氩弧焊设备按操作方式可分为手工钨极氩弧焊焊机和自动钨极氩弧焊焊机。按所用电源类型可分为直流钨极氩弧焊焊机、交流钨极氩弧焊焊机及脉冲钨极氩弧焊焊机三种。目前，常用的手工钨极交流氩弧焊机的型号为WSJ-150、WSJ-300等；手工钨极直流氩弧焊机的型号为WS-250、WS-300和WS-400等；手工交、直流两用的氩弧焊机的型号为WSE-150、WSE-400等；脉冲氩弧焊机的型号为WSM-250、WSM-400等。

手工钨极氩弧焊设备由焊接电源、焊枪、供气系统、水冷系统和控制系统等部分组成，如图5-16所示。

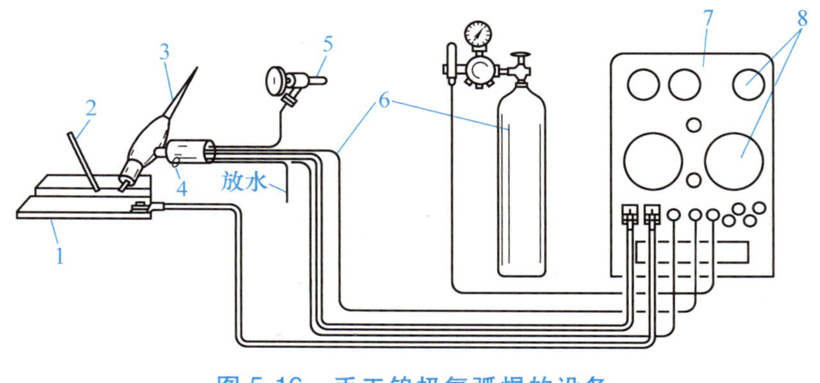

图5-16 手工钨极氩弧焊的设备

1—焊件 2—焊丝 3—焊枪 4—开关 5—水冷系统 6—供气系统 7—焊接电源 8—控制系统

（1）焊接电源 因为钨极氩弧焊的电弧静特性曲线与焊条电弧焊相类似，所以任何具有陡降外特性的弧焊电源（如逆变电源、晶体管电源、弧焊变压器等）都可以用作钨极氩弧焊的电源，只是外特性曲线要求下降更陡些。

（2）焊枪 钨极氩弧焊焊枪的作用是夹持电极、导电和输送氩气流。氩弧焊焊枪分为气冷式（QQ系列）和水冷式（PQI、QS系列）两种。气冷式焊枪结构紧凑、便于操作、价格便宜，但限于小电流（150A）焊接使用；水冷式焊枪适宜大电流和自动焊接使用。

焊枪一般由枪体、喷嘴、钨极夹头、进气管、手柄和按钮开关等组成。典型的PQI-350型TIG焊焊枪如图5-17所示。

（3）供气系统 钨极氩弧焊的供气系统由氩气瓶、氩气流量调节器和电磁气阀组成。氩气流量调节器不仅起到降压和稳压的作用，还可方便地调节氩气流量。电磁气阀是控制气体通断的装置，由延时继电器控制，可起到提前供气和滞后停气的作用。

图 5-17 PQI-350 型 TIG 焊焊枪

（4）水冷系统 如果焊接电流小于 150A，可以不用水冷却。使用的焊接电流在 150A 以上时，必须通水冷却，并以水流开关进行控制。

（5）控制系统 钨极氩弧焊的控制系统是通过控制电路，对供电、供气、引弧与稳弧等各个阶段的动作实现控制，控制程序大体如下：

当按动启动开关时，接通电磁气阀通氩气，经短暂延时后接通主电路，给电极和焊件输送空载电压，接通高频振荡器引燃电弧。电弧建立后，立即切断高频振荡器，即进入正常焊接过程。若为交流钨极氩弧焊机，则在正常焊接之前，还需接通脉冲稳弧器。当焊接停止时，启动关闭开关，焊接电流衰减，经过一段延时后，切断主电源；再经过一段延时后，电磁气阀断开，氩气断路，此时焊接过程结束。

图 5-18 所示为交流手工钨极氩弧焊的控制程序方框图。

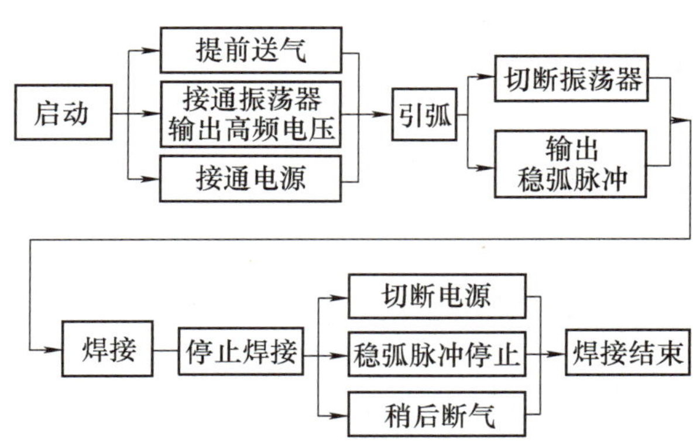

图 5-18 交流手工钨极氩弧焊控制程序方框图

3. 钨极氩弧焊工艺

（1）焊前准备

1）坡口形式。坡口形式及尺寸根据材料类型、板厚来选择。一般情况下，板厚小于 3mm 时，可开 I 形坡口；板厚在 3～12mm 时，可开 V 形或 Y 形坡口。

2）焊前清理。钨极氩弧焊抗气孔能力较弱，因此必须进行严格的焊前清理。

焊前必须将坡口附近 20～30mm 范围内的油污、氧化膜清理干净，清理可用不锈钢丝刷、刮刀或有机溶剂，视焊件尺寸与生产条件而定。

（2）焊接参数的选择 正确地选择焊接参数是获得优质焊接接头的重要保证。

1）电源种类和极性。不同的电源种类和极性具有不同的工艺特点。电源种类和极性可根据焊件材质进行选择。

直流反接：钨极氩弧焊采用直流反接时，电弧空间的正离子，由钨极的阳极区飞向焊件的阴极区，撞击金属熔池表面，将致密难熔的氧化膜击碎，以达到清理氧化膜的目的，这种作用称为“阴极破碎”作用，也称“阴极雾化”，这种作用对焊接铝、镁及其合金有利，如图 5-19a 所示。

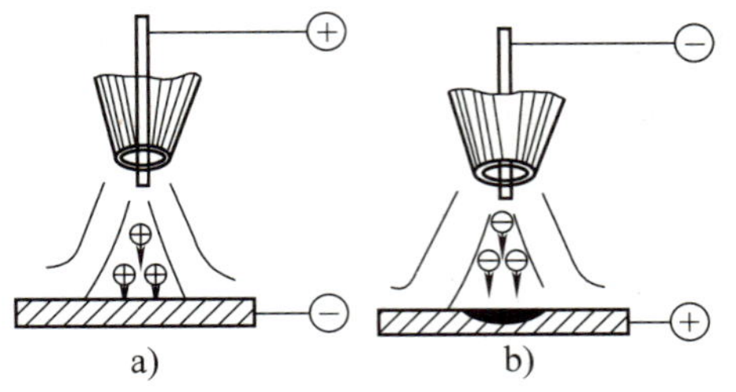

图 5-19 阴极破碎示意图

a）直流反接 b）直流正接

直流反接虽能将被焊金属表面的氧化膜去除，但容易使接正极的钨棒过热而烧损，许用电流小，同时焊件上产生的热量少，因而焊缝厚度较浅，焊接生产率低，所以，钨极氩弧焊一般不采用此法，只有在焊接厚度小于 3mm 的铝、镁及其合金时才使用。

直流正接：钨极氩弧焊采用直流正接时，由于电弧在焊件阳极区产生的热量大于钨极阴极区，致使焊件的焊缝厚度增加，焊接生产率高。而且钨极不易过热与烧损，使钨极的许用电流增大，电子发射能力增强，电弧燃烧稳定性比直流反接时好。但焊件表面是受到比正离子质量小得多的电子撞击，不能去除氧化膜，因此没有“阴极破碎”作用，故适合于焊接表面无致密氧化膜的金属材料，如图 5-19b 所示。

交流钨极氩弧焊：由于交流电极性是不断变化的，因此，交流钨极氩弧焊兼有直流钨极氩弧焊正、反接的优点，既可减少钨极烧损，又可有“阴极破碎”作用，是焊接铝、镁及其合金的最佳方法。

各种材料的电源种类与极性的选用见表 5-11。

表 5-11 电源种类与极性的选用

材料	直流		交流
	正极性	反极性	
铝及铝合金	×	◎	△
铜及铜合金	△	×	◎
铸铁	△	×	◎
低碳钢、低合金钢	△	×	◎
高合金钢、镍及镍合金、不锈钢	△	×	◎
钛合金	△	×	◎

注：△—最佳，◎—可用，×—最差。

2）焊接电流和钨极直径。焊接电流主要根据焊件厚度、钨极直径和焊缝空间位置来选择，钨极直径则根据焊接电流来选择。若焊接电流与钨极直径选配不当，将造成电弧不稳、严重烧损钨极和焊缝夹钨。

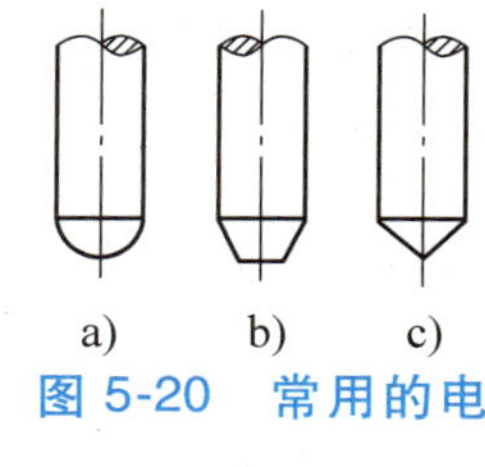

图 5-20　常用的电极端部形状

a）交流　b）直流大电流　c）直流小电流

钨极端部形状对电弧稳定性也有一定影响，交流钨极氩弧焊时，一般将钨极端部磨成圆珠形；直流小电流施焊时，钨极可以磨成尖锥角；直流大电流时，钨极宜磨成平顶锥形。电极端部形状如图 5-20 所示。

3）氩气流量和喷嘴直径。通常焊枪确定之后，喷嘴直径很少改变，而是通过调整氩气流量来增强气体保护效果。喷嘴直径的大小，一般根据钨极直径来选择。对于一定孔径的喷嘴，选用的氩气流量要适当，一般可根据下式计算：

$$q_v = (0.8 \sim 1.2)D$$

式中　q_v——氩气流量（L/min）；

D——喷嘴直径（mm）。

通常氩气流量在 3~20L/min 范围内，喷嘴直径一般为 $\phi5 \sim \phi14$mm。

如果流量过大，不仅浪费，而且容易形成紊流，使空气卷入，对焊接区的保护不利；而流量过小，气流挺度差，降低气体保护效果。流量不合适时，熔池表面有渣，焊缝表面发黑或有氧化皮。不锈钢、铝合金气体保护效果的判定见表 5-12。

表 5-12　不锈钢、铝合金气体保护效果的判定

焊接材料	最好	良好	较好	最差
不锈钢	银白、金黄	蓝色	红灰	黑色
铝合金	银白色	—	—	黑灰色

4）焊接速度。焊接速度通常由焊工根据熔池的大小、形状和焊件熔合情况随时调节。焊速过快，会影响气体保护效果，易产生未焊透等缺陷。焊速过慢，焊缝易咬边和烧穿。

5）电弧电压。电弧电压由电弧长度决定。当电弧电压过高时，气体保护效果变差，易产生未焊透、气孔、焊缝被氧化等缺陷。因此，应尽量采用短弧焊，电弧电压一般为 10~24V。

6）喷嘴至焊件的距离和钨极伸出长度。为防止电弧烧坏喷嘴，保证气体保护效果及便于操作，一般喷嘴至焊件的距离以 8~14mm 为宜；钨极伸出喷嘴的长度

为 3~6mm 较好。

4. 焊接缺陷及防止措施

钨极氩弧焊产生的焊接缺陷，如咬边、烧穿、未焊透、表面成形不良等，与一般电弧焊方法产生的焊接缺陷相似，产生的原因也大体相似。钨极氩弧焊的工艺缺陷、产生原因及防止措施见表 5-13。

表 5-13 钨极氩弧焊的工艺缺陷、产生原因及防止措施

缺陷	产生原因	防止措施
夹钨	(1)接触引弧 (2)钨电极熔化	(1)采用高频振荡器或高压脉冲发生器引弧 (2)减小焊接电流或加大钨极直径，旋紧钨极夹头和减小钨极伸出长度 (3)调换有裂纹或撕裂的钨电极
气保护效果差	氢、氮、空气、水气等有害气体污染	(1)采用纯度为 99.99%(体积分数)的氩气 (2)有足够的提前送气和滞后停气时间 (3)正确连接气管和水管，不可混淆 (4)做好焊前清理工作 (5)正确选择保护气流量、喷嘴尺寸、电极伸出长度等
电弧不稳	(1)焊件上有油污 (2)接头坡口太窄 (3)钨电极污染 (4)钨电极直径过大 (5)弧长过长	(1)做好焊前清理工作 (2)加宽坡口，缩短弧长 (3)去除污染部分 (4)使用正确尺寸的钨电极及夹头 (5)压低喷嘴距离
钨极损耗过多	(1)气保护不好，钨电极氧化 (2)反极性连接 (3)夹头过热 (4)钨极直径过小 (5)停焊时钨电极被氧化	(1)清理喷嘴，缩短喷嘴距离，适当增加氩气流量 (2)增大钨极直径或改为正接法 (3)磨光钨极端头，调换夹头 (4)调大钨极直径 (5)增加滞后停气时间，不少于 1s(10A)

三、熔化极氩弧焊

熔化极氩弧焊是利用氩气或富氩气作为保护介质，采用连续送进可熔化的焊丝，以燃烧于焊丝与焊件间的电弧作为热源的电弧焊，简称 MIG 焊，属于熔化极惰性气体保护焊。熔化极氩弧焊用焊丝作为电极，因而可使用大电流焊接，焊件金属的熔深也大，因此，熔化极氩弧焊特别适用于中等和大厚度的焊件。熔化极氩弧焊工作原理如图 5-21 所示。

1. 熔化极氩弧焊设备

熔化极氩弧焊按操作方式可分为半自动和自动两种。

熔化极氩弧焊设备通常由弧焊电源、供气系统、送丝机构、控制系统、焊枪

及水冷系统等部分组成。自动熔化极氩弧焊设备还配有行走小车或悬臂梁等，送丝机构及焊炬一般安装在小车上或悬臂梁的机头上。熔化极氩弧焊设备如图 5-22 所示。

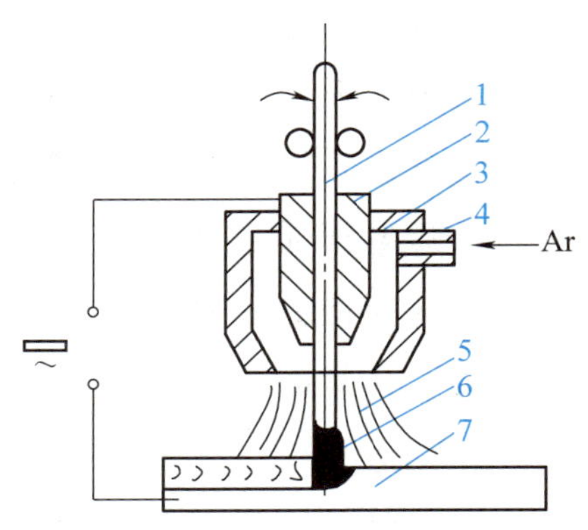

图 5-21　熔化极氩弧焊工作原理

1—焊丝　2—导电嘴　3—喷嘴　4—进气管　5—氩气流　6—电弧　7—焊件

熔化极氩弧焊机自动调节工作原理与埋弧焊基本相同。选用细焊丝时，采用等速送丝系统，配用缓降特性的焊接电源；选用粗焊丝时，采用变速送丝系统，配用陡降特性的焊接电源，以保证自动调节作用及焊接过程稳定性。另外，半自动氩弧焊用细焊丝，而自动氩弧焊大都用粗焊丝。

熔化极氩弧焊的送丝系统与 CO_2 气体保护焊送丝系统相同。半自动氩弧焊的焊枪送丝方式和半自动 CO_2 气体保护焊焊枪相同。熔化极氩弧焊供气系统与钨极氩弧焊供气系统相同。

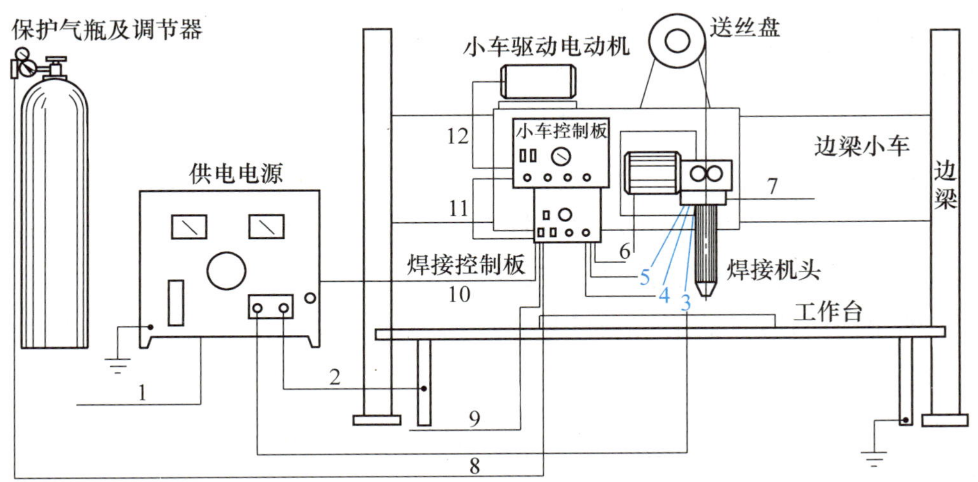

图 5-22　熔化极氩弧焊设备示意图

1—电源输入　2—焊件插头及连接　3—供电电缆　4—保护气输入　5—冷却水输入　6—送丝控制输入　7—冷却水输出　8—输入到焊接控制箱的保护气　9—输入到焊接控制箱的冷却水　10—输入到焊接控制箱的 220V 交流电路　11—输入到小车控制箱的 220V 交流电路　12—小车电动机控制输入

2. 熔化极氩弧焊的焊接参数

熔化极氩弧焊的焊接参数主要有：焊丝直径、焊接电流、电弧电压、焊接速度、喷嘴直径、氩气流量。

熔化极氩弧焊若采用短路过渡或颗粒状过渡焊接，飞溅严重，电弧复燃困难，容易产生焊接缺陷，所以熔化极氩弧焊熔滴过渡一般多采用射流过渡的形式。焊接电流和电弧电压是获得射流过渡形式的关键，一般焊接电流应大于临界电流值，电弧电压选择得低一些，可使熔滴呈现稳定的射流过渡形式。熔化极氩弧焊采用直流反接，这是因为直流反接易实现喷射过渡，飞溅少，并且还可发挥“阴极破碎”作用。

由于熔化极氩弧焊对熔池和电弧区的保护要求较高，而且电弧功率及熔池体积一般较钨极氩弧焊时大，因此氩气流量和喷嘴孔径要相应增大，通常喷嘴孔径为20mm左右，氩气流量在30~60L/min范围内。

四、脉冲氩弧焊

脉冲氩弧焊有脉冲钨极氩弧焊和脉冲熔化极氩弧焊两种。

1. 脉冲钨极氩弧焊

脉冲钨极氩弧焊是在普通钨极氩弧焊基础上采用可控的脉冲电流取代连续电流发展起来的。脉冲钨极氩弧焊具有如下工艺特点：

1）当电流较小时，一般钨极氩弧焊易飘弧，而脉冲钨极氩弧焊的电弧挺度好，稳定性好。

2）焊接线能量低，脉冲电弧对焊件的加热集中，热效率高，能精确地控制焊接热输入，有利于减小热影响区及焊接变形。

3）能精确控制熔池的形状和尺寸，焊接熔池凝固速度快，可以提高焊缝抗烧穿和熔池的保持能力，易于控制焊缝成形。

4）脉冲钨极氩弧焊焊缝由焊点相互重叠而成，后续焊点的热循环对前一焊点具有正火处理作用，且熔池的冷却速度快，高温停留时间短，这些使得脉冲焊缝的性能得以改善，可以减小热敏感材料产生裂纹的倾向。

脉冲钨极氩弧焊特别适合于薄板（薄至0.1mm）、热敏感材料以及难焊材料的焊接。还特别适合于全位置焊、单面焊双面成形、打底焊，以及导热性强或厚度差别大的焊接结构件。脉冲技术在钨极氩弧焊中的应用使钨极氩弧焊工艺更加完善，现已成为一种高效、优质、经济和节能的先进焊接工艺。

2. 脉冲熔化极氩弧焊

脉冲熔化极氩弧焊是使用熔化电极，利用基值电流保持主电弧的电离通道，并周期性地加一同极性高峰值脉冲电流产生脉冲电弧来熔化金属并控制熔滴过渡的氩弧焊。这种方法是利用周期性变化的电流进行焊接，其主要目的是控制焊丝熔化及熔滴过渡，并控制对焊件的热输入。

脉冲熔化极氩弧焊是一种高效、优质、经济、节能、先进的焊接方法，特别是对一些过去被认为难焊的热敏感高的材料，难于施焊的空间位置的焊接，如全位置焊、窄间隙焊以及要求单面焊双面成形的管件、薄件等，目前在一些重要的焊接结构或对焊接质量要求很高的场合下被广泛应用。

脉冲熔化极氩弧焊所用的焊接设备复杂，成本较高，焊接时需调节的焊接参数较多，因此对操作人员的技术水平要求较高。

第四节　熔化极活性混合气体保护焊

随着熔化极氩弧焊应用范围的扩大，仅仅使用纯氩保护常常不能得到满意的结果。例如，采用纯氩作为保护气体焊接低碳钢、低合金结构钢以及不锈钢时，会出现电弧不稳和熔滴过渡不良等现象，使焊接过程很难正常进行。通过研究发现，在氩气中加入一定比例的其他某种气体，可以克服纯氩弧焊和 CO_2 气体保护焊的一些缺点，具有电弧稳定、飞溅少、熔敷效率高、控制焊缝冶金质量、焊缝成形好等优点。在惰性气体氩（Ar）中加入一定量的活性气体（如 O_2、CO_2 等）作为保护气体的熔化极气体保护焊方法，即熔化极活性混合气体保护焊，又常称为富氩混合气体保护焊，简称 MAG 焊。目前，以混合气体为保护气体得到了十分广泛地应用。

一、混合气体保护焊的设备

混合气体保护焊的设备与 CO_2 气体保护焊的设备类似，只是在 CO_2 气体保护焊的设备中加入了混合气体配比器。现在，瓶装的 Ar、CO_2 混合气体在市场上已有供应，使用很方便。

二、混合气体的种类及应用

1. 氩气+氦气（Ar+He）

氦气与氩气均为惰性气体，在氩气中以一定的配比加入氦气后，可实现稳定的轴向射流过渡，又提高电弧温度，使焊件熔透深度增加，飞溅减少，焊缝成形得到改善。

2. 氩气+氮气（$Ar+N_2$）

这种混合气体主要用于焊接具有高热导率的铜及铜合金。采用 Ar(80%)+N_2(20%)混合气体焊接铜及铜合金时，往往可降低焊前的预热温度。但会导致射流过渡熔滴变粗，会产生飞溅，还伴有一定的烟尘，焊缝表面较粗糙，外观不如采用 Ar+He 混合气体保护时好。

当采用 Ar(99%~96%)+N_2(1%~4%) 混合气体焊接奥氏体不锈钢时，对提高电弧的刚直性及改善焊缝成形有一定的效果。

3. 氩气+氧气（$Ar+O_2$）

用纯氩焊接不锈钢、低碳钢及低合金结构钢时，经常会出现一些问题，如熔滴过渡过程不够稳定，出现所谓的“阴极漂移”现象（即阴极斑点在焊件表面漂移不定）等，导致电弧稳定性较差，焊缝成形不规则，易产生咬边、未熔合、气孔、蘑菇指状熔深等缺陷。实践表明，在氩气中加入体积分数为 1%~5%的 O_2，上述两种情况即可得到明显的改善。另外，在纯氩中加入少量的氧化性气体，对于防止或消除焊缝中的氢气孔是很有效的。

4. 氩气+二氧化碳气体（$Ar+CO_2$）

$Ar+CO_2$ 混合气体广泛用于碳钢和低合金结构钢的焊接。为实现射流过渡，氩气中加入 CO_2 的比例以 5%~30%为宜。在此混合比例下，也可实现脉冲射流过渡以及进行短路过渡。当 CO_2 混合比例大于 30%时，常用于钢材的短路过渡焊接，以获得较大的熔深和较小的飞溅。

另外，还可以用 $Ar+CO_2$ 混合气体焊接耐蚀性要求较低的不锈钢工件，但 CO_2 的加入比例不能超过 5%。

5. 氩气+二氧化碳气体+氧气（$Ar+CO_2+O_2$）

试验证明，Ar(80%)+CO_2(15%)+O_2(5%) 的混合气体对于焊接低碳钢、低合金结构钢是最适宜的。无论焊缝成形、接头质量、金属熔滴过渡和电弧稳定性方面都可获得满意的结果，较之用其他混合气体获得的焊缝都要理想。

随着科学技术的发展，为实现高效、优质、低成本的焊接方法，目前，在普通的气体保护焊的基础上，又发展应用了一些特种气体保护焊，如 CO_2 电弧点焊、热丝钨极氩弧焊、窄间隙熔化极氩弧焊、TIME 焊等。

【操作示例】

训练一　TIG焊——平敷焊

一、训练图样

训练图样如图5-23所示。

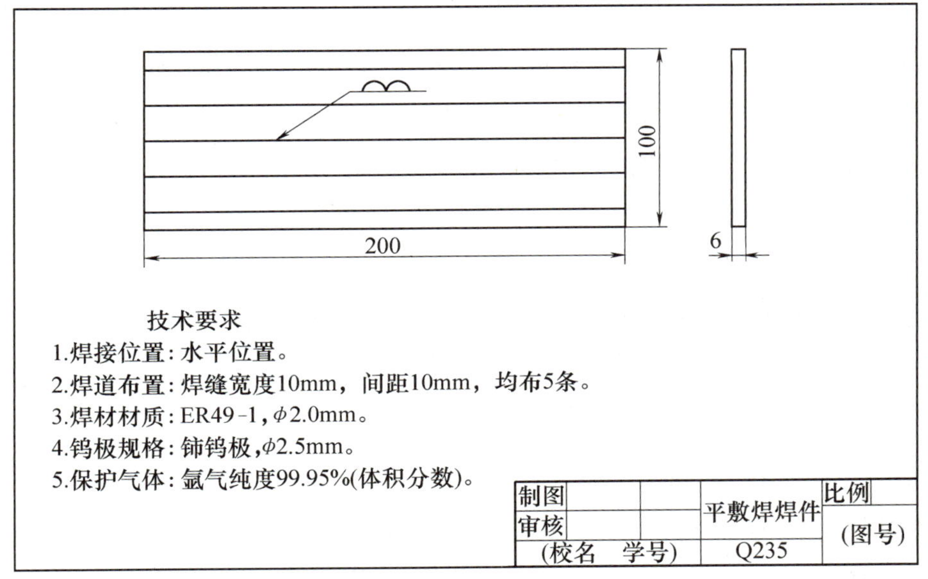

100
200
6
技术要求
1.焊接位置：水平位置。
2.焊道布置：焊缝宽度10mm，间距10mm，均布5条。
3.焊材材质：ER49-1，ϕ2.0mm。
4.钨极规格：铈钨极，ϕ2.5mm。
5.保护气体：氩气纯度99.95%(体积分数)。
制图
审核
(校名　学号)
平敷焊焊件
Q235
比例
(图号)

图5-23　平敷焊焊件图

二、焊前准备

（1）焊件　Q235钢板，尺寸为200mm×100mm×6mm，检查钢板，并把待焊区域20mm内进行清理。

（2）焊机　WS-300型直流或WSM-300型直流脉冲钨极氩弧焊机，直流正接。

（3）焊丝及氩气　选用J50（ER50-6），直径为ϕ2.0mm的焊丝，纯度为99.95%（体积分数）的氩气。

（4）钨极　选用ϕ2.5mm的铈钨极，修磨钨极端部成30°圆锥角，并修磨直径ϕ0.5mm小平台。为延长钨极使用时间，尽量使磨削纹路如图5-24所示。

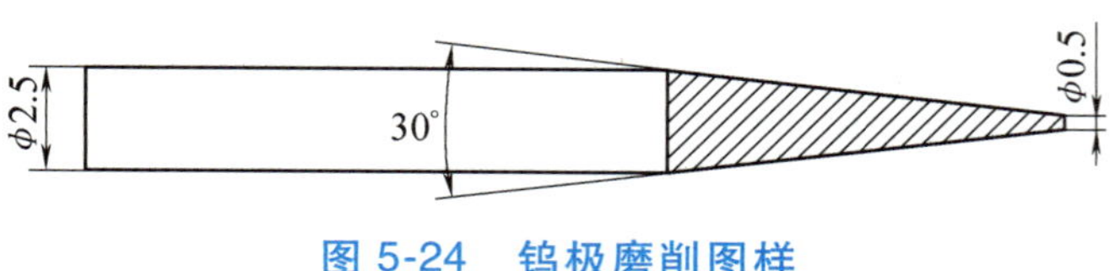

图 5-24 钨极磨削图样

（5）其他辅件 工作服、焊工手套、护脚、面罩、钢丝刷、锉刀、角向磨光机和焊缝量尺等。（后面氩弧焊的焊接电源、焊件清理、训练辅助工具与此相同，不再赘述。）

三、训练指导

平敷焊作为TIG氩弧焊基础训练，主要学习TIG焊的设备、工具的使用，训练TIG焊的基本运弧技能、送丝技能、观察和控制熔池温度的技能，学会左右手的配合协调技能。氩弧焊电弧集中，电流密度大，要求操作者运弧稳定；氩弧焊没有脱氧、脱硫能力，所以对油、锈非常敏感，需对焊件进行认真的打磨处理。

焊接参数选择见表5-14。

表 5-14 平敷焊焊接参数

电源极性	钨极直径/mm	钨极伸出长度/mm	焊丝直径/mm	焊接电流/A	喷嘴直径/mm	氩气流量/(L/min)
直流正接	2.5	5~8	2.0	90~100	10~12	8~10

1. 装配

先在焊件上用划针每间隔10mm划上1条直线，作为焊缝宽度及焊缝方向的参考线。钨极氩弧焊一般采用左向焊法。起动焊机，选择高频引弧方式，调节焊接电流，调整钨极伸出长度5~6mm，打开氩气瓶阀门，调整保护气体流量。

2. 引弧焊接

在焊件右端约20mm处，钨极端部离开焊件2~3mm，此时焊枪与焊件表面夹角为90°，与焊接反方向夹角为75°~85°，焊丝与焊接方向夹角为10°~15°，如图5-25所示。

（1）持枪姿势 平敷焊时持枪的姿势如图5-26所示。

（2）焊丝送进方法 焊丝的填充一般采用断续点滴填充法。焊丝送进方法有以下两种：

一种是以左手的拇指、食指捏住焊丝，并用中指和虎口配合托住焊丝，使

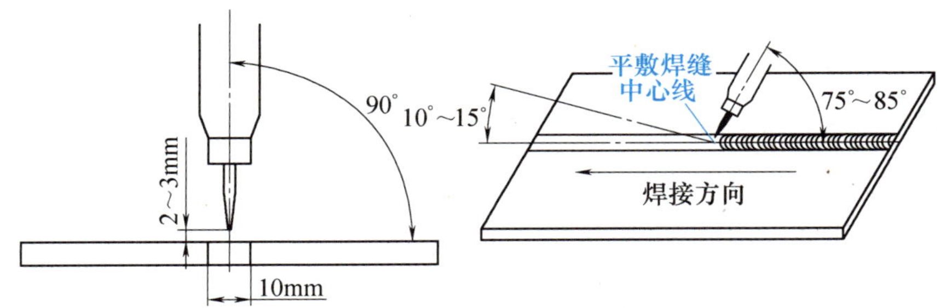

图 5-25　平敷焊焊枪图

其置于便于操作的部位。需要送丝时，将弯曲的拇指和食指伸直，捏住焊丝，如图 5-27a 所示，即可将焊丝稳稳地送入焊接区，然后借助中指和虎口托住焊丝，迅速弯曲拇指、食指，向上倒换捏住焊丝，如图 5-27b 所示，如此反复地填充焊丝。

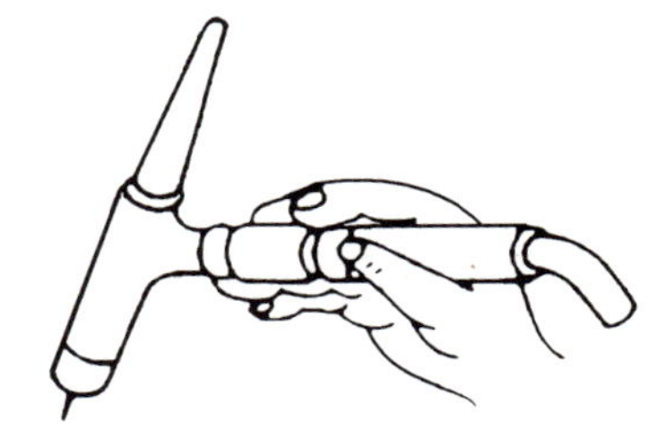

图 5-26　平敷焊时持枪的姿势

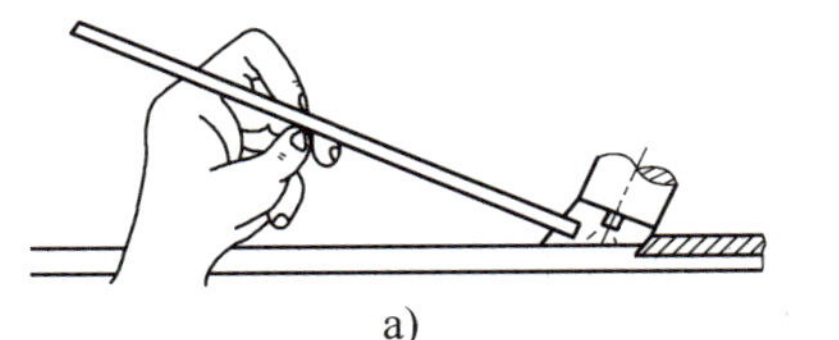

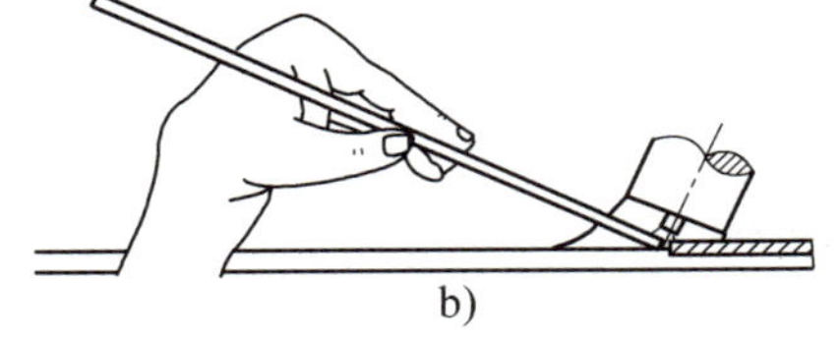

图 5-27　焊丝送进方法（一）

另一种方法是按照如图 5-28 所示夹持焊丝，用左手的拇指、食指、中指动作配合，进行送丝，用无名指和小手指夹住焊丝控制方向，靠手臂和手腕的上、下反复动作，将焊丝端部的熔滴送入熔池。全位置焊接时多用此法。

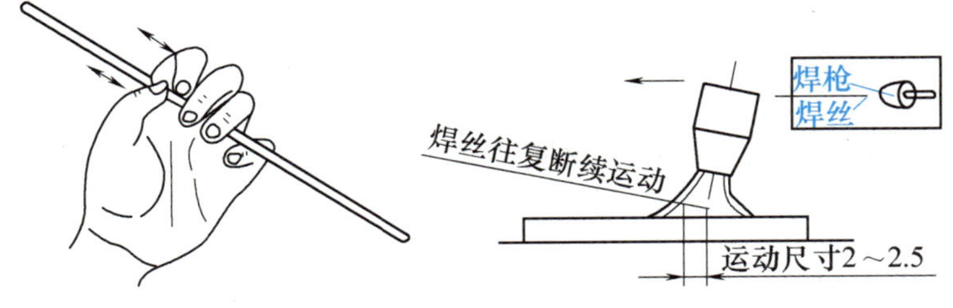

图 5-28　焊丝送进方法（二）

（3）焊接　按动焊枪开关引燃电弧。稍微拉长电弧向右端移动，在最右端停顿，并调整电弧长度约 2mm，同时，借助电弧热，左手将焊丝送到电弧保护区域预热焊丝；待电弧下面的局部母材熔化形成熔池，将预热的焊丝送到熔池内，在电弧热和熔池热量的作用下焊丝端部熔化，拉起焊丝退出熔池，小幅度横向摆动焊枪，带动熔池移动；待形成新的熔池，再送入焊丝。

氩弧焊电弧不能跳动，运弧要平稳，电弧摆动和焊丝送进交叉进行，焊丝应沿焊丝轴线送进和退出，焊丝送进时，要到熔池前1/3的地方；焊丝退出时，焊丝的红热端部不能离开氩弧保护区域，以避免其在空气中氧化。电弧摆动幅度不宜过大、过快，要求熔池饱满后再摆动，焊缝宽度约10mm。

电弧离开熔池中心时，焊丝送进，如图5-29所示；电弧移向中心时，焊丝退出，如图5-30所示，如此反复操作。

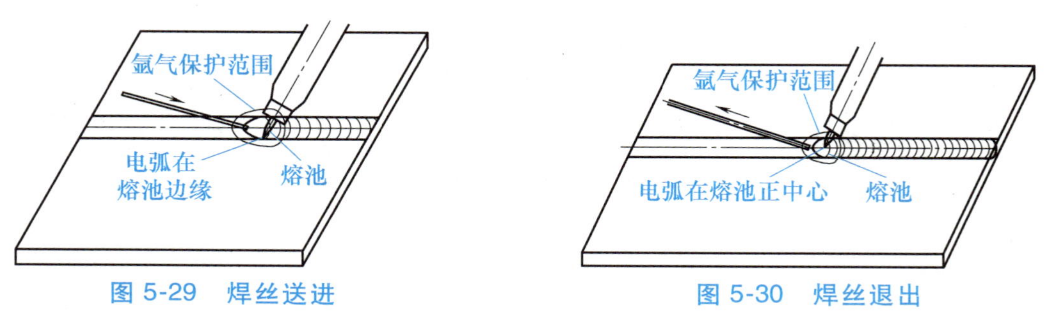

图5-29 焊丝送进　　图5-30 焊丝退出

3. 停弧收弧

因故需要停弧时，焊接电流逐渐减小，可加快电弧移动速度，不加焊丝，让熔池逐渐缩减，降低熔池温度，然后再熄弧，待熔池完全冷却，再移开焊枪喷嘴。

4. 焊缝连接

氩弧焊接头较容易，在熄弧处引引燃电弧，回移到停填焊丝处，稍作停顿，待重新形成熔池，再添加焊丝，转入正常焊接。

5. 收尾

当焊接到焊缝收尾处时，应多加焊丝，待熔池饱满，快速回移电弧，缩减熔池，降低熔池温度，然后再熄弧，待熔池完全冷却，再移开焊枪喷嘴。

当焊接第二道焊缝时，要用钢丝刷重新清理焊件，使其露出金属光泽。

6. 焊后清理检查

练习结束后，首先关闭氩气瓶阀门，点动焊枪开关，或点动焊机面板焊接检气开关，放掉减压器里面的余气，然后关闭焊接电源，用钢丝刷清理焊缝表面，并清理操作现场。用肉眼或低倍放大镜检查焊缝表面是否有气孔、裂纹、咬边等缺陷；用焊缝量尺测量焊缝外观成形尺寸。（后面的焊后清理检查与此相同，不再赘述。）

【经验交流】

1）钨极磨削时应避免头部太尖锐，否则容易烧损，使焊缝夹钨，造成缺陷。

2）焊接中注意观察熔池的颜色变化，当熔池变为白亮时，说明熔池温度过高，应多加焊丝以降低熔池温度；若熔池变暗或缩小，应减缓电弧前移速度，减少焊丝送给。

3）手工钨极氩弧焊是双手同时操作，这一点有别于焊条电弧焊。操作时，双手配合协调尤其重要。因此，应加强基本功训练。

训练二 TIG 焊——平对接焊（I 型坡口）

一、训练图样

训练图样如图 5-31 所示。

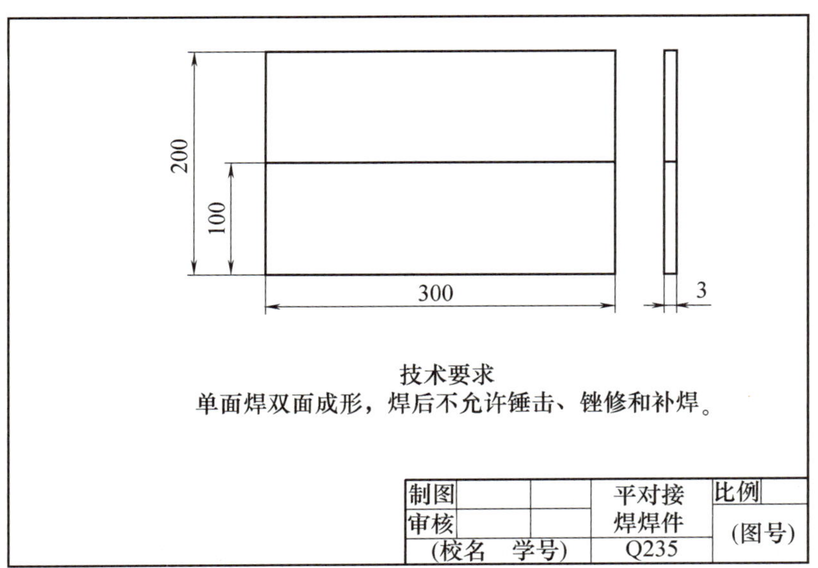

图 5-31 平对接焊焊件图

二、焊前准备

（1）焊件 Q235 钢板 2 块，尺寸为 300mm×100mm×3mm。

（2）焊机 WS-300型直流或WSM-300型直流脉冲钨极氩弧焊机，直流正接。

（3）焊丝及氩气 ER50-6（J50），直径为ϕ2.5mm的焊丝，纯度为99.95%（体积分数）的氩气。

（4）钨极 选用ϕ2.5mm的铈钨极，修磨钨极端部成30°圆锥角，并修磨直径ϕ0.5mm小平台。

三、训练指导

平敷焊焊缝置于水平悬空况态，采用左向焊法时，可以清晰地观察到坡口根部的熔化状态，操作方便。但液态金属受重力影响，坡口根部易烧穿，焊缝背面淤高易过大，严重时产生下坠，甚至产生焊瘤。

焊接参数选择见表5-15。

表5-15 焊接参数

焊接层次	钨极直径/mm	喷嘴直径/mm	焊接电流/A	氩气流量/(L/min)	钨极伸出长度/mm	焊丝直径/mm
打底焊	ϕ2.5	8~12	70~90	8~12	5~6	2.0
盖面焊	ϕ2.5	8~12	100~120	10~14	5~6	2.0

1. 装配及定位焊

焊件装配时应保证两板对接处齐平，间隙要均匀。手工钨极氩弧焊通常采用左向焊法，故将焊件装配间隙大端放在左侧。定位焊后，将焊点接头端预先打磨成斜坡。装配与定位参数见表5-16。

表5-16 装配与定位参数

坡口形式	装配间隙/mm	钝边/mm	反变形	错边量/mm
I形坡口	1.2~2.0	0	≤3°	≤0.6

2. 引弧

在焊件右端定位焊缝上引弧。引弧时采用较长的电弧（弧长约为4~7mm），引弧后预热引弧处，当定位焊缝左端形成熔池并出现熔孔后开始送丝。

3. 打底焊

打底焊采用左焊法。

（1）焊枪、焊件与焊丝的相对位置 如图5-32所示。

（2）焊丝送进 起焊时，将稳定燃烧的电弧移向定位焊缝的边缘，用焊丝迅速触及焊接部位进行试探，当感到该部位变软并开始熔化时，立即填加焊丝，采用断续点滴填充法，同时，焊枪向前作微微摆动。

焊接过程中，若焊件间隙变小时，则应停止填丝，将电弧压低 1～2mm，直接进行击穿；当间隙增大时，应快速向熔池填加焊丝，然后向前移动焊枪。

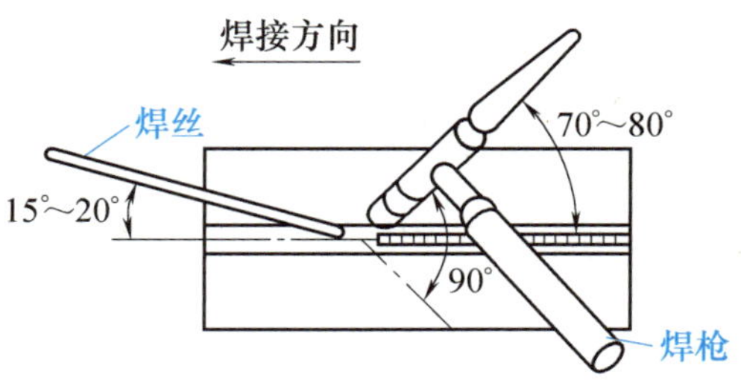

图 5-32 焊丝、焊枪与焊件的相对位置

（3）连接 当需要更换焊丝或暂停焊接时，应松开焊枪上按钮开关（使用接触引弧焊枪时，立即将电弧移至坡口边缘上快速灭弧），停止送丝，借焊机电流衰减熄弧，但焊枪仍需对准熔池进行保护，待其完全冷却后方能移开焊枪。若焊机无电流衰减功能，应在松开按钮开关后稍抬高焊枪，待电弧熄灭、熔池完全冷却后移开焊枪。进行接头前，应先检查接头熄弧处弧坑质量。如果无氧化物等缺陷，则可直接进行接头焊接；如果有缺陷，则必须将缺陷修磨掉，并将其前端打磨成斜面，然后在弧坑右侧 15～20mm 处引弧，缓慢向左移动，待弧坑处开始熔化并形成熔池和熔孔后，再进行填丝焊接。

4. 盖面焊

盖面层焊接应适当加大焊接电流，可选择比打底层焊接时稍大些的钨极直径及焊丝。操作时，焊丝与焊件间的角度尽量减小，焊枪作小锯齿形横向摆动。

5. 收弧

当焊至焊件末端时，应减小焊枪与焊件夹角，使热量集中在焊丝上，加大焊丝熔化量，或多送几滴熔滴，以填满弧坑。切断控制开关，焊接电流将逐渐减小，熔池也随着减小，将焊丝抽离电弧（但不离开氩气保护区）。停弧后，氩气延时约 10s 关闭，从而防止熔池金属在高温下氧化。

【经验交流】

如果焊接过程中，焊丝与钨极相触碰，发生瞬间短路造成焊缝污染和夹钨，应立即停止焊接，用砂轮磨掉被污染处，直至露出金属光泽。被污染的钨极需重新磨尖后，方可继续施焊。

打底焊时，应尽量采用短弧焊接，填丝量要少，焊枪尽可能不摆动，当焊件间隙较小时，可直接进行击穿焊接；如果定位焊缝有缺陷，必须将缺陷磨掉，不允许用重熔的办法来处理定位焊缝上的缺陷。盖面焊时，填充焊丝要均匀，快慢适当。填充过快则焊缝余高大；过慢则焊缝会出现下凹和咬边。

训练三 TIG焊——板对接立焊（V形坡口）

TIG焊——
对接立焊

一、训练图样

训练图样如图5-33所示。

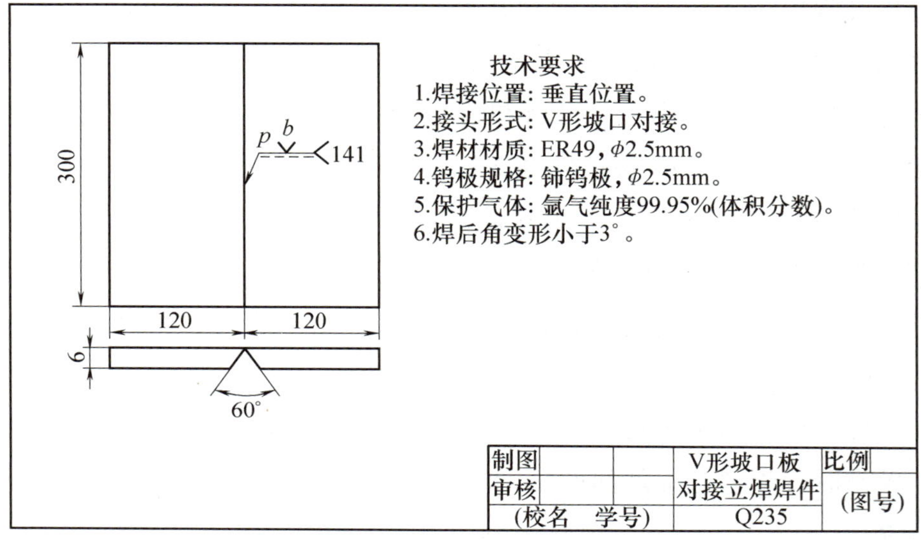

技术要求
1.焊接位置：垂直位置。
2.接头形式：V形坡口对接。
3.焊材材质：ER49，ϕ2.5mm。
4.钨极规格：铈钨极，ϕ2.5mm。
5.保护气体：氩气纯度99.95%(体积分数)。
6.焊后角变形小于3°。
300
120
120
6
60°
p
b
141
制图
审核
(校名 学号)
V形坡口板对接立焊焊件
Q235
比例
(图号)

图5-33 立焊焊件图

二、焊前准备

（1）焊件 Q235钢板，尺寸为300mm×120mm×6mm，30°V形坡口，每组两块。检查钢板，并把待焊区域20mm内进行清理。

（2）焊机 WS-300型直流或WSM-300型直流脉冲钨极氩弧焊机，直流正接。

（3）焊丝及氩气 选用J50（ER50-6），直径为ϕ2.0mm的焊丝，纯度为99.95%（体积分数）的氩气。

（4）钨极 选用ϕ2.5mm的铈钨极，修磨钨极端部成30°圆锥角，并修磨直径ϕ0.5mm小平台。

三、训练指导

钨极氩弧焊立焊难度比平焊大，焊缝处于垂直位置，熔池金属易下坠，焊缝成形不好，易出现焊瘤和咬边。操作过程中应随时调整焊枪，避免铁液下流，通过焊枪移动与送丝的协调配合，以获得良好的焊缝成形。立对接打底层焊接时，焊枪工作角度为45°，前进角为100°~120°，以利用电弧吹力的作用，克服熔池下坠的影响。

焊接层次为三层三道焊，焊接参数选择见表5-17。

表5-17　V形坡口板对接立焊焊接参数

焊接层次	焊接电流/A	焊丝直径/mm	钨极直径/mm	气体流量/(L/min)	钨极伸出长度/mm	喷嘴直径/mm	喷嘴到焊件距离/mm
打底层	85~90	2.5	2.5	7~9	4~6	8	≤10
填充层	95~105						
盖面层	95~105						

1. 焊件装配

定位焊缝位于焊件两端，定位焊缝长度≤15mm。装配定位时应防止错边，焊件的装配尺寸见表5-18。

表5-18　焊件的装配尺寸

根部间隙/mm	钝边/mm	反变形	错边量/mm
始焊端3.0	0.5	3°	≤0.6
终焊端4.0	0.5	3°	≤0.6

2. 焊接操作要点

(1) 焊枪及焊丝角度　立焊操作时，焊工要以大臂带动小臂并以肘关节为支点，腕关节作小幅度左右摆动，钨极端部距离熔池高度2~3mm为宜。

焊枪、焊丝的角度如图5-34所示。

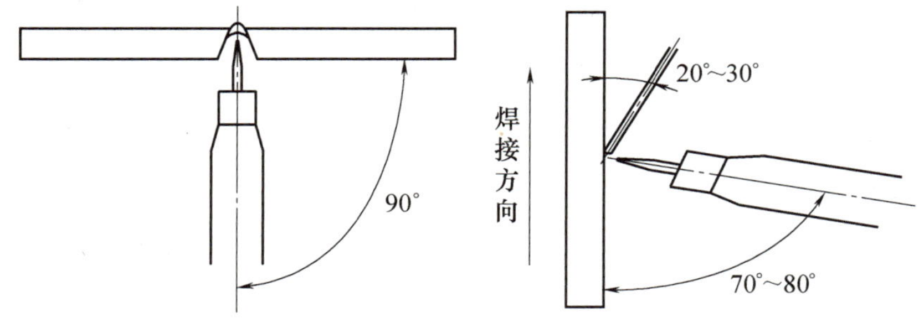

图5-34　焊枪角度图

(2) 打底层的焊接　首先在焊件下端定位焊缝上引燃电弧并移至预先打磨出的斜坡处，等熔池基本形成后，再向后压1~2个波纹，接头起点不加或少加焊丝，当出现熔孔后，即可转入正常焊接。根据根部间隙大小，焊枪可直线向上或作小幅度左右摆动向上施焊。焊接过程中随时观察熔孔大小。

打底层施焊采用断续送丝。为保证背面焊缝成形饱满，焊丝应贴着坡口沿焊缝的上部，均匀、有节奏地送进。送丝过程中，当焊丝送入熔池时，电弧已把焊丝端部熔化，应将焊丝端头轻轻挑向坡口根部，使背面焊缝成形饱满，接着开始第二个送丝动作，直至焊完打底层焊缝。焊丝向坡口根部挑多大的距离，视背面焊缝的余高而定。若向坡口根部挑得过多，会使背面焊缝余高过高，一般背面焊缝的余高为0.5~1.5mm。

当焊丝用完或因其他原因暂时停止施焊时，需要收弧和接头，收弧和接头方法与对接平焊相同。

为防止收弧时产生弧坑裂纹和缩孔，应利用电流衰减控制功能逐渐降低熔池温度，然后将熔池由慢变快引至一侧的坡口面上，以逐渐减小熔深，并在最后熄弧时，保持焊枪不动，延长氩气对弧坑的保护。如果焊机上没有电流衰减控制功能，则应在收弧处慢慢抬起焊枪，并减小焊枪倾角，加大焊丝熔化量，待弧坑填满后再切断电源。

（3）填充层的焊接　焊接填充层的电流比打底层电流稍大。焊接时焊接方向仍是自下而上，焊丝、焊枪与焊件的夹角与焊接打底层时相同。施焊时焊丝端头轻擦打底层焊缝表面，均匀地向熔池送进。由于填充层坡口变宽，焊枪应作锯齿形或月牙形向上摆动，摆动幅度比施焊打底层时要大，在坡口两侧稍作停留，使打底层可能存在的非金属夹渣物浮出填充层表面，但不能破坏坡口棱边，否则盖面层焊接将失去基准，同时也应避免焊缝出现凸形。

填充层焊道接头应与打底层焊道接头错开30~50mm，接头时应在弧坑前10mm左右引燃电弧，并慢慢移动焊枪到弧坑处时，加入少量焊丝，焊枪稍作停留，形成熔池后，转入正常的焊接。

填充层焊道应均匀平整，比焊件表面低1~1.5mm，保证坡口边缘为原始状态，为施焊盖面层做好准备。

（4）盖面层的焊接　施焊盖面层时，焊枪摆动方法与施焊填充层时相同，摆幅应进一步加大，并在焊道边缘稍作停留，熔池两侧熔化坡口边缘0.5~1.5mm。

盖面层焊道接头应与填充层焊道接头错开30~50mm，接头方法与填充层一样。

【经验交流】

1）打底层施焊运枪过程中，若发现熔孔不明显，应暂停送丝，待出现熔孔后再送丝，以避免产生未焊透；若熔孔过大、熔池有下坠现象，则应利用电流衰减功能来控制熔池温度，以减小熔孔，避免背面焊缝过高。

2）焊丝与焊枪的动作要配合协调，添加焊丝要均匀，要有规律地同步移动，保持熔池大小一致，注意压低电弧，调整焊接速度、送丝速度及焊枪角度，控制熔池的形状，保持熔池外沿近椭圆形，防止熔池金属下坠，确保焊缝质量。

训练四　TIG 焊——管对接水平固定焊

一、训练图样

TIG 焊——小直径管水平固定焊

训练图样如图 5-35 所示。

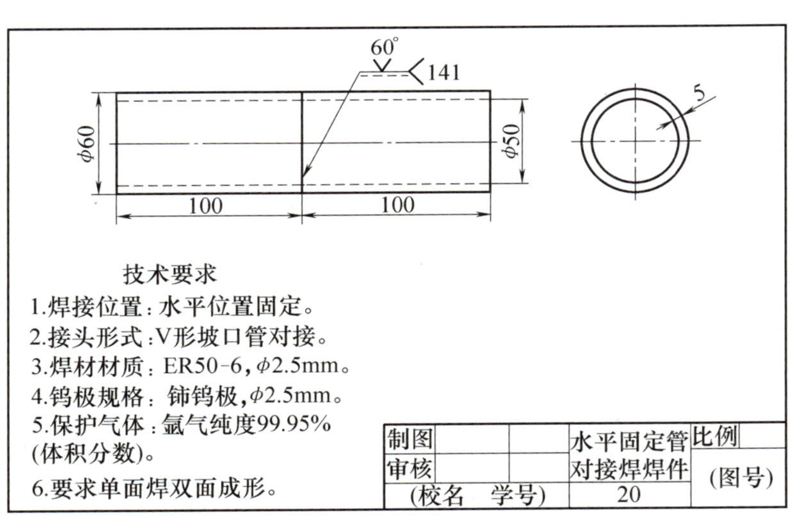
60°
141
ϕ60
ϕ50
5
100
100
技术要求
1.焊接位置：水平位置固定。
2.接头形式：V形坡口管对接。
3.焊材材质：ER50-6，ϕ2.5mm。
4.钨极规格：铈钨极，ϕ2.5mm。
5.保护气体：氩气纯度99.95%(体积分数)。
6.要求单面焊双面成形。
制图
审核
(校名　学号)
水平固定管对接焊焊件
20
比例
(图号)

图 5-35　水平固定管对接焊焊件图

二、焊前准备

（1）焊件　20 钢管 ϕ60mm×5mm×100mm，坡口 30°，检查钢管，坡口两侧正反面 10~25mm 内清理干净。

（2）焊机　WS-300 型直流或 WSM-300 型直流脉冲钨极氩弧焊机，直流正接。

（3）焊丝及氩气　ER50-6（J50），直径为 ϕ2.5mm 的焊丝，纯度为 99.95%的氩气。

（4）钨极　选用 ϕ2.5mm 的铈钨极，修磨钨极端部成 30°圆锥角，并修磨直径

ϕ0.5mm 小平台。

三、训练指导

水平固定焊接位置，焊接难度增大。由于此管径较小，管壁较薄，特别是作为焊接起始部位的仰焊位置，选择焊接电流较小时，熔池温度上升较慢，熔滴不易过渡，造成背面焊缝凹陷，正面焊缝下坠，甚至产生焊瘤；而处于平位时，背面又容易产生下坠、余高过大、正面焊缝凹陷、熔合不良等缺陷；当选择焊接电流较大时，易产生烧穿或焊瘤等。

焊接参数选择见表5-19。

表5-19 小管对接水平固定TIG焊焊接参数

焊接层次	钨极直径/mm	喷嘴直径/mm	伸出长度/mm	氩气流量/(L/min)	焊丝直径/mm	焊接电流/A
打底层	2.5	10~14	5~8	8~10	2.5	100~120
盖面层	2.5	10~14	5~8	8~10	2.5	100~120

1. 装配与定位焊

确定钝边为0~0.5mm，间隙为始端2.5mm、终端3.0mm，反变形角度约2°，错边量≤0.5mm。由于管径较小，固定一点即可。定位焊时，用对口钳或小槽钢对口，在焊件两端坡口内侧进行定位焊，定位焊缝长度10mm左右，高度2~3mm。定位焊焊枪角度如图5-36。

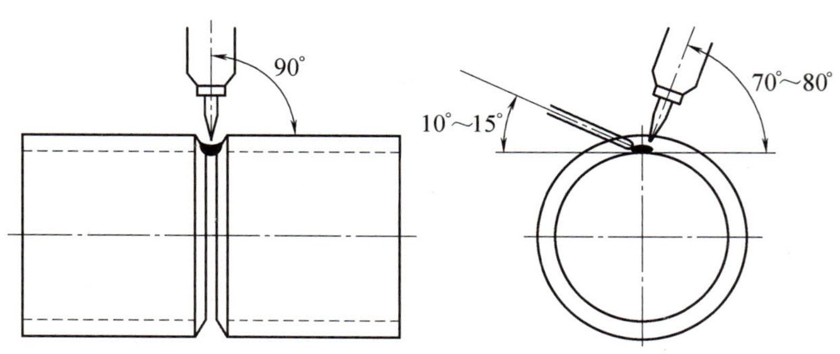

图5-36 定位焊焊枪角度

定位焊前，在焊机面板选择收弧方式，调焊接电流、收弧电流、上坡时间、下坡时间。喷嘴接触焊件端部坡口处，按动引弧按钮引燃电弧，不松手，利用电弧光亮找到定位焊缝位置，松开引弧按钮，电流开始上升，调整喷嘴高度，电弧长度2~3mm，加热坡口一侧，待形成熔池，填加一滴熔滴，移动电弧到坡口另一侧，待形成熔池，再填加一滴熔滴，两侧搭桥后电弧作锯齿形摆动，将坡口钝边熔化，熔滴一滴一滴地填加到熔池，达到定位焊缝长度后，右手按动引弧按钮，电流开始衰减，等熔池完全冷却后再移开焊枪。固定点置于时钟 10 点位置，时钟 6 点和 12 点位置不允许有固定点。

2. 打底焊

水平固定管分左右两个半圆先后完成焊接。要求焊工能够双手操作，先焊接右半圆，从时钟 6 点半位置开始焊接，时钟 11 点半位置收弧。焊枪、焊丝角度如图 5-37 所示。

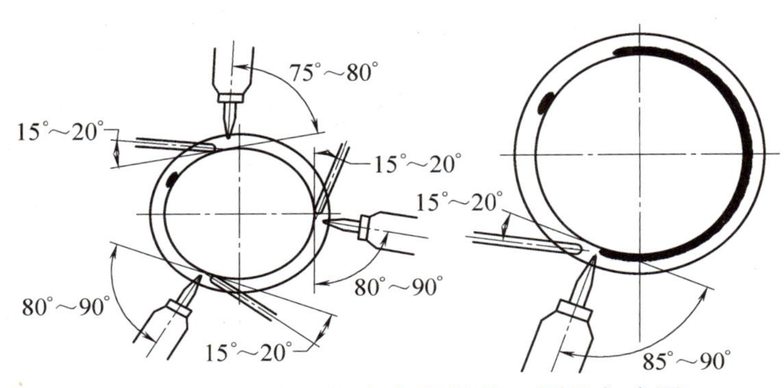

图 5-37　打底层焊右半圈焊枪、焊丝角度图

左手握焊丝，右手握焊枪，分开两腿，弯腰低头，喷嘴接触焊件在时钟 6 点半位置坡口处，按动引弧按钮引燃电弧，不松手，利用电弧光亮找到点焊位置，松开引弧按钮，电流开始上升，调整喷嘴高度，此时，焊枪工作角为 90°角，前进角为 80°~90°，电弧长度 2~3mm，加热坡口一侧，待坡口棱边熔化并形成熔池，填加一滴熔滴，移动电弧到坡口另一侧，待棱边熔化并形成熔池，再填加一滴熔滴，两侧搭桥后锯齿形向上摆动电弧，将坡口棱边熔化 0.5~1mm，焊丝与电弧交替一滴一滴填加到熔池，电弧在坡口两侧适当停顿，使熔滴与坡口良好熔合。随着焊缝位置的变化，调整焊枪角度、焊丝角度，超过时钟 12 点位置时，焊枪角度应与焊接方向成 75°~85°角，即改变电弧指向，以控制液态金属下流。到达时钟 11 点半位置开始收弧，右手按动引弧按钮，电流开始衰减，等熔池完全冷却后再移开焊枪。如果采用两步操作则应回拉电弧，并逐渐提高喷嘴高度，缩小熔池。

焊接左半圈时，管子位置不动，应用钢丝刷清理仰位起头处，右手持焊丝，左手握焊枪，在时钟 6 点位置处引燃电弧，焊丝进入氩气保护范围。缓慢移动电弧到坡口根部，熔化坡口棱边 0.5~1mm，并在根部形成熔池，将焊丝送进根部熔池，电弧小锯齿摆动向时钟 7 点位置移动。与右半圈相同，焊枪、焊丝角度如图 5-38 所示。当焊接到距离定位焊缝 1~2mm 时（一个熔孔长度），电弧大步向前移动一个来回，对定位焊缝预热，然后再回到正常焊接的部位，此时不需填加焊丝，待形成新的熔池后再填送焊丝，与固定点熔合，后填加少量焊丝，到达固定点高端时电弧可加快步伐，不加焊丝，至定位焊缝低端熔化根部，再填加焊丝，正常焊接。封口时的方法与之相同，超过接头 5~10mm 开始收弧。同时注意逐渐调整焊枪、焊丝角度。

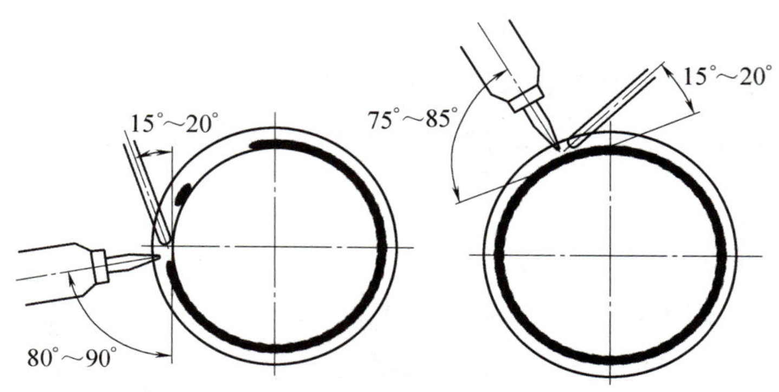

图 5-38 打底层焊左半圈焊枪、焊丝角度图

3. 盖面焊

用钢丝刷清理打底层氧化皮，与打底层焊接方法基本相同，焊枪、焊丝角度如图 5-39 所示。注意，焊接起头与底层接头稍微错开 5~10mm，电弧横向摆动幅度稍大，熔化边缘 0.5~1mm 为好，前移步伐不宜太大，填丝方法为两点式，如图 5-40 所示。填丝频率稍快，使焊缝饱满，避免咬边，电弧在坡口两侧应适当停顿，以保证良好熔合。

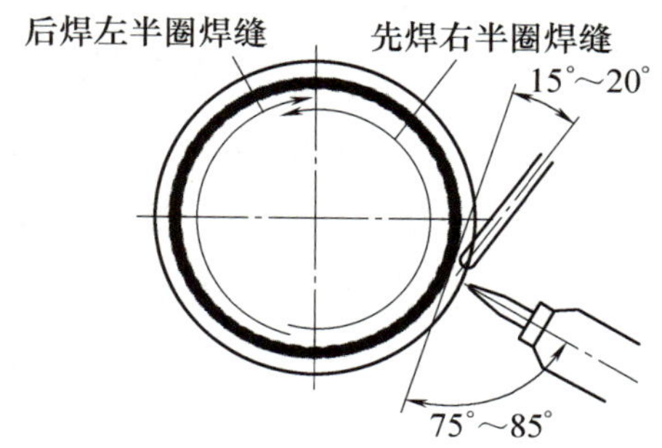

图 5-39 盖面焊焊枪、焊丝角度图

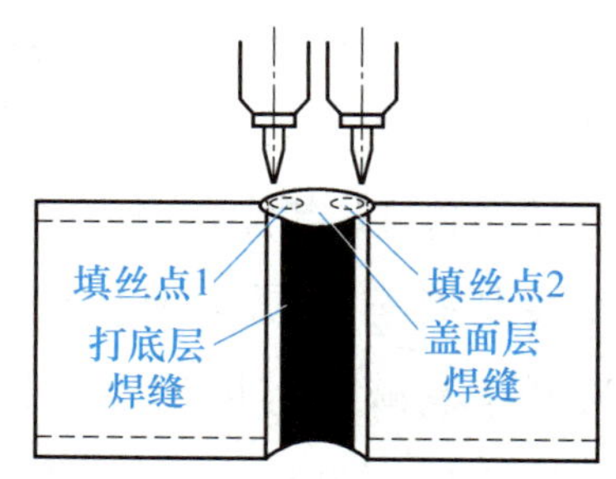

图 5-40 两点式填丝法

【经验交流】

1）打底焊时，注意填加的焊丝一定要准确填入根部熔池，否则，会出现焊缝背面凹陷，甚至产生未熔合；焊丝进退要利落，退出不离开氩气保护范围。

2）注意整个焊接过程保证钨极端部形状，随时修磨钨极。

【工程案例】

案例 1　钢结构行车梁焊接工艺卡示例

零件简图：

焊接工艺卡编号	HJGYK-01
零部件图号	GJHCL-01
零部件名称	钢结构行车梁拼接 H3
零部件数量	1
母材材质	Q355B
母材规格	12mm
接头数量	2
焊接工艺评定报告编号	××××
焊工持证项目	GMAW-FeⅡ-1G-12-FefS-02/11/15

接头形式：对接接头	焊接位置：平焊（F）
焊接方法：实心焊丝 CO_2 气体保护焊（GMAW-CO_2）	过渡形式：熔滴过渡
预热温度：≥5℃	层间温度：≤200℃
后热：—	保护气体：CO_2 100%

焊接参数

层次	焊材牌号	焊材规格/mm	电流/A	电压/V	焊接速度/(cm/min)	气流量/(L/min)
打底	ER50-6	ϕ1.2	180~260	25~38	25~45	15~20
填充	ER50-6	ϕ1.2	220~320	25~38	25~45	15~20
盖面	ER50-6	ϕ1.2	220~280	25~38	25~45	15~20

焊接检验：

1. 外观：焊缝与母材应平滑过渡；焊缝及其热影响区表面无裂纹、未熔合、夹渣、气孔、弧坑、咬边等表面缺陷；焊缝宽窄差在任意连续 50mm 长度内不得大于 3mm；焊缝高低差在任意连续 25mm 长度内不得大于 3mm
2. 无损检测：按 GB/T 11345—2023 标准 100% UT，UT 检测 B 级合格（检测应在焊后 24h 以后，经外观检查合格后，才能进行）

工艺说明：

1. 焊丝上的油锈等污物应清除干净。焊前坡口及附近 50mm 内，油、锈等污物应打磨清除干净
2. 禁止在坡口以外的母材表面引弧
3. 定位焊采用的焊接方法、材料与正式焊接相同
4. 多层焊接时，焊接接头应错开，并逐层逐道清渣
5. 焊接完毕，应清除干净焊缝表面的熔渣、飞溅等物，并打上焊工钢印
6. 焊接时，采用直流反接，单面焊双面成形

案例2 法兰-接管焊接工艺卡示例

焊接工艺卡编号	GCBJ2020-1-3
零部件图号	10FAMBB102-00
零部件名称	N6 功能接管与法兰对接焊缝 B4
零部件数量	2
母材材质	S31603+S31603Ⅲ
母材规格	ϕ57×4+ϕ57×4
接头数量	1
焊接工艺评定报告编号	PB2013-01
焊工持证项目	GTAW-FeIV-5G-5/60-FefS-02/11/12

接头简图:

接头形式:对接	焊接位置:水平转动
焊接方法:GTAW	钨极直径:铈钨极 2.5mm
预热温度:—	层间温度:≤60℃
后热:—	保护气体:Ar 正面 99.999%;反面 99.99%

焊接参数

层次	焊材牌号	焊材规格/mm	电流/A	电压/V	焊接速度/(cm/min)	气流量/(L/min)
打底	ER316L	ϕ2.5	85~105	9~16	3.6~8.5	正:9~12;反:6~10
填充	ER316L	ϕ2.5	85~105	9~16	3.6~8.5	正:9~12;反:6~10
盖面	ER316L	ϕ2.5	85~105	9~16	3.6~8.5	正:9~12;反:6~10

焊接检验:

1. 外观:焊缝与母材应平滑过渡;焊缝及其热影响区表面无裂纹、未熔合、夹渣、气孔、弧坑、咬边等表面缺陷;焊缝宽窄差在任意连续50mm长度内不得大于1mm;焊缝高低差在任意连续25mm长度内不得大于1mm

2. 无损检测:按 NB/T 47013—2015 标准 100% RT+100% PT,RT 检测Ⅱ级合格,PT 检测Ⅰ级合格(检测应在焊后24h以后,经表面检查合格后,才能进行)

工艺说明:

1. 焊丝上的油锈等污物应清除干净。焊前,坡口及附近50mm内,油、锈等污物应打磨清除干净
2. 禁止在坡口以外的母材表面引弧
3. 定位焊采用的焊接方法、材料与正式焊接相同。接头错口:≤0.6mm
4. 打底时,焊缝背面应进行氩气保护
5. 多层焊接时,焊接接头应错开,并逐层逐道清渣
6. 焊接完毕,应清除干净焊缝表面的熔渣、飞溅等物,并打上焊工钢印
7. 焊接时,采用直流正接

【焊花飞扬】

殷瓦钢上书写荣耀的大国工匠——张冬伟

沪东中华造船（集团）有限公司高级技师、全国技术能手、全国职业道德建设标兵、全国五一劳动奖章获得者，主要从事LNG（液化天然气）船的围护系统二氧化碳焊接和氩弧焊焊接工作。他稳稳操控焊枪，在薄如两层蛋壳的殷瓦钢片上“绣出精美钢花”。

殷瓦钢上书写荣耀的大国工匠——张冬伟

【考级练习与课后思考】

一、判断题

1. O_2 可作为焊接铜及铜合金的保护气体。（　　）

2. 由于气体保护焊时没有熔渣，所以焊接质量比焊条电弧焊和埋弧焊差得多。（　　）

3. CO_2 气体保护焊时可能产生 3 种气孔，即 CO 气孔、氢气孔、氮气孔。（　　）

4. CO_2 气体保护焊的供气系统中的预热器应该安装在减压器之前。（　　）

5. 推丝式送丝机构用于长距离输送焊丝。（　　）

6. 手工钨极氩弧焊较好的引弧方法是接触引弧法。（　　）

7. 手工钨极氩弧焊时，由于电弧受到氩气的压缩和冷却作用，使电弧热量集中，热影响区缩小，因此焊接应力和变形较大，此法只适宜于厚板的焊接。（　　）

8. 熔化极氩弧焊时，薄板高速焊和全位置焊一般采用喷射过渡。（　　）

9. 熔化极氩弧焊时，由于用焊丝作为电极，因此可采用高密度电流。（　　）

10. 手工钨极氩弧焊时，为增加保护效果，氩气的流量越大越好。（　　）

11. 钨极脉冲氩弧焊可焊接钨极氩弧焊不能焊接的超薄板，但不适宜于全位置焊。（　　）

12. 富氩混合气体保护焊克服了纯氩弧焊易咬边、电弧斑点漂移等缺陷，同时

改善了焊缝成形，提高了接头的力学性能。 ( )

13. 氩弧焊机按焊接电源的性质可分为直流氩弧焊机、交流氩弧焊机、脉冲氩弧焊机。 ( )

14. 钨极氩弧焊使用直流小电流施焊时，钨极宜磨成钝角。 ( )

15. 钨极氩弧焊应尽量采用短弧焊，电弧电压一般为10~24V。 ( )

16. 气体保护焊的优点之一是熔池较小，热影响区窄，焊件焊后变形小。 ( )

17. 气体保护焊作业时，为了保护焊接工地其他人员的眼睛，应用围屏或挡板与周围隔开。 ( )

18. CO_2 气体保护焊不能焊接薄板。 ( )

19. CO_2 气体保护焊采用短路过渡技术焊接薄壁构件焊接质量高，焊接变形小。 ( )

20. CO_2 气体保护焊焊接过程中金属飞溅较多。 ( )

21. CO_2 气体保护焊时会产生 CO 有毒气体。 ( )

22. 厚板的钨极氩弧焊常采用不带坡口的接头。 ( )

23. 氩弧焊与焊条电弧焊相比对人身体的伤害程度要低一些。 ( )

24. 氩弧焊影响人体的有害因素有三方面：放射性、高频电磁场、有害气体。 ( )

25. 氩弧堆焊为防护高频电场的伤害，焊件应良好接地，并安装引弧后能自动切断高频电的装置。 ( )

26. 氩弧焊的氩气流量应随喷嘴直径的加大而成正比例加大。 ( )

27. 氩气比空气轻，使用时易漂浮散失，因此焊接时必须加大氩气流量。 ( )

28. 氩气+氧气+二氧化碳不能作为气体保护焊的保护气体。 ( )

二、选择题

1. CO_2气体保护焊焊接薄板及全位置焊接时，熔滴过渡形式通常用________过渡。

A. 滴状　　B. 短路　　C. 喷射

2. CO_2 气体保护焊的电源常用________。

A. 交流电源　　B. 直流正接　　C. 直流反接

3. CO_2 气瓶内剩余压力不应低于________ MPa。

A. 0.98　　B. 0.5　　C. 1.5　　D. 2

4. 粗丝 CO_2 气体保护焊的焊丝直径为________。

A. 小于 $\phi1.2mm$　　B. $\phi1.2mm$　　C. $\geqslant\phi1.6mm$　　D. $\phi1.2\sim\phi1.5mm$

5. CO_2 气体保护焊时，若选用焊丝直径 $\leqslant\phi1.2mm$，则气体流量一般为________。

A. 2~5L/min　　B. 8~15L/min

C. 15~25L/min　　D. 25~30L/min

6. CO_2+O_2 混合气体保护电弧焊时，CO_2+O_2 混合气体中 O_2 的比例是________。

A. 5%　　B. 55%~60%　　C. 50%~55%　　D. 20%~25%

7. CO_2 气体保护焊的设备由焊接电源、送丝系统、焊枪、________和控制系统等部分组成。

A. 供电装置　　B. 供水装置　　C. 供气装置　　D. 供丝装置

8. 药芯焊丝气体保护焊时用于焊丝直径为________的半自动焊枪是拉丝式焊枪。

A. $\phi0.2\sim\phi0.6mm$　　B. $\phi0.3\sim\phi1mm$

C. $\phi0.5\sim\phi0.8mm$　　D. $\phi0.6\sim\phi1.2mm$

9. 储存 CO_2 气体的气瓶容量为________L。

A. 10　　B. 20　　C. 30　　D. 40

10. CO_2 气体保护焊的生产率比焊条电弧焊高________。

A. 1~2 倍　　B. 3~4 倍　　C. 4~5 倍　　D. 5~6 倍

11. 当 CO_2 气体保护焊采用________焊时，所出现的熔滴过渡形式是短路过渡。

A. 细焊丝，小电流、低电弧电压施

B. 细焊丝，大电流、低电弧电压施

C. 粗焊丝，大电流、低电弧电压施

D. 细焊丝，小电流、高电弧电压施

12. 细丝 CO_2 气体保护焊时使用的________是平硬外特性。

A. 陡降特性　　B. 电源特性　　C. 上升特性　　D. 缓降特性

13. 储存 CO_2 气体气瓶外涂________颜色并标有二氧化碳字样。

A. 白　　B. 黑　　C. 红　　D. 绿

14. CO_2 气体保护焊时应________。

A. 先通气后引弧　　B. 先引弧后通气

C. 先停气后熄弧　　D. 先停电后停送丝

15. 焊接用 CO_2 气体的含水量和含 N 量均不应超过________。

A. 0.4%　　B. 0.3%　　C. 0.2%　　D. 0.05%

16. 药芯焊丝 CO_2 气体保护焊属于________保护。

A. 气　　B. 渣　　C. 气-渣联合

17. 钨极氩弧焊的代表符号是________。

A. MIG　　B. TIG　　C. MAG　　D. PMIG

18. 铝、镁及其合金采用直流钨极氩弧焊时，不应该将钨极接在电源的正极上，其原因是________。

A. 避免钨极损耗过大

B. 容易产生气孔

C. 焊件表面没有“阴极破碎”作用

D. 飞溅大

19. 进行钨极氩弧焊时的稳弧装置是________。

A. 电磁气阀　　B. 高频振荡器　　C. 脉冲稳弧器

20. 熔化极氩弧焊为使熔滴出现________，其电源极性应选用直流反接。

A. 粗滴过渡　　B. 短路过渡　　C. 颗粒状过渡　　D. 喷射过渡

21. 熔化极氩弧焊在氩气中加入________，可以有效地克服焊接不锈钢时的阴极飘移现象。

A. 一定量的 N_2　　B. 一定量的 H_2

C. 一定量的 CO　　D. 一定量的 O_2

22. 在选用钨极时，为防止钨极烧损和微量放射，常选用________钨极。

A. 纯　　B. 钍　　C. 铈

23. 为了使用方便，钨极的一端常涂有颜色，以便识别，铈钨极涂________色。

A. 白　　B. 灰　　C. 红　　D. 绿

24. 钨极氩弧焊的钨极伸出喷嘴的长度以________mm 较好。

A. 3~6　　B. 2~5　　C. 5~8　　D. 6~10

25. CO_2 气体保护焊短路过渡焊接时，通常电弧电压在________V 范围内。

A. 10~20 B. 16~24 C. 16~30 D. 20~30

三、简答题

1. 气体保护电弧焊的原理及主要特点是什么？

2. 焊接用的保护气体有哪几种？各自的主要用途是什么？

3. 为什么 CO_2 气体保护焊的电弧气体具有强烈的氧化性？从焊接冶金方面如何解决？

4. 为什么 CO_2 气体保护焊容易产生飞溅？减少飞溅的主要措施是什么？

5. CO_2 气体保护焊对保护气体和焊丝有何要求？

6. CO_2 气体保护焊半自动焊焊枪送丝方式与特点如何？

7. CO_2 气体保护焊有哪些焊接参数？如何选择焊接电流和回路电感？

8. 什么是钨极氩弧焊？对电极材料有何要求？

9. 为什么交流钨极氩弧焊适用于铝、镁及其合金的焊接？

10. 钨极氩弧焊设备由哪些部分组成？对交流手工钨极氩弧焊的控制程序有什么要求？

11. 钨极氩弧焊有哪些焊接参数？如何选择这些参数？

【拓展学习】

TIG 全位置焊接

模块六

气焊与气割

【学习指南】 气焊与气割都是利用气体火焰进行金属材料的焊接与切割，是金属材料热加工常用的工艺方法之一。本模块主要介绍气焊与气割的原理、特点、应用及所用材料、设备和工艺等。

第一节 气焊与气割概述

一、气焊基本原理、特点及应用

1. 气焊原理

气焊是利用可燃气体和助燃气体，通过焊炬按一定比例混合，熔化被焊金属和填充焊丝，使其形成牢固焊接接头。气焊过程如图 6-1 所示。

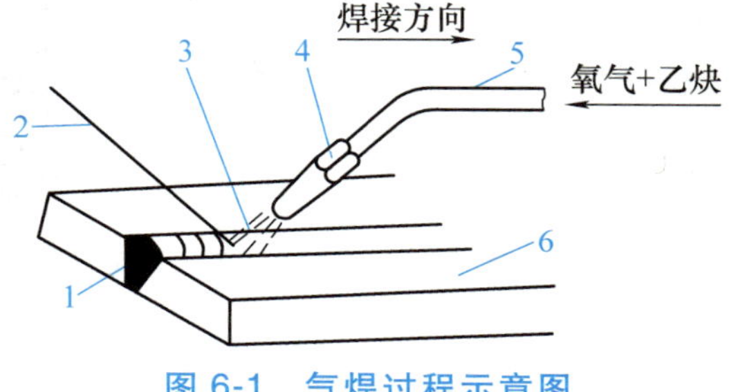

图 6-1 气焊过程示意图

1—焊缝 2—焊丝 3—气焊火焰 4—焊嘴 5—焊炬 6—焊件

2. 气焊的特点及应用

气焊设备简单、成本低、操作方便，在无电力供应的地区可以方便地进行焊接，但由于气焊热量分散，热影响区及变形大，因此气焊接头质量不如焊条电弧焊容易保证。目前，气焊主要应用于非铁金属及铸铁的焊接和修复，碳钢薄板及小直径管道的焊接。气焊火焰还可用于钎焊、火焰矫正等。

二、气割基本原理、条件、特点及应用

1. 气割原理

气割是利用气体火焰热能，将工件切割处预热到燃烧温度后，喷出高速切割

氧气流，使其燃烧并放出热量，从而实现切割的方法。

气割过程包括预热、燃烧、吹渣三个阶段。其实质是铁在纯氧中的燃烧过程，而不是熔化过程。

2. 气割条件

金属进行氧气气割需符合下列条件：

1）金属材料在纯氧中的燃点应低于其熔点，否则金属材料在未燃烧之前就熔化了，不能实现切割。

2）金属氧化物的熔点必须低于金属的熔点，这样的氧化物才能以液体状态从切口处被吹除。

3）金属材料在切割氧中燃烧时应是放热反应，如是吸热反应，下层金属得不到预热，气割将无法继续下去。

4）金属材料的导热性应小，若导热太快，会使金属切口温度很难达到燃点。

5）金属材料中含阻碍气割过程的元素（如碳、铬、硅等）和易淬硬的杂质（如钨、钼等）应少，以保证气割正常进行及不产生裂纹等缺陷。

符合上述条件的金属材料有低碳钢、中碳钢和低合金钢等。目前，如铸铁、不锈钢、铝和铜及其合金因不符合气割条件，均只能采用等离子弧切割、激光切割等其他方法。

3. 气割的特点及应用

气割的效率高、成本低、设备简单，切割厚度可达 300mm 以上，并能在各种位置进行切割和在钢板上切割各种外形复杂的零件，因此，广泛地用于钢板下料、开焊接坡口等。

第二节　气焊与气割用材料

一、氧气

氧气本身虽不燃烧，但具有强烈的助燃作用。在高压或高温下的氧气与油脂等易燃物接触时，能引起强烈燃烧和爆炸，因此在使用氧气时，切不可使氧气瓶阀、减压器、焊炬、割炬及氧气胶管等沾上油脂。

氧气的纯度对气焊与气割的质量和效率有很大的影响，生产上用于气焊的氧气纯度要求在99.2%以上，用于气割的氧气纯度要求在98.5%以上。

二、乙炔

乙炔是由电石（碳化钙）和水相互作用而得到的一种无色、带有臭味的碳氢化合物，化学分子式为 C_2H_2。

乙炔是可燃性气体，与氧气混合燃烧的火焰温度可达3000~3300℃，同时它也是一种具有爆炸性的危险气体，在一定压力和温度下很容易发生爆炸，因此使用乙炔时必须注意安全。乙炔与铜或银长期接触后会生成爆炸性的化合物，凡是与乙炔接触的器具、设备，都不能用纯铜或铜的质量分数超过70%以上的铜合金制造。

三、液化石油气

液化石油气是一种略带臭味、无色的可燃气体，它是油田开发或炼油厂裂化石油的副产品，主要成分是丙烷、丁烷等碳氢化合物。在常温常压下，它以气态形式存在，如果加压到0.8~1.5MPa，就会变成液态，便于装入瓶中储存和运输。

液化石油气与乙炔一样，与空气或氧气混合后具有爆炸性。其燃烧的火焰温度可达2800~2850℃，比乙炔的火焰温度低，而且完全燃烧所需的氧气量也比乙炔多。由于液化石油气价格低廉，比乙炔安全，质量较好，用它来代替乙炔进行金属切割和焊接具有一定的经济意义。

四、汽油

汽油是一种液体燃料，它以液体形式储存于防爆储油箱内，与氧气混合燃烧的火焰温度可达3000~3300℃，与乙炔、丙烷、液化石油气相比可节省成本50%~80%，并且焊接、切割质量好。汽油作为燃料时，油箱内无须加压，因其内装有单向阀可自动调节储油箱内正负压力，故操作简单、安全防爆，并且经济、环保。使用汽油进行气割（或气焊）是新生代技术，其独特的优势具有广阔应用前景。

五、焊丝

焊丝是气焊时起填充作用的金属丝。常用的焊丝有碳钢焊丝、低合金钢焊丝、不锈钢焊丝、铸铁焊丝、铜及铜合金焊丝、铝及铝合金焊丝等。焊丝使用前应清除表面上的油、锈等污物。

六、焊剂

焊剂是焊接时的辅助熔剂。其作用是与熔池内的金属氧化物或非金属夹杂物相互作用生成熔渣，覆盖在熔池表面，减少有害气体侵入，改善焊缝质量。

焊剂可预先涂在焊件的待焊处或焊丝上，也可以在气焊过程中使高温的焊丝端部沾上焊剂，再填加到熔池中。常用气焊焊剂的种类、用途及性能见表 6-1。

表 6-1 常用气焊焊剂的种类、用途及性能

牌号	名称	适用材料	基本性能
CJ101	不锈钢及耐热钢焊剂	不锈钢及耐热钢	熔点约为 900℃，有良好的润湿作用，能防止熔化金属被氧化，焊后熔渣易清除
CJ201	铸铁焊剂	铸铁	熔点约为 650℃，呈碱性反应，有潮解性，能有效地去除铸铁在气焊时产生的硅酸盐和氧化物，可加速金属熔化
CJ301	铜焊剂	铜及铜合金	熔点约为 650℃，呈酸性反应，能溶解氧化铜和氧化亚铜
CJ401	铝焊剂	铝及铝合金	熔点约为 560℃，呈碱性反应，能有效地破坏氧化铝膜，因具有潮解性，在空气中能引起铝的腐蚀，焊后必须将熔渣清除干净

第三节 气焊、气割设备及工具

气焊、气割设备及工具主要有氧气瓶、乙炔瓶、减压器、氧气管、焊炬、割炬、气割机。气割所用的乙炔瓶、氧气瓶和减压器与气焊相同，其组成如图 6-2 所示。了解这些设备和工具的原理，对正确安全地使用它们具有实际指导意义。

一、氧气瓶

氧气瓶用合金钢经热挤压制成，瓶体外表涂蓝色油漆，并用黑漆标注“氧气”字样。国内常用氧气瓶的容积为 40L，在 15MPa 压力下可储存 6000L 的氧气，其构造如图 6-3 所示。

瓶阀是控制氧气瓶内氧气进出的阀门，使用时手轮逆时针方向旋转瓶阀开启，顺时针方向旋转瓶阀关闭。由于氧气是极活泼的助燃气体，瓶内压力高，使用时应注意安全，严格遵守以下使用规则：

1）氧气瓶严禁与油脂接触。不允许用沾有油污的手或手套去搬运或开启瓶阀，以免发生事故。

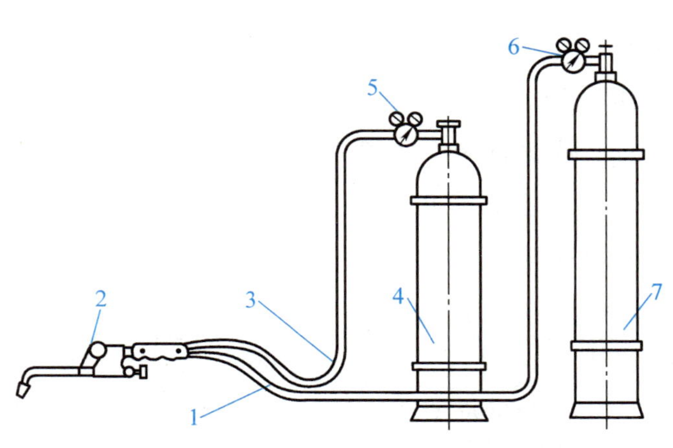

图 6-2 气焊、气割设备和工具的连接

1—氧气胶管 2—焊炬或割炬 3—乙炔胶管 4—乙炔瓶
5、6—减压器 7—氧气瓶

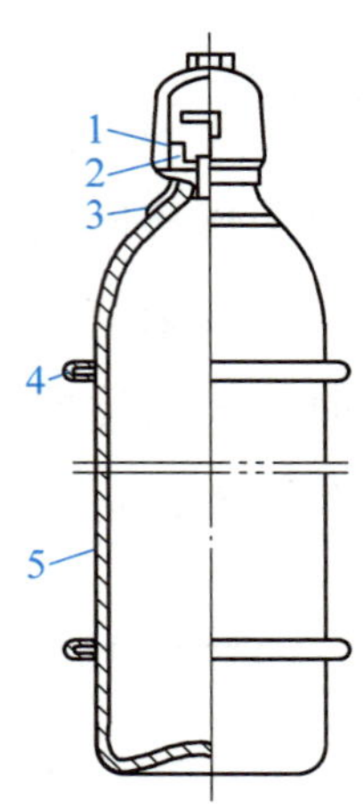

图 6-3 氧气瓶的构造

1—瓶帽 2—瓶阀 3—瓶钳
4—防振橡胶圈 5—瓶体

2）夏季使用氧气瓶应遮阳防曝晒，以免瓶内气体膨胀超压而爆炸。

3）氧气瓶应远离易燃易爆物品，不要靠近明火或热源，其安全距离应在 10m 以上，与乙炔瓶的距离不小于 3m。

4）氧气瓶一般应直立放置，安放要稳固，防止倾倒。取瓶帽时，只能用手或扳手旋取，禁止用铁锤等敲击。

5）冬季要防止冻结，如遇瓶阀或减压阀冻结，只能用热水或蒸汽解冻，严禁用明火直接加热。

6）氧气瓶内的氧气不应全部用完，最后要留 0.1MPa 的余压，以防其他气体进入瓶内。

7）氧气瓶运输时要检查防振胶圈是否完好，应避免互相碰撞。不能与可燃气体的气瓶、油料等同车运输。

二、乙炔瓶

乙炔瓶是由低合金钢板经轧制焊接而成，是一种储存和运输乙炔的容器。瓶体外面涂成白色，并标注红色“乙炔”“不可近火”字样。瓶内最高压力为 1.5MPa，其构造如图 6-4 所示。乙炔瓶内装着浸满丙酮的固态填料，能使乙炔稳定而安全地储存在乙炔瓶内。乙炔瓶阀内活门的开启、关闭应使用方孔套筒扳手，当方孔套筒扳手逆时针方向旋转时，活门向上移动而开启瓶阀，反之则关闭瓶阀。乙炔瓶操作方便、安全卫生，目前已取代用电石和水相互作用制取乙炔的乙炔发生器。

由于乙炔是易燃、易爆气体，使用中除必须遵守氧气瓶的使用规则外，还应严格遵守以下使用规则：

1）乙炔瓶应直立放置，不准倒卧，以防瓶内丙酮随乙炔流出而发生危险。

2）乙炔瓶体表面温度不得超过40℃，因为温度过高会降低丙酮对乙炔的溶解度，而使瓶内的乙炔压力急剧增高。

3）乙炔瓶应避免撞击和振动，以免瓶内填料下沉而形成空洞。

4）使用前应仔细检查乙炔减压器与乙炔瓶的瓶阀连接是否可靠，应确保连接处紧密。严禁在漏气的情况下使用，否则乙炔与空气混合，极易发生爆炸事故。

5）存放乙炔瓶的地方，要求通风良好。乙炔瓶与明火之间的距离，要求在10m以上。

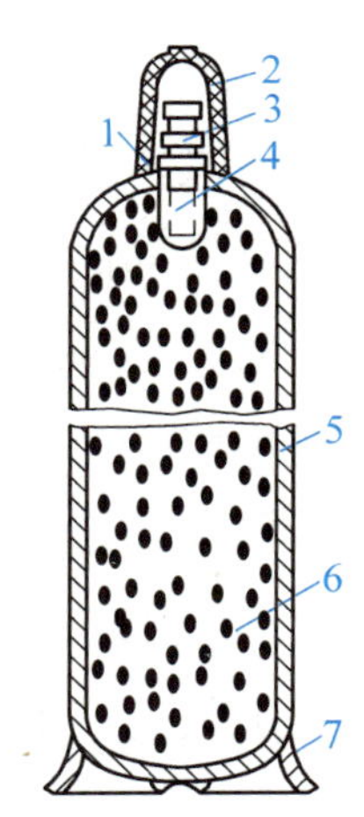

图6-4　乙炔瓶的构造

1—瓶口　2—瓶帽
3—瓶阀　4—石棉
5—瓶体　6—多孔填料
7—瓶底

6）乙炔瓶内的乙炔不可全部用完，当高压表的读数为零，低压表的读数为0.01~0.03MPa时，应立即关闭瓶阀。

三、减压器

减压器是将气瓶内的高压气体降为工作时的低压气体（氧气工作压力一般为0.1~0.4MPa，乙炔工作压力不超过0.15MPa）的调节装置，同时也能起到稳压的作用。

减压器按用途不同可分为氧气减压器和乙炔减压器；按构造不同可分为单级式和双级式两类；按工作原理不同可分为正作用式和反作用式两类。目前常用的是单级反作用式减压器。

1. 乙炔减压器的基本结构

单级反作用式乙炔减压器外部构造如图6-5所示。焊工平常操作部分是出气口1、调压手柄（手轮）2、安全阀3、进气口6。焊工必须观察的是低压表4和高压表5。

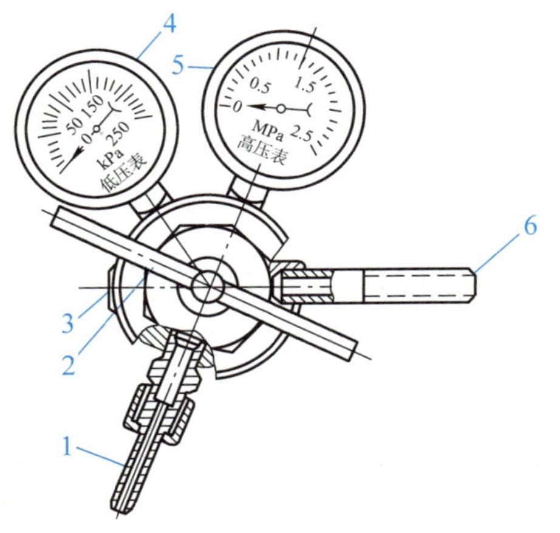

图6-5　单级反作用式乙炔减压器

1—出气口　2—调压手柄　3—安全阀
4—低压表　5—高压表　6—进气口

2. 氧气减压器、丙烷减压器的基本结构

氧气减压器、丙烷减压器的构造、工作原理及使用方法大致和乙炔减压器相同，主要不同的是由于乙炔瓶的阀体侧没有连接减压器的接头，因此必须使用带有夹环的乙炔减压器，并起到安全保护作用，如图6-6所示。

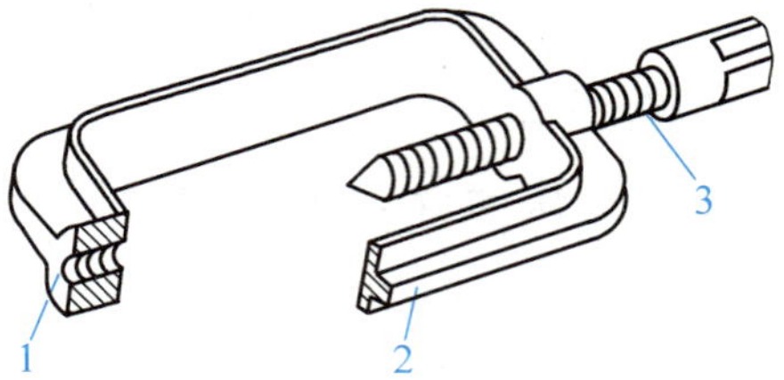

图6-6 乙炔减压器夹环

1—减压器接口 2—夹环 3—紧固螺栓

3. 使用步骤

1）将夹环装在乙炔减压器上，使连接管伸出一定长度（10~15mm）。

2）将装有减压器的夹环从乙炔瓶阀的上面套在瓶阀上，连接管对准瓶阀出气口的密封圈，旋紧紧固螺栓。

3）旋松调压手柄（原来应是已调松状态），用专用扳手打开乙炔瓶阀，观察乙炔减压器的高压表，指针应指向1.6MPa以下。

顺时针方向缓慢旋转调压手柄，乙炔减压器的低压表指针顺时针方向偏转，调到所需要的气压（一般是0.05~0.1MPa）后停止。

工作结束后熄火，关闭乙炔气瓶的瓶阀，将乙炔减压器的调压手柄顺时针方向旋转，打开焊炬的乙炔阀将管内的余气放掉再关好，此时低压表的指示应为零。

液化石油气减压器可使用一般民用减压器稍加改造即可，另外也可以直接使用丙烷减压器。如果用乙炔瓶灌装液化石油气，则可使用乙炔减压器。

四、焊炬

1. 焊炬的作用及分类

焊炬的作用是使可燃气体与氧按需要的比例在焊炬中混合均匀，并由一定孔径的焊嘴喷出，进行燃烧以形成一定能率和性质的稳定的焊接火焰。焊炬又称焊枪，它在构造上应安全可靠，尺寸小，质量小，调节方便。

焊炬按可燃气体进入混合室的方式不同，可分为射吸式焊炬（也称低压焊炬）和等压式焊炬（也称中压焊炬）两种。等压式焊炬使用的氧气、乙炔压力相近，乙炔压力较高，不易回火，但不能用于乙炔瓶输出的低压乙炔，所以，目前常用的是射吸式焊炬。

2. 射吸式焊炬的构造及原理

射吸式焊炬的构造如图6-7所示。

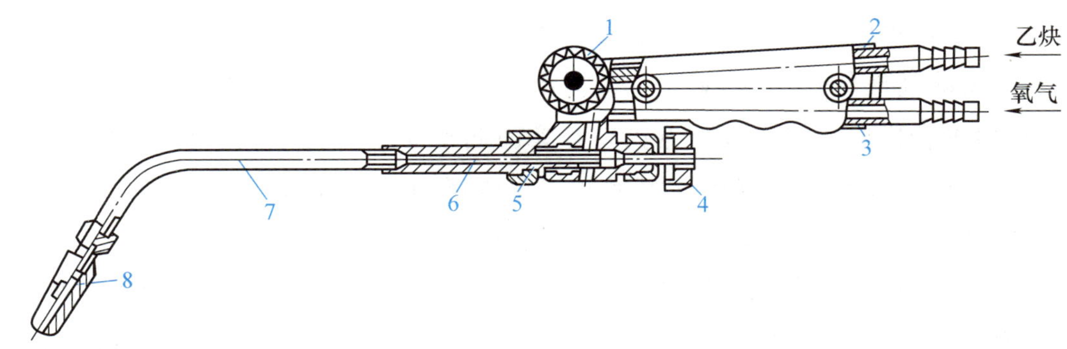

图 6-7　射吸式焊炬的构造

1—乙炔阀　2—乙炔管接头　3—氧气管接头　4—氧气阀　5—喷嘴　6—射吸管　7—混合气管　8—焊嘴

施焊时，打开氧气阀 4，氧气从喷嘴 5 快速射出，并在喷嘴外围造成负压，产生吸力；再打开乙炔阀 1，乙炔气即聚集在喷嘴的外围。由于氧气射流负压的作用，聚集在喷嘴外围的乙炔气即被氧气吸出，并按一定的比例与氧气混合，经过射吸管 6、混合气管 7 后从焊嘴 8 喷出。

射吸式焊炬既可使用中压乙炔，又可使用乙炔瓶输出的低压乙炔，但缺点是焊接过程中焊炬温度升高后，会使乙炔流入量减少，火焰变成氧化焰，因此常需重新调整火焰或把焊嘴和混合管浸入水中冷却。

常用的氧乙炔射吸式焊炬型号及有关参数见表 6-2。

表 6-2　常用的氧乙炔射吸式焊炬型号及有关参数

型号	焊接厚度/mm	氧气工作压力/MPa	乙炔使用压力/MPa	可换焊嘴个数	焊嘴孔径/mm				
					1	2	3	4	5
H01-2	0.5~2	0.1~0.25	0.001~0.10	5	ϕ0.5	ϕ0.6	ϕ0.7	ϕ0.8	ϕ0.9
H01-6	2~6	0.2~0.4			ϕ0.9	ϕ1.0	ϕ1.1	ϕ1.2	ϕ1.3
H01-12	6~12	0.4~0.7			ϕ1.4	ϕ1.6	ϕ1.8	ϕ2.0	ϕ2.2
H01-20	12~20	0.6~0.8			ϕ2.4	ϕ2.6	ϕ2.8	ϕ3.0	ϕ3.2

注：型号中 H 表示焊炬，0 表示操作方式为手工，1 表示射吸式，后缀数字表示可焊接的最大厚度，单位为 mm。

3. 焊炬的安全使用

1）根据焊件的厚度选用合适的焊炬及焊嘴，并组装好。焊炬的氧气管接头必须接得牢固。乙炔管接头又不要接得太紧，以不漏气又容易插上、拉下为准。

2）焊炬使用前要检查射吸情况。先接上氧气胶管，但不接乙炔胶管，打开氧气和乙炔阀，用手指按在乙炔进气管的接头上，如在手指上感到有吸力，说明射吸能力正常；如没有射吸力，则不能使用。

3）检查焊炬的射吸能力后，把乙炔胶管接上，同时把乙炔管接头接好，检查各部位有无漏气现象。

4）检查合格后才能点火，点火后要随即调整火焰的大小和形状。如果火焰不正常，或有灭火现象时，应检查焊炬通道及焊嘴有无漏气及堵塞。在大多数情况下，灭火是乙炔压力过低或通路有空气等原因造成的。

5）停止使用时，先关乙炔阀，后关氧气阀，以防止火焰回烧和产生黑烟。当发生回火时，应迅速关闭乙炔和氧气阀。待回火熄灭后，将焊嘴放入水中冷却，然后打开氧气吹除焊炬内的烟灰，再重新点火。此外，在紧急情况下可将焊炬上的乙炔胶管拔下来。

6）焊嘴被飞溅物阻塞时，应将焊嘴卸下来，用通针从焊嘴内通过，清除脏物。

7）严禁焊炬与油脂接触，不能戴有油的手套点火。

8）焊炬不得受压，使用完毕或暂时不用时，要放到合适的地方或挂起来，以免碰坏。

五、割炬

1. 割炬的作用及分类

割炬的作用是将可燃气体与氧气以一定的比例和方式混合后，形成具有一定热量和形状的预热火焰，并在预热火焰的中心喷射出氧气进行气割。割炬也称气割枪，是气割工作的主要工具。

割炬按用途不同可分为普通割炬、重型割炬、焊割两用炬等；按可燃气体进入混合室的方式不同，可分为射吸式割炬（也称低压割炬）和等压式割炬（也称中压割炬）两种。目前常用的是射吸式割炬。

2. 射吸式割炬的构造及工作原理

射吸式割炬的构造如图6-8所示。

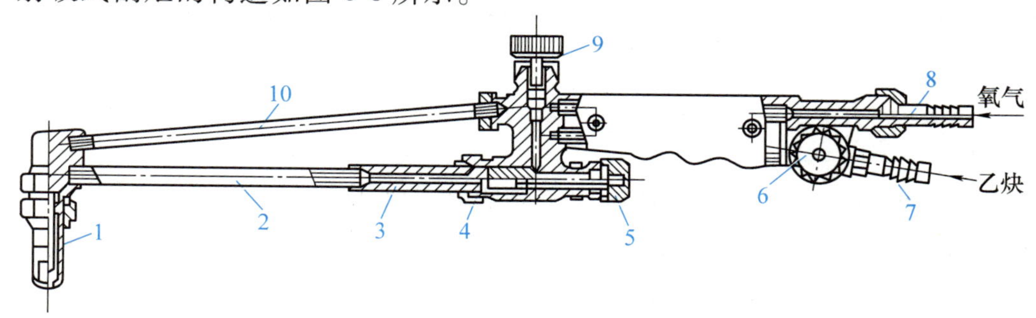

图6-8 射吸式割炬的构造

1—割嘴 2—混合气管 3—射吸管 4—喷嘴 5—预热氧气调节阀 6—乙炔调节阀 7—乙炔管接头 8—氧气管接头 9—切割氧气调节阀 10—切割氧气管

这种割炬的结构是以射吸式焊炬为基础，增加了切割氧气管和切割氧气调节阀，并采用专门的割嘴，割嘴的中心是切割氧的通道，预热火焰均匀地分布在它的周围。割嘴根据具体结构不同，可分为组合式（环形）割嘴和整体式（梅花形）割嘴，如图 6-9 所示。

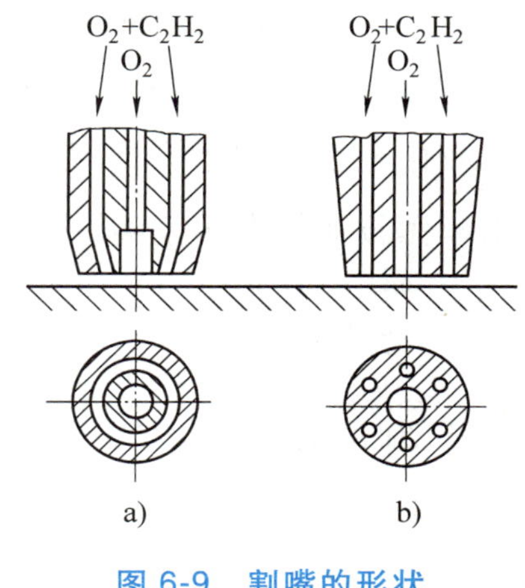

图 6-9　割嘴的形状

a）环形　b）梅花形

气割时，先开启预热氧气调节阀 5，再打开乙炔调节阀 6，使氧气与乙炔混合后，从割嘴 1 喷出并立即点火。待割件预热至燃点时，即开启切割氧气调节阀 9。此时高速切割氧气流由割嘴的中心孔喷出，将割缝处的金属氧化并吹除。

常用的射吸式割炬型号及有关参数见表 6-3。

3. 割炬的安全使用

焊炬的安全使用方法基本上也适用于割炬，此外还应注意以下几方面：

1）在切割前要注意将工件表面上的漆皮、铁锈和油水污物等加以清理，以防油漆燃着爆溅伤人。在水泥地面切割时，应垫高工件，防止水泥地面受热爆溅伤人。

2）进行切割时，飞溅出来的金属微粒与熔渣微粒很多，割嘴的喷孔很容易被堵塞，因此，应该经常用通针通割嘴，以免发生回火。

表 6-3　常用的射吸式割炬型号及有关参数

型号	配用割嘴	割嘴形式	切割氧孔径/mm	切割厚度范围/mm	氧气压力/kPa	气体消耗量/(L/h)	
						氧气	乙炔
G01-30	1	环形	ϕ0.7	3~10	196~294	800~2200	210
	2		ϕ0.9	10~20			240
	3		ϕ1.0	20~30			310
G01-100	1	梅花形	ϕ1.0	16~25	294~490	2200~7300	350~400
	2		ϕ1.3	25~50			400~500
	3		ϕ1.6	50~100			500~600
G01-300	1	梅花形	ϕ1.8	100~150	490~637	9000~14000	680~780
	2		ϕ2.2	150~200			800~1100
	3	环形	ϕ2.6	200~250	784~900	14500~26000	1150~1200
	4		ϕ3.0	250~300			1250~1600

注：1. 气体消耗量为参考数据。
2. 型号中 G 表示割炬，01 表示射吸式，后缀数字表示切割的最大厚度。

3）装配割嘴时，必须使内嘴与外嘴严格保持同心，这样才能保证切割用的氧气射流位于环形预热火焰的中心。

4）内嘴必须与高压氧气通道紧密连接，以免高压氧漏入环形通道而把预热火焰吹灭。

5）在正常工作停止时，应先关闭切割氧气调节阀，再关闭乙炔调节阀和预热氧气调节阀，一旦发生回火时，应快速地按以上顺序关闭各个调节阀。

4. 液化石油气割炬

液化石油气割炬有专用的可以购买，也可以对乙炔用射吸式割炬进行改造，配用液化石油气专用割嘴。

六、气割机

从20世纪初，气割方法进入工业应用以来，一直是工业生产中切割碳素钢和低合金钢的基本方法，从20世纪50年代开始，相继开发出了各种机械化、自动化切割设备，如半自动气割机、仿形气割机、光电跟踪气割机、数控气割机等，使切割质量和效率有了明显的提高。下面介绍最常用气割机——半自动气割机。

半自动气割机是一种最简单的机械化气割机，一般是由一台小车带动割嘴在专用轨道上自动地移动，但轨道轨迹要人工调整。当轨道是直线时，割嘴可以进行直线气割；当轨道呈一定的曲率时，割嘴可以进行一定曲率的曲线气割；如果轨道是一根带有磁铁的导轨，小车利用爬行齿轮在导轨上爬行，割嘴可以在倾斜面或垂直面上气割。CG1-30型半自动气割机是目前常用的小车式半自动气割机，它结构简单、操作方便，如图6-10所示。

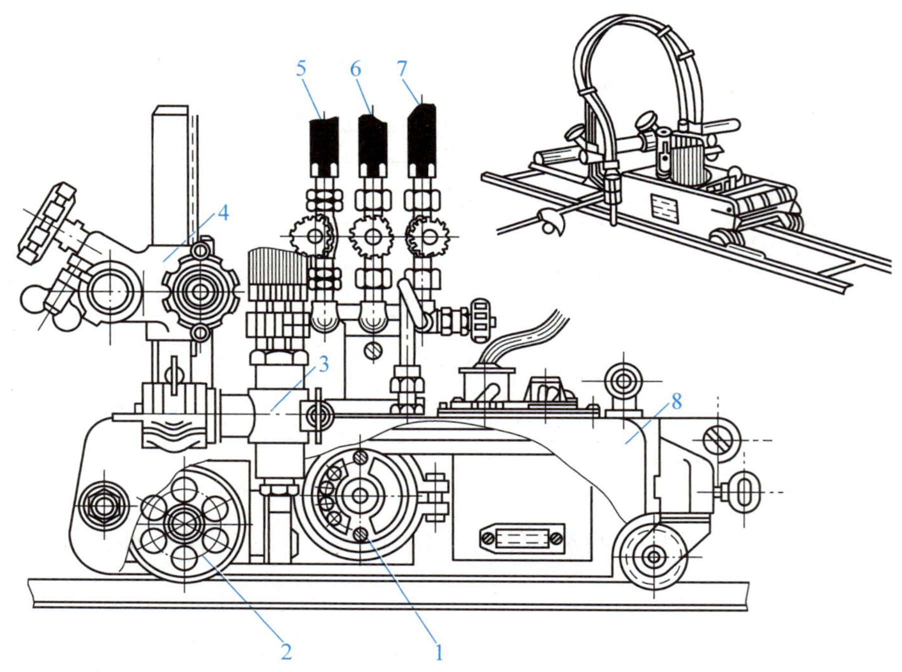

图6-10 CG1-30型半自动气割机

1—电动机 2—滚轴 3—割炬 4—升降架 5—乙炔进气管 6—预热氧进气管 7—切割氧进气管 8—机身

从今后趋势来看，气割将被等离子弧切割乃至激光切割部分代替。但是，由于气割具有独有的优势，而在热切割方法中仍占有一席之地。

第四节 气焊与气割工艺

一、气焊焊接参数

气焊焊接参数是保证焊接质量的主要技术依据。

1. 接头形式和焊前准备

气焊可以进行平、立、横、仰各种位置的焊接，主要采用对接接头和角接接头，适用于焊接薄板。焊接厚度小于 2mm 的薄板时可采用卷边接头，焊接厚度大于 5mm 时，必须开坡口，但厚板很少用气焊。由于搭接接头和 T 形接头焊后变形较大，故较少采用。

为保证焊缝质量，气焊前，应将焊丝和焊接接头两侧 10~20mm 的油污、铁锈和水分等充分去除。

2. 焊丝的选择

应根据焊件材料的力学性能或化学成分，选择相应性能或成分的焊丝，常用的碳钢焊丝牌号有 H08、H08A、H08MnA 等，这些焊丝具体成分都有相应的国家标准，选用时可按焊件成分查表选择。

焊丝直径要根据焊件厚度来决定。焊件厚度应与焊丝直径相适应，不宜相差太大。焊丝直径与焊件厚度的关系见表 6-4。

表 6-4 焊丝直径与焊件厚度的关系

焊件厚度/mm	0.5~2	2~4	3~5	5~10
焊丝直径/mm	ϕ1~ϕ2	ϕ2~ϕ3	ϕ3~ϕ4	ϕ3~ϕ5

3. 焊剂的选择

焊剂的选择要根据焊件的成分及其性质而定。一般碳素结构钢气焊不必用焊剂。但在焊接非铁金属、铸铁以及不锈钢等材料时，必须采用焊剂。其牌号的选择见表 6-1。

4. 火焰种类的选择

1）氧乙炔火焰是氧与乙炔混合燃烧所形成的火焰，根据氧和乙炔的不同比例，分有中性焰、碳化焰和氧化焰三种，其火焰形状如图6-11所示。

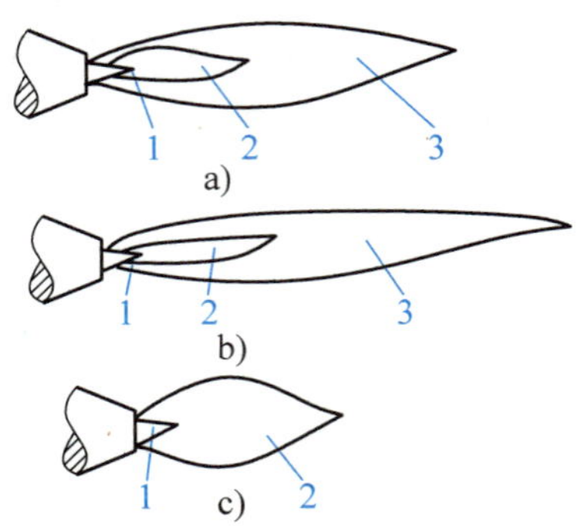

图 6-11 氧乙炔火焰的形状

a）中性焰 b）碳化焰 c）氧化焰

1—焰芯 2—内焰 3—外焰

2）氧乙炔火焰的特点见表6-5。

3）火焰种类的选择主要是根据焊件的材质。常用金属材料气焊火焰性质的选择见表6-6。

5. 火焰能率的选择

火焰能率是以每小时可燃气体（乙炔）的消耗量（L/h）来表示的。火焰能率主要取决于焊炬型号和焊嘴大小。焊嘴孔径越大，火焰能率也就越大，反之则越小。一般来说，焊接厚度较大、熔点较高、导热性好的焊件，要选用较大的火焰能率；焊接小件、薄件或是立焊、仰焊等，火焰能率要适当减小。

表 6-5 氧乙炔火焰的特点

火焰种类	O_2 : C_2H_2	火焰最高温度/℃	火焰特点
中性焰	1.1～1.2	3050～3150	焰芯亮白色，端部有淡白色火焰闪动，轮廓清楚，氧气与乙炔充分燃烧
氧化焰	>1.2	3100～3300	焰芯短而尖，内焰和外焰没有明显的界线，火焰笔直有劲，并发出“嘶、嘶”的响声，火焰具有强烈的氧化性
碳化焰	<1.1	2700～3000	焰芯的轮廓不清，整个火焰长而柔软，外焰呈橙黄色，乙炔过多时，还会冒黑烟，具有较强的还原性和一定的渗碳作用

表 6-6 各种材料气焊火焰性质的选择

焊件金属	火焰性质	焊件金属	火焰性质
低、中碳钢	中性焰	锰钢	氧化焰
低合金钢	中性焰	镀锌薄钢板	氧化焰
纯铜	中性焰	高碳钢	碳化焰
铝及铝合金	中性焰或轻微碳化焰	硬质合金	碳化焰
铅、锡	中性焰	高速钢	碳化焰
青铜	中性焰	铸铁	碳化焰
不锈钢	中性焰或轻微碳化焰	镍	碳化焰或中性焰
黄铜	氧化焰	蒙乃尔合金	碳化焰

6. 焊炬的倾角

焊炬倾角大小要根据焊件厚度、焊嘴大小及施焊位置来确定。在焊接厚度较大、熔点较高、导热性好的焊件时，为使热量集中，焊嘴倾角就要大些；反之，焊嘴倾角就要相应地减小，如图 6-12 所示。在气焊过程中，焊丝与焊件表面的倾斜角度一般为 30°～40°，它与焊炬中心线的角度为 90°～100°。在焊接过程中，视具体情况的不同灵活改变焊炬倾角，如图 6-13 所示。

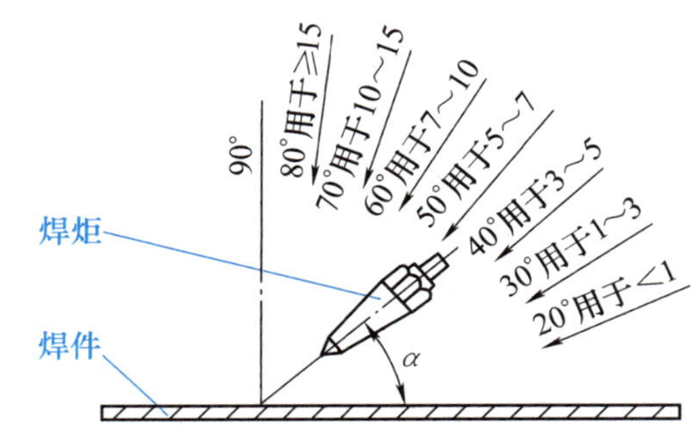

图 6-12　焊炬倾角与焊件厚度的关系

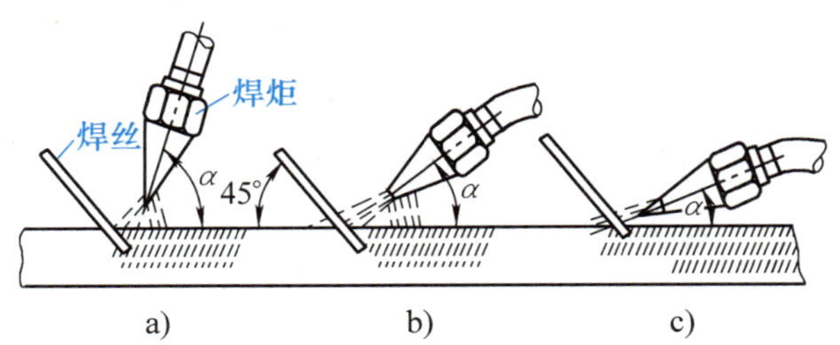

图 6-13　焊接过程中焊炬倾角的变化示意图

a）焊前预热　b）焊接过程中　c）焊接结束填满

7. 焊接速度的选择

根据不同焊件结构、焊件材质、焊件材料的热导率，并根据焊工的操作熟练程度来选择焊接速度。一般来说，对于厚度大、熔点高的焊件，焊接速度要慢些，以避免产生未熔合的缺陷；对于厚度小、熔点低的焊件，焊接速度要快些，以避免产生烧穿的缺陷。

二、气割工艺参数

1. 切割氧压力

切割氧压力与割件厚度、割炬型号、割嘴号码以及氧气纯度等因素有关。一般情况下，割件越厚，所选择的割炬型号、割嘴号码越大，要求切割氧压力也越大。切割氧压力过小，会使切割过程缓慢，易形成黏渣，甚至产生割不透；切割氧压力过大，不仅造成氧气浪费，而且使切口表面粗糙，切口加大，气割速度反而减慢。手工气割规范的选择见表6-7。

表6-7 手工气割规范的选择

割件厚度/mm	割炬型号	割嘴号码	氧气压力/MPa	乙炔压力/kPa
3.0以下	G01—30	1~2	0.29~0.39	1~120
3.0~12		1~2	0.39~0.49	
12~30		2~4	0.49~0.69	
30~50	G01—100	3~5	0.49~0.69	
50~100		5~6	0.59~0.78	
100~150	G01—300	7	0.78~1.18	
150~200		8	0.98~1.37	
200~250		9	0.98~1.37	

另外，氧气纯度低时，金属氧化缓慢，使气割时间增加，氧气消耗量也大，也影响气割的质量。

2. 气割速度的选择

气割速度与割件厚度和使用的割嘴形状有关。割件越厚，气割速度越慢；反之割件越薄，气割速度应越快。气割速度太慢，会使割缝上缘熔化，切口加宽；气割速度过快，会产生很大的后拖量，甚至割不透。所谓后拖量，就是在切割过程中，切割面上的切割氧流轨迹的始点与终点在水平方向上的距离，氧乙炔气割的后拖量如图6-14所示。气割速度选多大，应以尽量使切口产生的后拖量较小为原则，以保证气割质量。

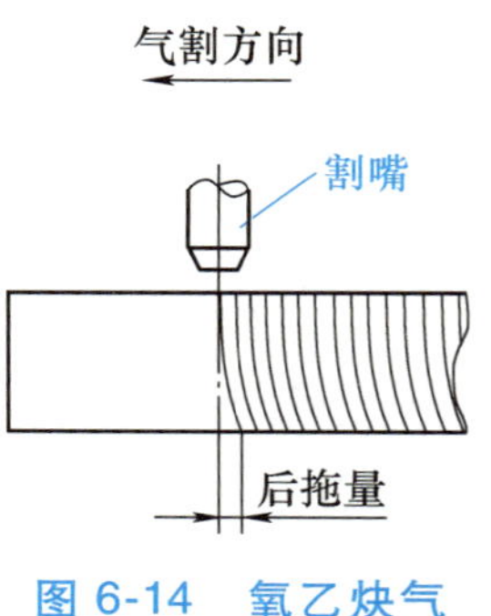

图6-14 氧乙炔气割的后拖量

3. 预热火焰能率的选择

预热火焰能率是以每小时可燃气体消耗量来表示的。它主要取决于割件厚度。一般割件越厚，火焰能率越大。火焰能率过大时，割件切口边缘棱角被熔化；火焰能率过小时，预热时间增加，切割速度减慢或割不透。

预热火焰应采用中性焰或轻微氧化焰。碳化焰因有游离状态的碳，会使切口边缘增碳，故不能使用。

4. 割嘴与割件表面的倾角

割嘴与割件表面的倾角对气割速度和后拖量有很大的影响，它主要取决于割件的厚度。当割嘴沿气割相反方向倾斜一定角度时（后倾），可充分利用燃烧反应产生的热量来减少后拖量，从而促使切割速度的提高，如图 6-15 所示。割嘴与割件表面的倾角与割件厚度的关系见表 6-8。

图 6-15　割嘴倾角示意图

5. 割嘴与割件表面距离

割嘴与割件表面距离应根据预热火焰长度及割件的厚度来决定。一般预热火焰焰芯离开割件表面的距离应保持在 3~5mm，当割件厚度较小时，火焰可长些，距离可适当加大；当割件厚度较大时，由于气割速度放慢，火焰应短些，距离应适当减小。要注意防止因割嘴与割件距离太小，割嘴产生过热和喷溅的熔渣堵塞割嘴，引起回火现象。

表 6-8　割嘴与割件表面的倾角与割件厚度的关系

割件厚度/mm	<6	6~30	>30		
			起割	割穿后	停割
倾斜方向	后倾	垂直	前倾	垂直	后倾
倾斜角度	25°~45°	0°	5°~10°	0°	5°~10°

三、回火问题

回火是指在气焊和气割工艺中，燃烧的火焰进入喷嘴内逆向燃烧的现象，有两种情况：

一种是逆火：火焰向喷嘴孔逆行，并瞬时自行熄灭，同时伴有爆鸣声，也称爆鸣回火。

一种是回烧：火焰向喷嘴孔逆行，并继续向混合室和气体管路燃烧。回烧可能导致烧毁焊炬、管路，也可能引起可燃气体源的爆炸。

发生回火的根本原因是混合气体燃烧的速度大于混合气体从焊炬（或割炬）的喷嘴孔内喷出的速度，因此应尽量减少和防止造成混合气体喷出速度减小的一切因素。

【操作示例】

6mm 板手工气割

【工程案例】

圆管焊接工艺卡示例

接头简图：

焊接工艺卡编号	HJGYK-04	零部件图号	HJYS-12
零部件名称	桁架支管 GR-05	零部件数量	1
母材材质	Q345B	母材规格	ϕ159×4mm
焊接方法	气焊(G)	接头形式	对接
焊接位置	1G	接头数量	1
火焰种类	中性焰	火焰高度	3~5mm
焊接工艺评定报告编号	××××		
焊工持证项目	××××		

焊嘴倾角:40°~80°	焊嘴型号:H01-12
预热温度:≥5℃	层间温度:≤200℃
后热:—	气体:乙炔+氧气
操作方法:右焊法	火焰能率:—

焊接参数

层次	焊丝型号	焊丝规格/mm	焊接速度/(cm/min)	气流量/(L/min)
1	ER50-6	ϕ3.2	3.6~8.5	—
2	ER50-6	ϕ3.2	3.6~8.5	—

焊接检验:

1. 外观:焊缝与母材应平滑过渡;焊缝及其热影响区表面无裂纹、未熔合、夹渣、气孔、弧坑、咬边等表面缺陷;焊缝宽窄差在任意连续50mm长度内不得大于3mm;焊缝高低差在任意连续25mm长度内不得大于3mm
2. 无损检测:按GB/T 11345—2023标准100%UT,UT检测B级合格(检测应在焊后24h以后,经外观检查合格后,才能进行)

工艺说明:

1. 焊丝上的油锈等污物应清除干净。焊前坡口及附近50mm内,油、锈等污物应清除干净。
2. 焊前检查焊嘴,用专用通针进行清理。
3. 定位焊时,焊接方法与焊丝选取与焊接工艺一致。
4. 起焊时,起焊处火焰应往复运动,充分预热。
5. 焊缝收尾时,焊炬应停留或小幅摆动,反复添加2~3次焊丝。
6. 焊接完毕,应清除干净焊缝表面的熔渣、飞溅等物,并打上焊工钢印。

【焊花飞扬】

“焊花”不熄初心弥坚——大国工匠艾爱国

艾爱国，湖南华菱湘潭钢铁有限公司焊接顾问，“全国道德模范”“全国十大杰出工人”“全国劳动模范”“全国五一劳动奖章”“七一勋章”获得者。他在焊工岗位奉献多年，精益求精、追求卓越、勇于自主创新，攻克数百项技术难关，成为一身绝技的焊接行业“领军人”。

“焊花”不熄初心弥坚——大国工匠艾爱国

【考级练习与课后思考】

一、判断题

1. 凡是与乙炔接触的器具、设备，不能用银或 w_{Cu}>70%的铜合金制造。 (　　)
2. 发生回火的根本原因是混合气体的喷出速度大于混合气体的燃烧速度。 (　　)
3. 钢材含碳量越高，其气割性能越好。 (　　)
4. 为了储存乙炔，乙炔瓶内装满浸有丙酮的多孔性填料。 (　　)
5. 气割时，预热火焰一般采用中性焰或轻微碳化焰。 (　　)
6. 气割后拖量是指切割面上切割氧流轨迹的始点与终点在水平方向的距离。 (　　)
7. 气焊铝时应该选用中性火焰。 (　　)
8. 减压器的作用就是起到降压的作用。 (　　)
9. 乙炔瓶内的乙炔气必须全部用完再更换。 (　　)
10. 乙炔瓶应直立放置，不准倒卧。 (　　)
11. 氧气瓶应远离易燃易爆物品，其安全距离应在 10m 以上。 (　　)
12. 氧气瓶阀门着火时，只要操作者将阀门关闭，断绝氧气，火就会自行熄灭。 (　　)
13. 氧气瓶是贮存和运输氧气的专用高压容器，瓶体表面为银灰色。 (　　)
14. 氧乙炔焰焊接、堆焊和切割时，火灾和触电是主要危险。 (　　)

15. 气割广泛用于钢板下料、焊接坡口和铸件浇冒口的切割。 （ ）

16. 气割时所用的设备与气焊完全相同。 （ ）

17. 气焊利用可燃气体和氧燃烧所放出的热量作为热源。 （ ）

18. 气焊和气割常用的可燃气体有乙炔、氢气和液化石油气等；常用的助燃气体是氧气。 （ ）

19. 气瓶运输（含装卸）时，严禁烟火，运输可燃气体气瓶时，运输工具上应备有灭火器材。 （ ）

二、选择题

1. 在氧乙炔焰中氧气起________作用。

A. 助燃　　B. 燃烧　　C. 助燃和燃烧

2. 氧化焰的最高温度可达________℃。

A. 3050～3150　　B. 2700～3000　　C. 3100～3300

3. 气割时后拖量过大主要是由于________引起的。

A. 切割速度过快　　B. 切割速度过慢　　C. 氧气压力太高

4. CJ301是用于气焊________的一种焊剂。

A. 黄铜　　B. 铸铁　　C. 中碳钢

5. 气焊采用的主要接头形式是________。

A. 对接接头　　B. 搭接接头　　C. 角接接头

6. 乙炔瓶内的工作压力不超过________MPa。

A. 1.5　　B. 15　　C. 0.15

7. 气割时预热火焰应选择________。

A. 碳化焰　　B. 中性焰　　C. 氧化焰

8. 气割工艺参数的选择主要取决于________。

A. 割件大小　　B. 割件厚度　　C. 割件材料

9. 铸铁、不锈钢、铝、铜及其合金，不能用________来切割。

A. 等离子弧　　B. 激光　　C. 气割

10. 用于气割的氧气纯度在________以上。

A. 99.2%　　B. 98.5%　　C. 90%

11. 乙炔瓶外表涂________色，标有________色“乙炔”字样。

A. 白、红　　B. 灰、红　　C. 兰、白

12. 气割时，一般预热火焰焰芯离割件表面的距离应保持在________mm。

A. 2~3　　B. 3~5　　C. 5~6

13. 黄铜气焊时宜采用________。

A. 中性焰　　B. 碳化焰　　C. 氧化焰　　D. 任意火焰

14. 气焊时一般采用是________。

A. 碳化焰　　B. 氧化焰　　C. 中性焰

15. 气瓶减压器上不得沾染________。

A. 水　　B. 灰尘　　C. 油脂

三、问答题

1. 气焊的原理是什么？在什么情况下应用？
2. 气割的原理是什么？金属用氧乙炔气割的条件是什么？
3. 单级反作用式乙炔减压器的使用方法是什么？
4. 解释焊炬型号 H01-6，割炬型号 G01-30 的意义。
5. 氧乙炔焰的形状、种类、特性及其应用如何？
6. 气焊焊接参数包括哪些内容？应如何选择？
7. 气割工艺参数包括哪些内容？应如何选择？

【拓展学习】

气焊气割安全事故案例分析

模块七

等离子弧焊接与切割

【学习指南】 等离子弧焊接与切割技术是在钨极氩弧焊技术的基础上形成的，是焊接领域中较有发展前途的一种先进工艺。在焊接和切割生产中，利用等离子弧的高温，可以焊接电弧焊所能焊接的所有金属材料，也可以焊接不同厚度的材料，并且可以高效地切割气割所不能切割的难熔金属和非金属。

第一节 等离子弧的形成及特性

一、等离子弧的形成

当焊接电弧未受到外界的约束时，弧柱的直径会随焊接电流及电弧电压的变化而变化，能量没有高度集中，这样的电弧称为自由电弧。如果对自由电弧的弧柱进行强迫“压缩”，使其体积缩小，就能将导电截面收缩得很小，从而使能量更加集中，弧柱中气体充分电离，这样经过压缩后的电弧称为等离子弧，如图 7-1 所示。

在对自由电弧的压缩中，人们常通过对钨极氩弧焊电弧的压缩来获得压缩电弧。一般通过三种压缩效应来实现压缩。

1. 机械压缩效应

在钨极（负极）和焊件（正极）之间加一较高的电压，通过激发使气体电离形成电弧，此时，用一定压力的气体作用弧柱，强迫其通过水冷喷嘴细孔，弧柱便受到机械压缩，使弧柱截面积缩小，称为机械压缩效应。

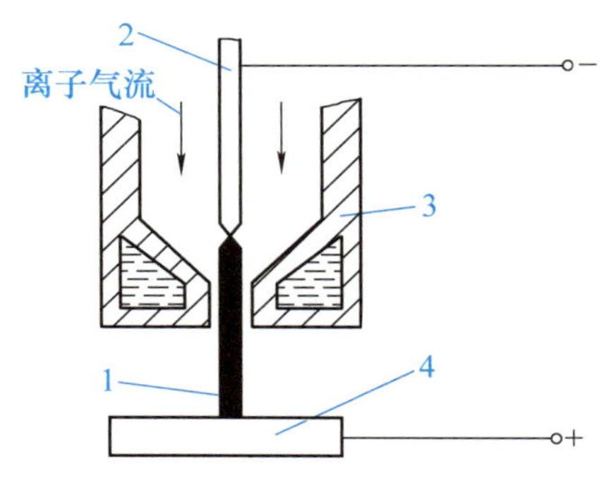

图 7-1 等离子弧发生装置原理图

1—等离子弧 2—钨极 3—水冷喷嘴 4—焊件

2. 热收缩效应

当电弧通过水冷喷嘴，同时又受到不断送给的高速等离子气体流（氩气、氮气、氢气等）的冷却作用，使弧柱外围形成一个低温气流层，迫使弧柱导电截面进一步缩小，电流密度进一步提高。弧柱的这种收缩称为热收缩效应。

3. 磁收缩效应

电弧弧柱受到机械压缩和产生热收缩效应后，喷嘴处等离子弧的电流密度大大提高。电磁收缩力迫使电弧更进一步地受到压缩，称为磁收缩效应。

在以上三种效应的作用下，弧柱被压缩到很细的程度，弧柱内气体也得到了很高的电离，电弧温度高达16000~33000℃，能量密度剧增，而且电弧挺度好，具有很强的机械冲刷力，形成高能束的等离子弧。

二、等离子弧类型

根据电源的不同接法，等离子弧可以分为非转移型弧、转移型弧、联合型弧三种。

1. 非转移型弧

钨极接电源负极，喷嘴接电源正极（图 7-2a）。等离子弧在钨极与喷嘴内表面之间产生。这种等离子弧因为焊件本身不通电，而是被间接加热后熔化，其热量的有效利用率低，故不宜用于较厚材料的焊接和切割，主要用于喷涂、焊接、切割较薄的金属和非金属材料。

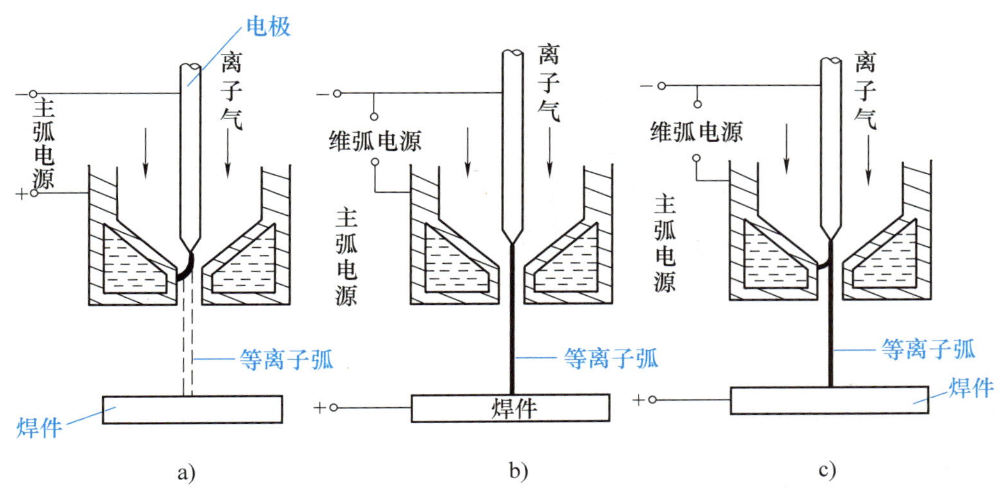

图 7-2　等离子弧的不同类型

a）非转移型弧　b）转移型弧　c）联合型弧

2. 转移型弧

钨极接电源负极，焊件和喷嘴接电源正极（图7-2b）。先在钨极和喷嘴之间引燃小电弧后，随即接通钨极与焊件之间的电路，再切断喷嘴与钨极之间的电路，同时钨极与喷嘴间的电弧熄灭，电弧转移到钨极与焊件间直接燃烧。这种等离子弧可以直接加热焊件，提高了热量的利用效率，故可用于中等厚度以上焊件的焊接与切割。

3. 联合型弧

转移型弧和非转移型弧同时存在的等离子弧称为联合型弧（图7-2c）。联合型弧的两个电弧分别由两个电源供电。主弧电源加在钨极和工件间产生等离子弧，是主要焊接热源。另一个电源加在钨极和喷嘴间来产生小电弧，称为维弧电源。通过维弧电源产生的维持电弧在整个焊接过程中连续燃烧，其作用是维持气体电离，即在某种因素影响下，等离子弧中断时，依靠维持电弧立即使等离子弧复燃。联合弧主要用于微束等离子弧焊接和粉末材料的喷焊。

三、等离子弧焊接的双弧问题

当采用转移型弧焊接时，往往会在正常的等离子弧主弧之外，又在钨极—喷嘴—焊件之间产生燃烧的串联电弧，这种现象称为双弧（图7-3）。出现双弧后，主弧电流降低，正常的焊接或切割过程被破坏，严重时易导致喷嘴烧毁。

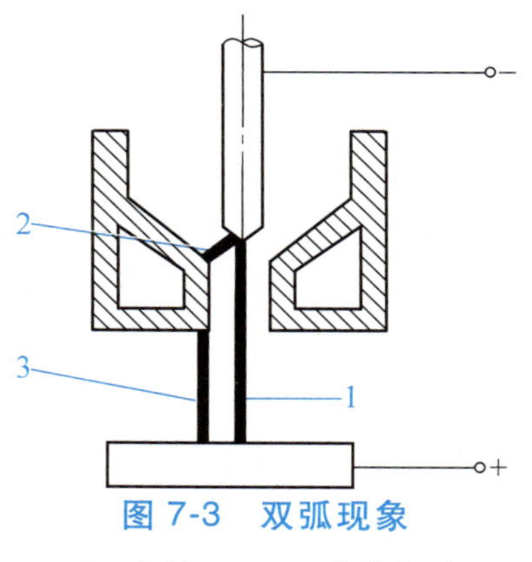

图7-3 双弧现象

1—主弧 2、3—串联电弧

防止产生双弧的措施如下：

1）正确选择焊接电流和离子气流量。

2）喷嘴孔径不要太长，喷嘴到焊件距离不宜太近。

3）电极与喷嘴尽可能同心，电极内缩量适宜，不要太大。

4）减小转移弧的冲击电流。

5）加强对喷嘴和电极的冷却。

第二节　等离子弧切割

一、等离子弧切割的原理及特点

等离子弧切割是利用高温、高流速和高能密度的等离子弧作为能源，将被切割材料局部熔化并立即吹除，从而形成狭窄切口的热切割方法。目前常用的是空气等离子弧切割。

空气等离子弧切割是 20 世纪 80 年代初期兴起的一种先进的切割技术，它的出现使等离子弧切割技术迈入了一个新的发展阶段。空气等离子弧切割有两种形式：一种是单一空气式，使用压缩空气作为工作气体；另一种是复合式，增加了一个内喷嘴，单独对电极通以惰性气体加以保护，以减少对电极的氧化烧损。空气等离子弧切割方法如图 7-4 所示。

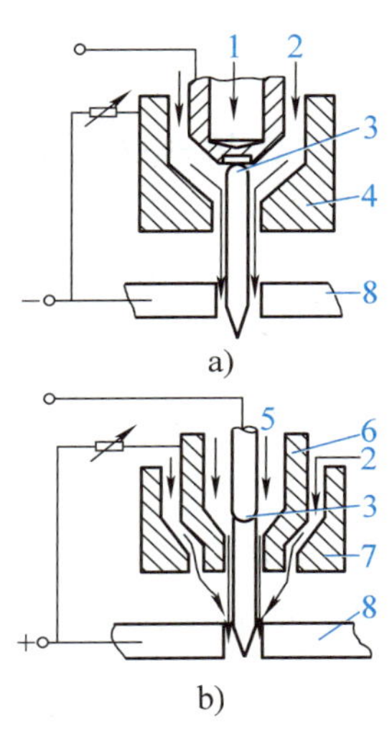

图 7-4　空气等离子弧切割方法示意图

a）单一空气式　b）复合式

1—冷却水　2—压缩空气　3—电极　4—喷嘴　5—工作气体　6—内喷嘴　7—外喷嘴　8—工件

由于等离子弧的温度高（可达 20000K 以上）、能量密度高（$10^5 \sim 10^6 W/cm^2$），并且切割用等离子弧的挺度大、冲刷力强，因此等离子弧切割具有以下特点：

1. 可切割多种材料、应用范围广

等离子弧切割属于高温熔化型切割，它可以切割几乎所有的金属材料，例如不锈钢、铸铁、非铁金属以及钨及钨合金等难熔金属材料，切割不锈钢、铝等厚度可达 200mm 以上。使用非转移弧时，还能切割非金属材料，如玻璃、陶瓷、耐火砖、水泥块、矿石和大理石等。

2. 切割速度快、生产率高

切割较薄板时，这一特点更为突出，例如切割 5~6mm 厚的低碳钢板，当工作电流为 200A 时，其切割速度可高达 3m/min，是气割速度的 5 倍以上。在目前采用的各种热切割方法中，等离子弧的切割速度仅低于激光切割法，而其优点远远大于其他切割方法。

3. 切割起始点无须预热

当用氧乙炔焰切割金属时，因为火焰温度较低，需要在切割起点处对金属进行预热，而等离子弧切割时由于电弧温度高，可以不需要预热。

4. 切割成本低

等离子弧切割可以采用空气、氮气和氩气等气体作为切割气体，采用氮气和空气作为切割用气体时，切割成本低。

除了上述优点，等离子弧切割也存在一些缺点。等离子弧切割存在着烟尘、弧光和噪声三种弊端。切割功率越大，问题越突出。因此，应采取必要的防护措施，消除或减轻它们对环境的污染和对人体的危害。

二、等离子弧切割的设备

等离子弧切割设备包括电源、控制箱、水路系统、气路系统及割炬等。等离子弧切割设备示意如图7-5所示。

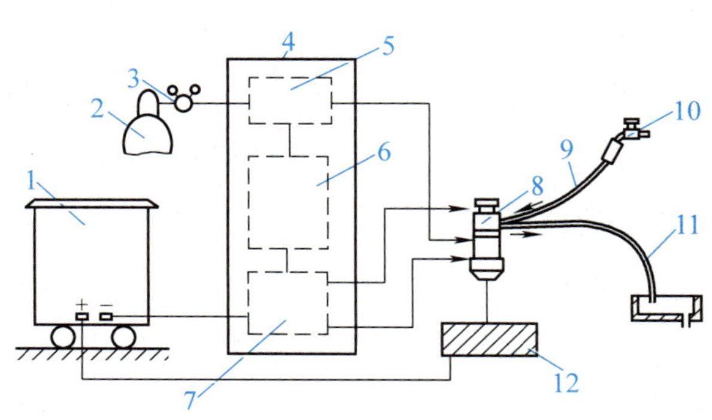

图7-5 等离子弧切割设备示意图

1—电源 2—气源 3—调压表 4—控制箱 5—气路控制 6—程序控制 7—高频发生器 8—割炬 9—进水管 10—水源 11—出水管 12—工件

1. 电源

等离子弧切割电源应具有陡降的外特性曲线，一般要求空载电压为150~400V，工作电压在80V以上。为了保证等离子弧的稳定燃烧，一般采用直流电源，有专供等离子弧切割用的弧焊整流器ZXG2200，它既可进行手工切割又可进行自动切割。

2. 控制箱

控制箱主要包括程序控制接触器、高频振荡器和电磁气阀等。控制箱能完成下列过程的控制：

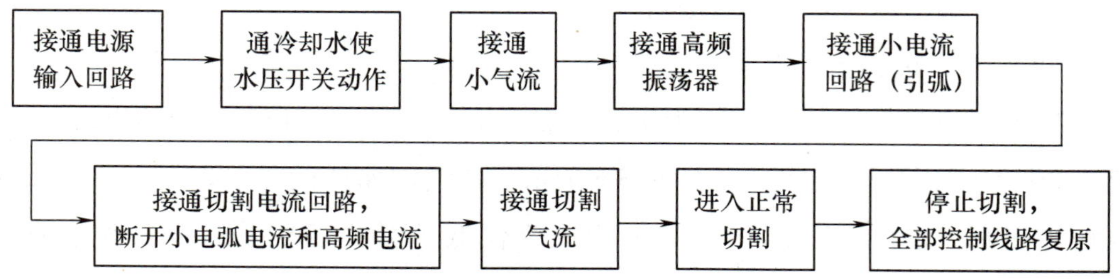

3. 水路系统

由于等离子弧切割的割炬是在10000℃以上的高温下工作，为保持正常切割，必须通水冷却，冷却水流量应大于2~3L/min，水压为0.15~0.2MPa。水管设置不宜太长，一般自来水既可满足要求，也可采用循环水。

4. 气路系统

气路系统的作用是防止钨极氧化，压缩电弧和保护喷嘴不被烧毁，一般气体压力应在0.25~0.35MPa。

5. 割炬

割炬由上枪体、下枪体和喷嘴三个主要部分组成。其中喷嘴是割炬的核心部分，其结构型式和几何尺寸对等离子弧的压缩和稳定有重要影响。

常用的等离子弧切割机有LG-400-1型、LG-400-2型和空气等离子弧切割机LGK8-40型等。

三、等离子弧切割参数

等离子弧切割参数主要有工作气体种类和流量、切割电流和电压、喷嘴直径、切割速度、喷嘴端面至工件表面距离等。

1. 工作气体种类和流量

（1）工作气体种类　在切割厚度在30mm以下的碳钢及低合金钢时，等离子弧切割常使用压缩空气作为工作气体。为避免电极氧化烧损，一般采用纯锆或纯铪电极。除此以外，还有用氮、氩、氢以及它们的混合气体，由于氮气的携热性能好，密度大，价格又比较低，因此目前国内切割不锈钢、铸铁、铝、镁和铜等金属时，广泛采用氮气（纯度不低于99.5%）作为切割气体，电极一般采用铈钨极，并用直流正接。

（2）工作气体流量　单一式等离子弧切割时，工作气体即为离子气，适当增大离子气流量，既可提高切割速度，又可提高切割质量。因为离子气流量增大时，一方面提高了等离子弧被压缩的程度，使等离子弧的能量更集中，冲力更大；另一方面又可提高切割电压（因气体流量增大时，弧柱气流的电离度降低，电阻增大，电压降增大）。但气体流量也不能太大，因过大的气体流量会带走大量热量，反而会降低切口金属温度，使切割速度下降，切口宽度增大。

2. 切割电流和电压

切割电流和电压是等离子弧切割最重要的参数，它直接影响到切割金属厚度和切割速度。当切割电流和电压增加时，等离子弧的功率增大，可切割的厚度和切割速度也增大。单独增大电流时，会使弧柱直径增大，割缝宽度也增大。因为电流太大还易产生双弧而烧坏喷嘴，所以对一定直径的喷嘴，电流的增大是受到限制的。

3. 喷嘴直径

对每一直径的喷嘴，都有一个允许使用的电流范围极限值。如超过这个极限值，则易产生双弧现象而烧坏喷嘴。当工件厚度增大，需用大电流切割时，喷嘴直径也要相应增大（孔道长度也要相应增大）。切割喷嘴的孔道比 L/d 一般为 1.5~1.8。

4. 切割速度

切割速度既影响生产率，又影响切割质量的好坏。切割速度应根据等离子弧功率、工件的厚度和材质来确定。在切割功率和板厚相同的情况下，按照铜、铝、碳钢、不锈钢的顺序，切割速度依次由小变大。铜的导热性好，散热快，故切割速度最慢。

5. 喷嘴端面至工件表面距离

喷嘴端面至工件表面的距离对切割速度、切割电压和割缝宽度等都有一定的影响。手工切割时，喷嘴至工件表面的距离一般取 8~10mm，自动切割时一般取 6~8mm。

第三节 等离子弧焊接

一、等离子弧焊接的原理及特点

等离子弧焊接是指借助水冷喷嘴对电弧的约束作用，获得较高能量密度的等离子弧进行焊接的方法。它是利用特殊构造的等离子弧焊枪所产生的高达几万摄氏度的高温等离子弧，有效地熔化焊件而实现焊接的过程，其原理如图 7-6 所示。

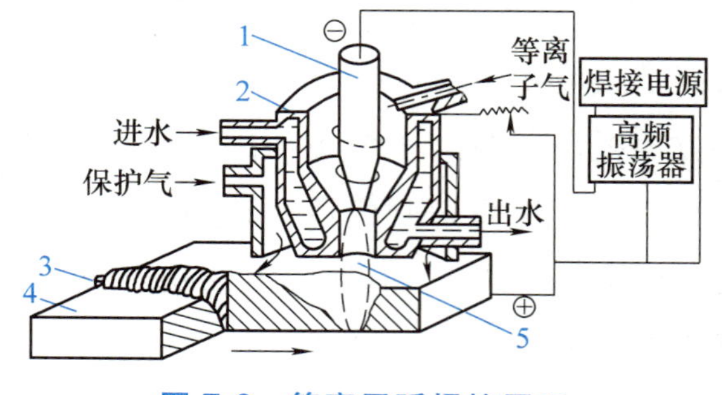

图 7-6 等离子弧焊接原理

1—钨极 2—喷嘴 3—焊缝 4—焊件 5—等离子弧

二、等离子弧焊接方法

等离子弧焊接有穿透型等离子弧焊、熔透型等离子弧焊、微束型等离子弧焊三种基本方法。

1. 穿透型等离子弧焊

利用等离子弧在适当的焊接参数下产生的小孔效应来实现等离子弧焊接的方法，称为穿透型等离子弧焊，也称为小孔型等离子弧焊。等离子弧焊时，由于弧柱温度与能量密度大，将焊件完全熔透，并在等离子流力作用下在熔池前缘穿透整个焊件厚度，形成一个小孔（图 7-7a）。熔化金属被排挤在小孔周围，并沿熔池壁向熔池后方流动，小孔随同等离子弧一起沿焊接方向向前移动，而形成均匀的焊缝（图 7-7b）。穿透型等离子弧焊是目前等离子弧焊接的主要方法。稳定的小孔焊接过程，是焊缝完全焊透的一种标志。焊接电流为 100～300A 的较大电流等离子弧焊大都采用这种方法，适宜于焊接 2～8mm 厚度的合金钢板材，可以不开坡口和背面不用衬垫进行单面焊双面成形。

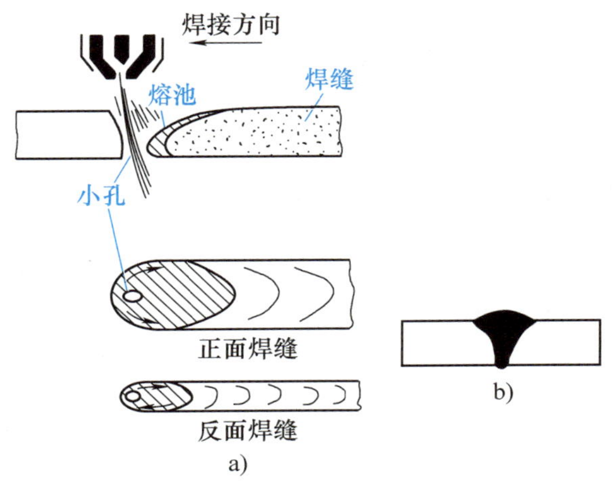

图 7-7　等离子弧焊示意图

a）熔池穿孔状态　b）焊缝横端面形状

2. 熔透型等离子弧焊

在焊接过程中，只熔透焊件，但不产生小孔效应来实现等离子弧焊接的方法，称为熔透型等离子弧焊。当等离子弧的离子气流量减小，电弧压缩程度较弱，等离子弧从喷嘴喷出速度较小，等离子弧的穿透能力也较弱，在焊接过程中不产生小孔效应，而主要靠熔池的热传导实现熔透。这种熔透型等离子弧焊接方法基本上和钨极氩弧焊相似，多用于板厚 3mm 以下结构的焊接、角焊缝或多层焊缝时的除打底焊外的填充焊及盖面焊。焊接时可添加或不加填充焊丝，优点是焊接速度较快。

3. 微束型等离子弧焊

微束型等离子弧焊一般是在小电流下进行焊接，为了形成稳定的等离子弧，而采用联合型弧。在焊接时，除了燃烧于钨极和焊件之间的转移弧，还在钨极和喷嘴之间存在着维持电弧（非转移弧）。它们分别由转移弧电源和维弧电源供电。燃烧于钨极和焊件之间的等离子弧通过小孔径的喷嘴，形成细长柱状的微束等离子弧来熔化焊件进行焊接。微束等离子弧焊接常用的焊接电流范围为0.1~30A。

三、等离子弧焊焊接材料

1. 气体

等离子弧焊所采用的气体分为离子气和保护气两种。大电流等离子弧焊时，离子气和保护气用同一种气体，否则影响等离子弧的稳定性；小电流等离子弧焊时，保护气也可以用 Ar（95%）+H（5%）的混合气体或 Ar（95%~80%）+CO_2（5%~20%）混合气体。这样有利于消除焊缝内气孔，并能改善焊缝表面成形，但不宜加入过多，否则熔池下塌，飞溅增加。

2. 电极和极性

一般采用铈钨极作为电极，焊接不锈钢、合金钢和镍合金等采用直流正接。焊接铝、镁合金时采用直流反接并使用水冷铜电极，离子气一律用氩气。

四、等离子弧焊焊接参数

等离子弧焊主要焊接参数有离子气流量、焊接电流、焊接速度，其次为喷嘴到焊件的距离和保护气流量等。

1. 离子气流量

当喷嘴孔径确定后，离子气流量大小视焊接电流和焊接速度而定。离子气流量直接影响熔透能力。为了形成稳定的小孔效应，必须有足够的离子气流量。

2. 焊接电流

焊接电流由板厚和熔透要求来确定。电流过小不能形成小孔；电流过大会使熔池金属下坠，还会引起双弧现象。

3. 焊接速度

焊接速度也是影响小孔效应的重要参数。其他条件一定时，焊接速度增加，小孔直径减小，甚至消失；反之，焊接速度过低，焊件过热，会产生背面焊缝金属下陷或熔池泄漏等缺陷。

4. 喷嘴到焊件的距离

喷嘴到焊件的距离过大，熔透力降低；距离过小，则造成飞溅物粘污喷嘴。焊接碳钢和低合金钢时，喷嘴到焊件的距离为 1～2mm；焊接其他金属时为 4～8mm。与钨极氩弧焊相比，喷嘴距离变化对焊接质量的影响不太敏感。

5. 保护气流量

保护气流量应与离子气流量有个适当的比例，否则会导致气流紊乱，影响电弧稳定和保护效果。小孔型焊接保护气流量一般在 15～30L/min。

第四节　粉末等离子弧堆焊及喷涂

一、粉末等离子弧堆焊

1. 基本原理

粉末等离子弧堆焊是利用等离子弧作为热源，将粉末状合金材料熔化成堆焊层的方法。粉末等离子弧堆焊一般采用转移弧或联合型弧。其电源采用具有陡降外特性的直流电源，并带有电流衰减控制，以填满弧坑。采用高频引弧，当等离子弧建立后，引导弧可以切断，若需要作为补充热源，则引导弧可以不切断。

2. 特点及应用

粉末等离子弧堆焊的熔敷率高，堆焊层稀释率低，质量高，生产率高，是一种高效优质的堆焊方法。粉末等离子弧焊便于实现自动化，易于根据堆焊层使用性能要求来选配各种成分合金的粉末，因而是目前广泛应用的等离子弧堆焊方法，特别适合于在轴承、轴颈、阀门板、阀门座、工具、推土机零件、石油钻杆端头、涡轮叶片等制造或修复工作中堆焊硬质耐磨合金（这些合金难于制成丝状，但可以制成粉末状）。

二、粉末等离子弧喷涂

1. 基本原理

粉末等离子弧喷涂是利用非转移弧作为热源，把难熔的金属或非金属粉末材料送入弧中快速熔化，并以极高的速度将喷散成极细的颗粒撞击到工件表面上，从而形成一很薄的具有特殊性能的涂层。

2. 特点及应用

粉末等离子弧喷涂时，由于等离子弧温度高、流速大，涂层在惰性气体保护下质量好、效率高，涂层致密度可达85%~90%，可以获得较薄的涂层。基体材料加热温度一般在200℃左右，最高不超过500℃，所以工件本身不被加热至塑性状态，不变形，不发生组织变化，保持加工前的性能。粉末等离子喷涂既可应用于金属材料，又可应用于非金属材料，可以喷涂金属或非金属碳化物、氧化物、硼化物、氮化物、硅化物涂层。正是由于这些特点，使粉末等离子弧喷涂成为应用最广泛的喷涂方法，在材料保护领域有着十分广泛的应用。

【操作示例】

等离子弧切割演示

【工程案例】

钢结构行车梁下料工艺卡

<table>
<tr><td rowspan="11">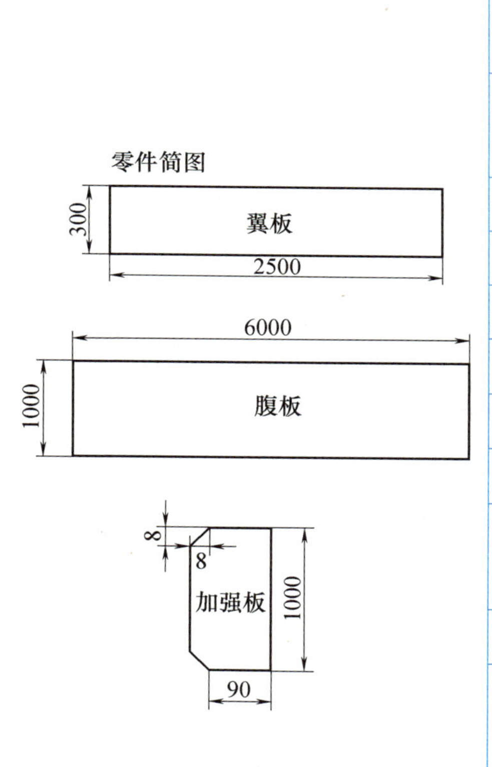
</td><td>焊接工艺卡编号</td><td>HJGYK-05</td><td>零部件图号</td><td>GJHCL-06</td></tr>
<tr><td>零部件名称</td><td>钢结构行车梁H6</td><td>零部件数量</td><td>1</td></tr>
<tr><td>母材材质</td><td>Q345B</td><td>母材规格</td><td>12mm</td></tr>
<tr><td>下料方法</td><td>等离子弧切割</td><td>喷嘴孔径</td><td>12mm</td></tr>
<tr><td>切割电流</td><td>100~250A</td><td>切口宽度</td><td>3.0mm</td></tr>
<tr><td>空载电压</td><td>—</td><td>喷嘴高度</td><td>3~5mm</td></tr>
<tr><td>焊工持证项目</td><td colspan="3">××××</td></tr>
<tr><td>气体</td><td>100%氧气</td><td>气流量</td><td>—</td></tr>
<tr><td>切割引入/引出线位置</td><td colspan="3">零件右下角</td></tr>
<tr><td>电极内缩量</td><td>2~4mm</td><td>切割速度</td><td>100~140cm/min</td></tr>
<tr><td colspan="4">下料说明：
1. 切割由工件右下角10mm处引入，由右下角5mm处引出，切割过程中预留切口宽度。
2. 切割前清理检查喷嘴。
3. 切割过程中需佩戴护目镜，避免弧光辐射。
4. 切割完毕，应清除干净工件表面的熔渣、飞溅等物。</td></tr>
</table>

【焊花飞扬】

来自小村庄的世界冠军——赵脯菠

赵脯菠，中国十九冶集团有限公司职工，第四十五届世界技能大赛焊接项目冠军，先后获得“全国技术能手”“中冶集团劳动模范”“中冶集团首席技师”等荣誉。“坚持自己的初心，做一个优秀的工匠，为祖国从工业大国向工业强国迈进贡献自己最大的力量。”这是获奖后的赵脯菠的奋斗目标。

来自小村庄的世界冠军——赵脯菠

【考级练习与课后思考】

一、判断题

1. 等离子弧都是压缩电弧。（　　）

2. 等离子弧焊接是利用钨极氩弧焊焊枪产生的等离子弧来熔化金属的焊接方法。（　　）

3. 等离子弧焊时，利用“小孔效应”可以有效地获得单面焊双面成形的效果。（　　）

4. 等离子弧和普通自由电弧本质上是完全不同的两种电弧，表现在前者弧柱温度高，而后者弧柱温度低。（　　）

5. 等离子弧切割时，切割起始点无须预热。（　　）

6. 等离子弧焊时，电极应采用纯钨极，不得使用钍钨极和铈钨极。（　　）

7. 非转移弧主要用于喷涂、焊接、切割较薄的金属和非金属材料。（　　）

8. 电极如果偏心，则引起等离子弧偏斜，影响焊缝成形，偏心严重时会破坏等离子弧稳定性，产生双弧。（　　）

9. 等离子弧比普通电弧的导电截面小。（　　）

10. 工业上常采用的等离子气体是 CO_2。（　　）

二、选择题

1. 一般等离子弧在喷嘴口中心的温度可达________。

A. 2600℃　　B. 3300℃　　C. 10000℃　　D. 20000℃

2. 在电弧与工件之间建立的等离子弧，称为________。

A. 转移弧　　B. 非转移弧　　C. 联合型弧　　D. 双弧

3. 等离子弧焊接是利用________产生的高温等离子弧来熔化金属的焊接方法。

A. 钨极氩弧焊焊枪　B. 手弧焊焊钳　　C. 等离子焊枪　　D. 碳弧气刨枪

4. 微束等离子弧焊的优点之一是，可以焊接________的金属构件。

A. 极薄件　　B. 薄板　　C. 中厚板　　D. 大厚板

5. 等离子弧所采用的电源，绝大多数为具有________形状外特性的直流电源。

A. 陡降　　B. 缓降　　C. 水平　　D. 上升

6. 等离子弧切割比氧乙炔焰切割的________。

A. 应用范围小　　B. 生产率低　　C. 切割质量高　　D. 切口宽

7. 一般等离子弧切割电源空载电压均不低于________。

A .80V　　B. 90V　　C. 110V　　D. 150V

8. 等离子弧切割工作气体氮气的纯度应不低于________。

A. 99.5%　　B. 99.9%　　C. 99.95%　　D. 99.99%

9. 等离子弧切割不锈钢、铝等厚度可达________ mm 以上。

A. 200　　B. 300　　C. 400　　D. 450

10. 等离子弧切割时必须通冷却水，用以冷却________和电极。

A. 喷嘴　　B. 变压器　　C. 整流器　　D. 电缆

三、简答题

1. 什么是等离子弧？等离子弧是怎样形成的？
2. 等离子弧有哪几种类型？适用范围如何？
3. 双弧现象是怎样产生的？如何防止？
4. 简述等离子弧切割的原理、特点及类别。
5. 等离子弧焊接有哪几种方法？简述其各自的原理、特点。
6. 简述粉末等离子弧堆焊及喷涂的原理。

【拓展学习】

等离子弧切割示例——小蜜蜂

模块八

埋弧焊

【学习指南】 埋弧焊是电弧在焊剂层下燃烧进行焊接的方法，是目前最常用的机械自动化焊接方法。本模块主要是介绍埋弧焊的自动调节原理、常用设备及焊接材料与工艺等。

第一节 埋弧焊概述

埋弧焊的焊接过程如图 8-1 所示。焊剂 2 从焊剂漏斗 3 流出后，均匀地堆敷在装配好的焊件 1 上，焊丝 4 由送丝机构 5 送进，经导电嘴 6 送往焊接电弧区。焊接电源的两极，分别接在导电嘴和焊件上。焊丝 4 末端和焊件 1 之间产生电弧后，电弧的辐射热使焊丝末端周围的焊剂 2 熔化，有部分被蒸发，焊剂蒸气将电弧周围的熔化焊剂（熔渣）排开，形成一个封闭空间，使电弧与外界的空气隔绝，电弧在此空间内继续燃烧，焊丝便不断熔化，并以滴状落下，与焊件被熔化的液态金属混合形成焊接熔池。随着焊接过程的进行，电弧向前移动，焊接熔池也随之冷却而凝固，形成焊缝 7。密度较小的熔渣浮在熔池的表面，冷却后成为渣壳 8。

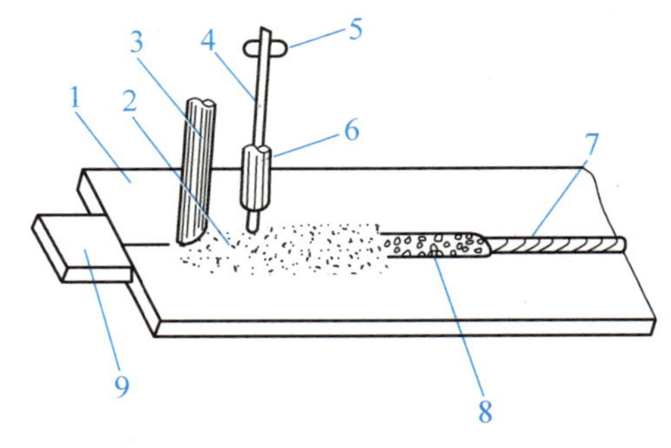

图 8-1 埋弧焊的焊接过程

1—焊件 2—焊剂 3—焊剂漏斗 4—焊丝 5—送丝机构 6—导电嘴 7—焊缝 8—渣壳 9—引出板

埋弧焊与焊条电弧焊的主要区别在于它在引弧、维持电弧稳定燃烧、送进焊丝、电弧的移动以及焊接结束时填满弧坑等动作全部都是利用机械自动进行的。

埋弧焊与焊条电弧焊比较具有如下优点：

（1）生产率高　埋弧焊时，焊丝导电长度短而且长度基本不变，可以使用较大的焊接电流。使用相同直径的焊丝，埋弧焊时的焊接电流一般为焊条电弧焊的4倍左右，同时因电弧加热集中，使熔深增加，单丝埋弧焊可一次焊透20mm以下不开坡口的钢板。而且埋弧焊的焊接速度也较焊条电弧焊快，所以生产率显著提高。

（2）焊接质量好　埋弧焊时，由于焊剂对电弧空间有可靠的保护，防止了空气的侵入，同时由于焊接过程较为稳定，焊缝的化学成分和性能比较均匀，焊缝表面也光洁平直。因为熔池深度较大，不易产生未焊透的缺陷，同时也消除了焊条电弧焊中因更换焊条而容易引起的一些缺陷。

（3）节省焊接材料和电能　由于焊接线能量较大，焊接时可不开或少开坡口，减少了焊缝中焊丝的填充量，这样既节约了焊丝和电能，也节省了由于加工坡口而消耗掉的金属。同时，由于焊剂的保护，金属的烧损和飞溅明显减少。埋弧焊时的连续送丝消除了焊条电弧焊中焊条头的损失。

（4）焊件变形小　因为埋弧焊的热能集中，焊接速度快，所以焊缝热影响区较小，焊件的变形也就小。

（5）改善了劳动条件　由于埋弧焊采用了机械化操作，因此焊工的劳动强度大为降低；又因是埋弧焊接，故消除了弧光对焊工的有害作用，并可省去面罩，便于操作；同时，埋弧焊所放出的有害气体也较少。

埋弧焊的缺点是尚不能适应全位置的焊接。

第二节　埋弧焊的自动调节

电弧焊的焊接过程一般包括引燃电弧、焊接、收尾三个阶段。如果借助于机械和电气的方法使上述三个阶段实现自动化，即称焊接过程自动化。目前使用的埋弧焊基本都是自动化焊接。

无论是焊条电弧焊或者埋弧焊，要保证获得较好的焊接质量，不仅必须正确地选择焊接参数，而且还要保证焊接参数在整个焊接过程中的稳定。焊接参数主要是指焊接电流、电弧电压和焊接速度。本节着重介绍焊接电流和电弧电压的自动调节原理。其他方面的自动化，将在设备部分讲述。

一、电弧焊接过程自动调节的必要性

在焊接的情况下，要保持焊接电流和电弧电压的恒定不变是相当困难的。因为在焊接过程中经常会受到外界的扰动，导致焊接电流和电弧电压偏离预定值。外界扰动是多种多样的，其中最主要的有弧长变化和网路电压的变化。

在一般情况下，弧长干扰对焊接过程稳定性的影响最为严重。因此，通常自动电弧焊机对焊接参数的调节，都是以消除弧长的干扰为主要目标。目前埋弧焊机按电弧调节方法可分为电弧自身调节和电弧电压自动（强制）调节两类，并根据这两种不同的调节原理，设计和制造了等速送丝式焊机（如 MZ1-1000 型）和变速送丝式焊机（如 MZ-1000 型）。

二、等速送丝式焊机的工作原理

在焊接过程中，依靠电弧的自身调节作用，可以使变动的弧长很快地恢复正常，达到焊接过程的稳定。等速送丝式埋弧焊机就是根据这个原理制成的。

1. 等熔化速度曲线（也称电弧自身调节系统静特性曲线）

等速送丝式焊机的自身调节性能关键在于焊丝熔化速度，而焊丝熔化速度主要与焊接电流有关，如果选定焊丝送给速度和焊接工艺条件（焊丝直径和伸出长度不变，焊剂牌号不变等）相同，调节几个适当的焊接电源外特性曲线位置，并分别测出电弧稳定燃烧点的焊接电流和电弧电压值，以及相应的电弧长度，连接这几个电弧稳定燃烧点，就可以得到一条曲线 C（图 8-2）。这条曲线称作等熔化速度曲线。曲线上每一个电弧燃烧点都对应着一定的焊接电流和电弧电压，而且当电弧电压升高时，焊接电流也相应增大。这样当电弧电压升高使焊丝熔化速度减慢时，可由增大的焊接电流来补偿，达到焊丝熔化速度与焊丝送给速度同步，保持电弧在一定的长度下稳定燃烧。

2. 电弧自身调节作用

等速送丝式焊机的电弧稳定燃烧点，应是电源外特性曲线、电弧静特性曲线和等熔化速度曲线 C 的三线相交点，如图 8-3 所示 O_1 点。

假定电弧在 O_1 点稳定燃烧，当受到外界因素干扰时，使电弧长度突然从 l_1 拉长到 l_2，此时电弧燃烧点从 O_1 点移到 O_2 点，焊接电流从 I_1 减小到 I_2，电弧电压从 U_1 增大到 U_2。电弧在 O_2 点燃烧是不稳定的，因为焊接电流减小（$I_2<I_1$）和电弧电压升高（$U_2>U_1$），都会减慢焊丝熔化速度，而焊丝给送速度是恒定不变的，其

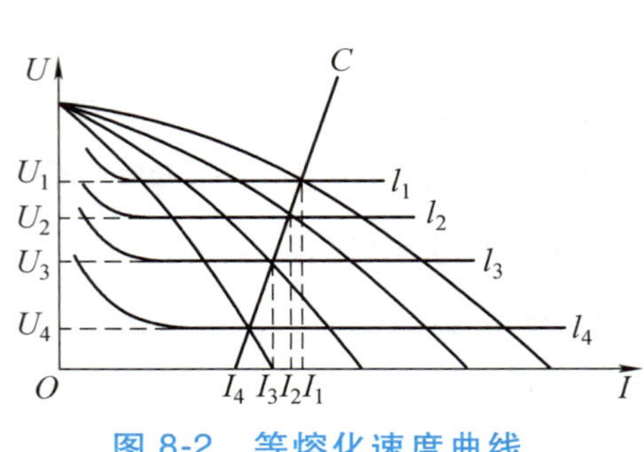

图 8-2 等熔化速度曲线

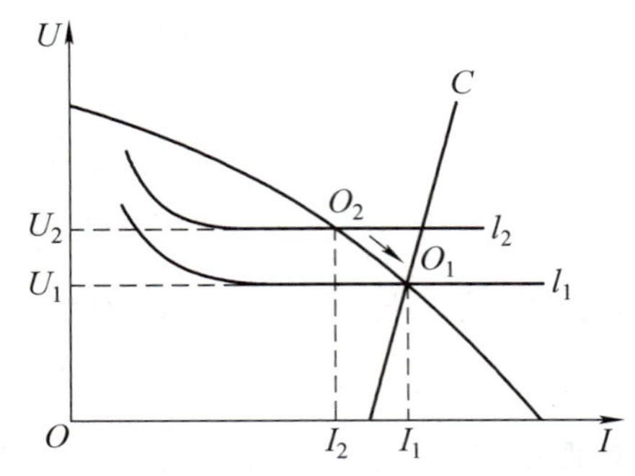

图 8-3 弧长变化时电弧自身的调节过程

结果使电弧长度逐渐缩短，电弧燃烧点将沿着电源外特性曲线，从 O_2 点回到原来的 O_1 点，这样又恢复了电弧稳定燃烧状态，保持原来的电弧长度。反之，电弧长度突然缩短时，由于焊接电流随之增大，电弧电压降低，加快焊丝熔化速度，而送丝速度不变，使电弧长度增加，同样也会恢复到原来的电弧长度。

3. 影响电弧自身调节性能的因素

电弧自身调节作用主要是依靠焊接电流的增减实现，焊接电流的变化越显著，则电弧长度恢复得越快。

（1）焊接电流　从图 8-4 中可以看出，当电弧长度变化相同时，选用大电流焊接比小电流焊接的电流变化值要大（$\Delta I_1 > \Delta I_2$）。因此采用大电流焊接时，电弧的自身调节作用较好，即电弧自动恢复到原来长度的时间就短。

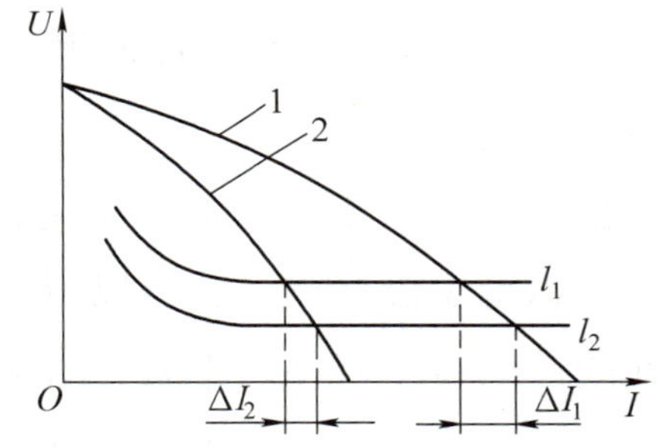

图 8-4 焊接电流和电源外特性的影响

（2）电源外特性　从图 8-4 中还可以看出，当电弧长度变化相同时，较为平坦的下降电源外特性曲线 1 要比陡降的电源外特性曲线 2 的电流变化值大些。这说明电源下降外特性越平坦，焊接电流变化值越大，电弧的自身调节性能就越好。所以，等速送丝式埋弧焊的焊接电源，要求具有缓降的电源外特性。

三、变速送丝式焊机的工作原理

变速送丝式埋弧焊机的原理就是使送丝速度随弧长波动而变化。当弧长拉长时，电弧电压增加，而通过电弧电压自动（强制）调节系统，使送丝速度也相应增加，从而使弧长恢复。

（1）电弧电压自动调节静特性曲线 通过电弧电压自动调节焊机在一定的焊接条件下，选定一个适当的给定电压，然后调节几个电源外特性曲线位置，焊接时分别测出电弧稳定燃烧时的焊接电流和电弧电压，连接这几个电弧稳定燃烧点，可以得到一条电弧电压自动调节静特性曲线。电弧在该曲线上任一点燃烧时，送丝速度等于熔化速度。但是，变速送丝式焊机的焊丝送给速度不是恒定不变的，因此在曲线上的各个不同点，都有不同的焊丝送给速度，并对应着不同的焊丝熔化速度，以使电弧在一定的长度下稳定燃烧，这和等速送丝式焊机的等熔化速度曲线是有区别的。

（2）电弧电压自动调节作用 变速送丝式焊机的电弧稳定燃烧点，是电源外特性曲线、电弧静特性曲线和电弧电压自动调节静特性曲线 A 的三线相交点，如图 8-5 所示 O_1 点。

假定电弧在 O_1 点稳定燃烧，当受到外界干扰时，使电弧长度突然从 l_1 拉长至 l_2，此时电弧燃烧点从 O_1 点移到 O_2 点，电弧电压从 U_1 增到 U_2，因电弧电压升高，使焊丝送给速度加快，焊接电流由 I_1 减小到 I_2，焊丝熔化速度减慢，电弧长度将相应缩短，从而使电弧的燃烧点又从 O_2 点回到原来的 O_1 点，保持了原来稳定燃烧时的电弧长度。反之，如果电弧长度突然缩短，电弧电压随之减小，焊丝送给速度相应减慢，引起焊接电流增大，焊丝熔化速度加快，从而使弧长变长，结果也是恢复到原来的电弧长度。

（3）影响电弧电压自动调节性能的因素 主要的影响是网路电压波动。当网路电压升高时，电源外特性曲线相应上移（图 8-6），电弧从原来稳定燃烧 O_1 点移到新的稳定燃烧 O_2 点，相应地，焊接电流由 I_1 增至 I_2，电弧电压由 U_1 升高到 U_2。由于 O_2 点在电弧电压自动调节静特性曲线上，因此变速送丝式焊机不能使焊接参数

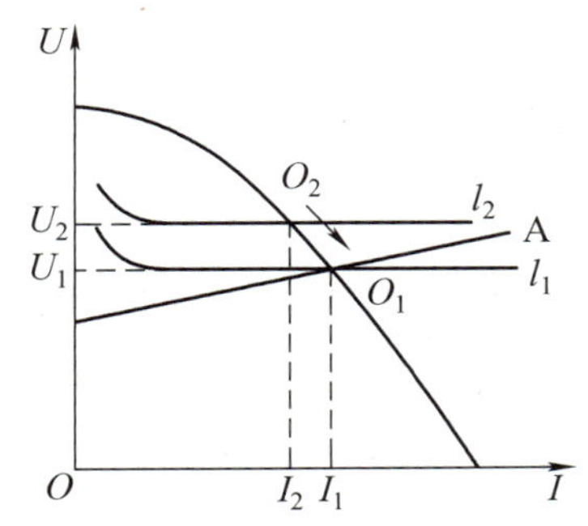

图 8-5 弧长变化时电弧电压自动（强制）调节过程

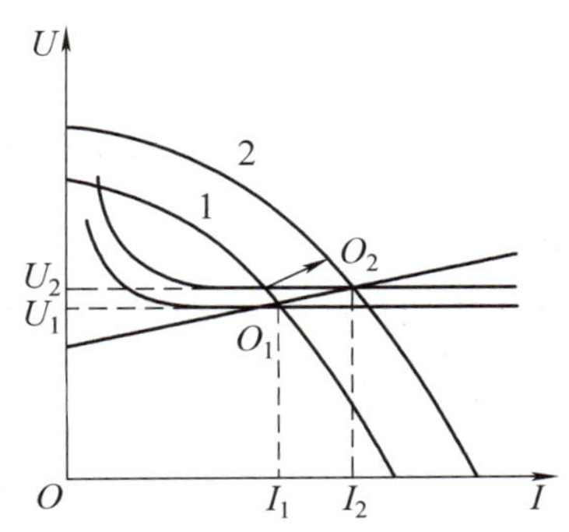

图 8-6 网路电压变化时电弧电压调节式焊机焊接参数的影响

恢复到原值。

由于电弧电压自动调节静特性曲线近似水平，因此电弧电压变化受网路电压波动的影响很小，会使焊接电流变化较大。为了减小网路电压波动对焊接电流的影响，变速送丝式焊机适宜采用陡降外特性的焊接电源。

第三节 埋弧焊机

目前在生产中使用的埋弧焊机的类型很多，它的分类除了第二节中所述的按电弧调节方法分类，还可按用途分为万能式自动焊机和专用自动焊机；按焊丝数目分为单丝自动焊机和多丝自动焊机；按焊机行走方式分为悬挂机头式焊机、自行机头式焊机和焊车式焊机；按焊缝成形方式分为自由成形式焊机和强制成形式焊机。

本节主要介绍使用较普遍的MZ-1000型变速送丝式埋弧焊机。MZ-1000型变速送丝式埋弧焊机适合焊接位于水平位置及与水平面倾斜不大于15°的各种有、无坡口的对接、搭接和角接等接头的埋弧焊，并可借助滚轮架进行圆形焊件内、外环缝的焊接。

MZ-1000型变速送丝式埋弧焊机主要由MZT-1000型自动焊车、MZP-1000型控制箱和焊接电源三部分组成，焊机的外形如图8-7所示。

一、MZT-1000型自动焊车

MZT-1000型自动焊车由机头、控制盘、焊丝盘、焊剂漏斗、焊接小车等主要部分组成。

1. 机头

机头主要是焊丝的送丝机构，它可靠地送进焊丝并具有较宽的调速范围，以保证电弧稳定。

图8-8a是焊车机头送丝机构结构图，送丝传动系统如图8-8b所示。机头上装有一台40W、2850r/min的直流电动机1，经齿轮副7和蜗轮蜗杆8组成的减速机构减速后，带动焊丝主动送丝轮5。焊丝夹紧在主动送丝轮5和从动压紧轮4之间，夹紧力的大小可以通过弹簧2和杠杆3来调节。焊丝送出后，由矫直滚轮6矫直，再经导电嘴，最后送入电弧区。导电嘴的高低可通过调节手轮来调节，以保

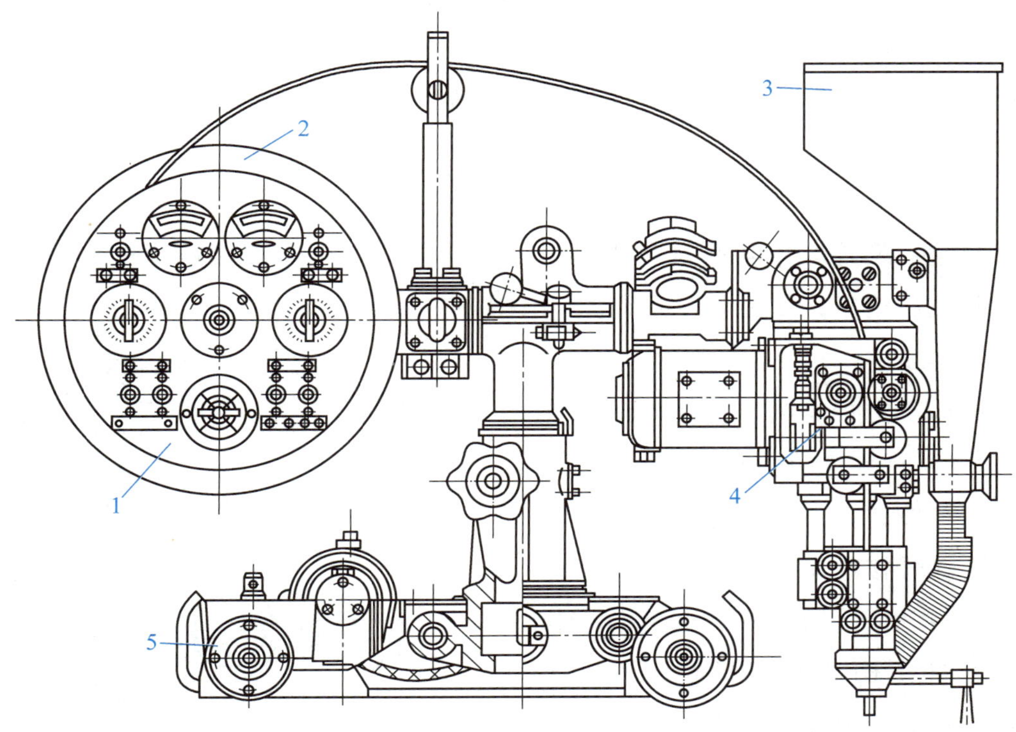

图 8-7　MZ-1000 型变速送丝式埋弧焊机

1—控制盘　2—焊丝盘　3—焊剂漏斗　4—机头　5—焊接小车

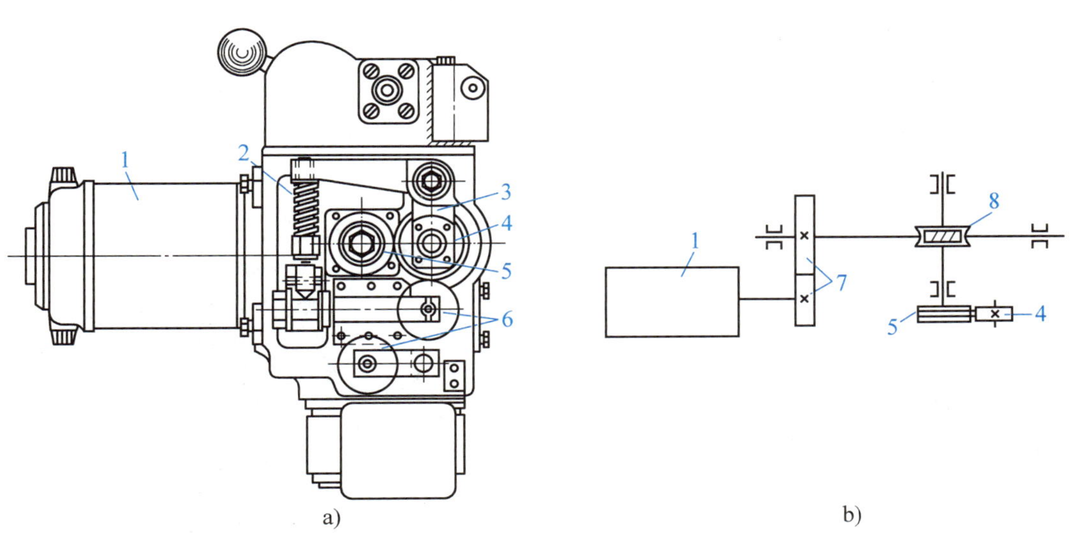

图 8-8　MZT-1000 型焊车机头的送丝机构

a）结构图　b）系统图

1—直流电动机　2—弹簧　3—杠杆　4—从动压紧轮　5—主动送丝轮　6—矫直滚轮　7—齿轮副　8—蜗轮蜗杆

证焊丝有合适的伸出长度。导电嘴内装有两副导电嘴衬套（或称导电块），可根据焊丝的粗细和衬套的磨损情况进行更换，以保证导电良好。焊接电源的一个电极就接在导电嘴上，在机头上还装有焊剂漏斗的金属蛇形软管，可将焊剂堆敷在焊件的预焊部位。

2. 控制盘

控制盘上装有焊接电流表和焊接电压表，电弧电压和焊接速度的调节表，各种控制开关和按钮，如图 8-9 所示。

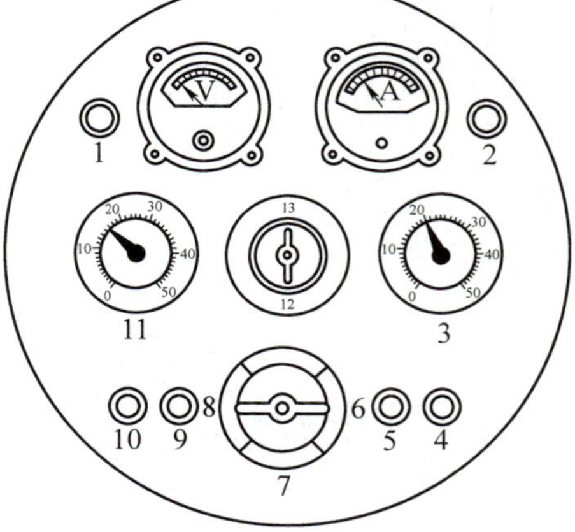

图 8-9 控制盘

1—起动 2—停止 3—焊接速度调整器 4—电流减小 5—电流增大 6—小车向后 7—小车停止 8—小车向前 9—焊丝向下 10—焊丝向上 11—电弧电压调整器 12—焊接 13—空载

3. 焊接小车

焊接小车由行走电动机及传动系统（图 8-10）、行走轮及离合器等组成。焊机机头、控制盘、焊丝盘和焊剂漏斗等全部装在焊接小车上。焊接小车的速度可在 15~70m/h 范围内均匀调节。在焊接小车的下面装有四只橡胶绝缘车轮，可防止焊接电流经车轮而短路。为了操作方便，在焊接小车上装有离合器，离合器合上时由电动机拖动，脱离时小车用手推动。

为了能方便地焊接各种类型的焊缝，并使焊丝能准确地对准施焊位置，焊接小车的一些部件可以进行一定的移动和转动，如图 8-11 所示。

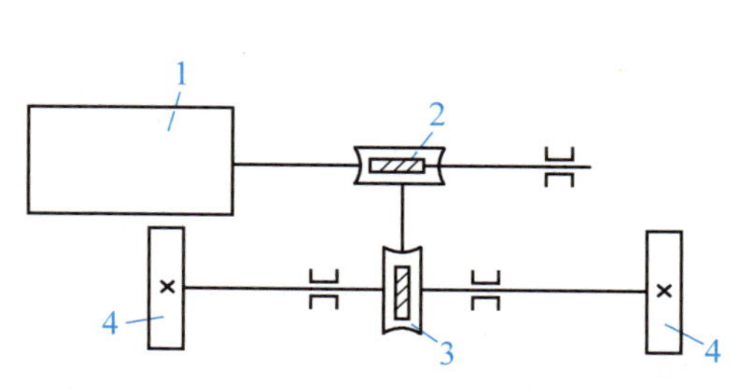

图 8-10 焊车行走机构传动系统

1—电动机 2、3—蜗轮 4—小车主动轮

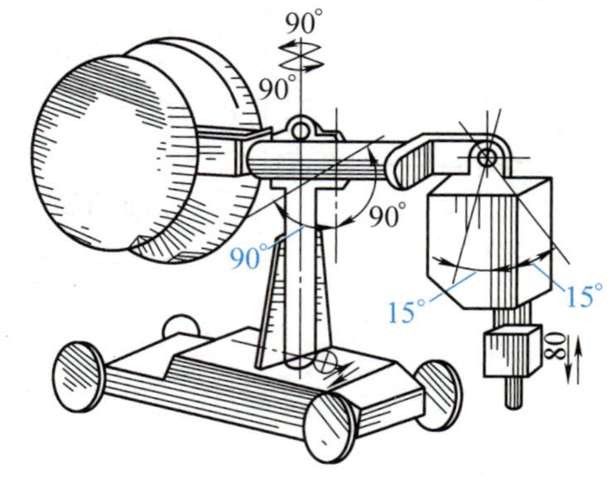

图 8-11 MZT-1000 型焊车可调部件示意图

二、MZP-1000 型控制箱

MZP-1000 型控制箱内装有电动机—发电机组，以供给送丝用和台车用的直流电动机所需的直流电源，还装有中间继电器、交流接触器、变压器、整流器、镇定电阻和开关等电气元件。

三、焊接电源

可采用交流或直流电源，采用交流焊接电源时，一般配有具有陡降外特性的BX2-1000 型弧焊变压器；采用直流焊接电源时，可配用具有相当功率、陡降外特性的 ZXG-1000 或 ZDG-1000R 型硅弧焊整流器。

MZ-1000 型变速送丝式埋弧焊机在适当改装后，可使用直径 2mm 的细丝进行焊接，但送丝速度必须加快，此时需调换其减速机构的圆柱齿轮，将传动比从原来的 1∶5 改成 1∶2 或 1∶3，以适应用细丝焊接薄板的需要。另外，为了使送丝可靠，要改用细纹带沟槽的送丝轮，导电嘴也应作相应改动，以保证导电和导向的效果。

第四节　埋弧焊的焊接材料

由埋弧焊的工作原理可知，埋弧焊所使用的焊接材料有焊丝和焊剂，工作时都直接参与焊接过程中的冶金反应，它们的作用相当于焊条电弧焊的焊条和药皮，直接影响着焊接质量。

一、焊丝

目前，埋弧焊焊丝与焊条电弧焊焊条的焊芯，同属一项国家标准。埋弧焊所用的焊丝有实芯焊丝和药芯焊丝两类，药芯焊丝只在某些特殊工艺场合应用，生产中普遍采用的是实芯焊丝。按照焊丝的成分和用途，主要有碳素结构钢、合金结构钢和不锈钢焊丝三大类。目前，随所焊金属材料种类的增加，焊丝的品种也在增加，如高合金钢焊丝、非铁金属焊丝以及堆焊用的特殊合金钢焊丝等。

埋弧焊所用焊丝表面应当干净光滑，焊接时能顺利地送进，以免给焊接过程带来干扰。除不锈钢焊丝和非铁金属焊丝外，各种低碳钢和低合金钢焊丝的表面最好镀铜，镀铜层既可起防锈作用，也可改善焊丝与导电嘴的电接触状况。埋弧焊一般使用直径为 $\phi3\sim\phi6$mm 的焊丝，以充分发挥埋弧焊的大电流和高熔敷率的优点。

二、焊剂

1. 焊剂的分类

按制造方法不同，焊剂可分为熔炼焊剂、烧结焊剂和黏结焊剂。

（1）熔炼焊剂　熔炼焊剂是将一定比例的各种配料干混均匀后在炉中熔炼，随后注入水中急冷，再干燥、破碎和筛选而成，一般制成玻璃状、结晶状、浮石状焊剂。目前，我国熔炼焊剂应用较多。

（2）烧结焊剂　烧结焊剂是将一定比例的各种粉状配料拌匀，加入水玻璃调成湿料，在700~1000℃温度下烧结成块，再经粉碎、筛选而成。由于熔炼焊剂在生产制造过程中耗能大、污染严重，因此在国外80%以上的焊剂都使用烧结焊剂。

（3）黏结焊剂（也称陶质焊剂）　黏结焊剂将一定比例的各种粉状配料加入水玻璃，混合拌匀，然后经粒化和低温（350~500℃）烘干制成。

后两种焊剂没有熔炼过程，所以可在焊剂中添加合金元素，以改善焊缝金属的合金成分。焊剂还可按化学成分分为高锰焊剂、中锰焊剂、低锰焊剂和无锰焊剂；根据焊剂中 MnO、SiO_2 和 CaF_2 的含量高低，还可分成不同的焊剂类型。

2. 焊剂颗粒度

对焊剂的要求除了与焊条中的药皮有相同之处，还要求有一定的颗粒度。一般，大电流焊接时选用细颗粒度焊剂，可使焊道外观成形美观；小电流焊接时选用粗颗粒度焊剂，有利于气体逸出，避免麻点、凹坑，甚至气孔出现；高速焊时，为保证气体逸出，也选用相对较粗大颗粒度的焊剂。通常，烧结焊剂供应的粒度为10~60目，熔炼焊剂供应的粒度为8~40目，也可提供特种颗粒的焊剂。

3. 焊剂型号

根据国家标准GB/T 5293—2018《埋弧焊用非合金钢及细晶粒钢实心焊丝、药芯焊丝和焊丝-焊剂组合分类要求》的规定，碳钢焊剂型号根据焊丝-焊剂组合的熔敷金属力学性能、热处理状态进行划分。具体表示为

1）字母“F”表示焊剂。

2）字母后第一位数字表示焊丝-焊剂组合的熔敷金属抗拉强度的最小值。

3）第二位字母表示试件的热处理状态。“A”表示焊态，“P”表示焊后热处

理状态。

4）第三位数字表示熔敷金属冲击吸收能量不小于27J时的最低试验温度。短划“-”后面表示焊丝牌号，按GB/T 14957—1994来确定。

例如：

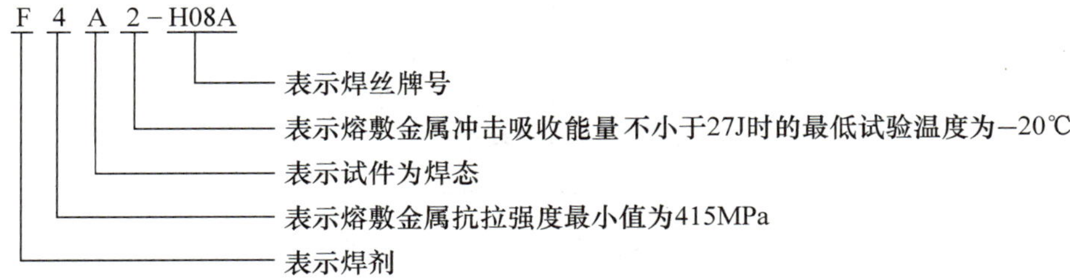
F 4 A 2-H08A
表示焊丝牌号
表示熔敷金属冲击吸收能量不小于27J时的最低试验温度为-20℃
表示试件为焊态
表示熔敷金属抗拉强度最小值为415MPa
表示焊剂

4. 焊剂牌号

（1）熔炼焊剂牌号的表示方法　熔炼焊剂牌号表示为“HJ×××”，HJ后面有三位数字，具体内容如下：

第一位数字表示焊剂中MnO的质量分数，见表8-1。

表8-1　熔炼焊剂牌号与MnO的质量分数

牌　　号	焊剂类型	MnO的质量分数
HJ1××	无锰	<2%
HJ2××	低锰	2%～15%
HJ3××	中锰	15%～30%
HJ4××	高锰	>30%

第二位数字表示焊剂中SiO_2、CaF_2的质量分数，见表8-2。

表8-2　焊剂牌号与SiO_2、CaF_2的质量分数

牌　　号	焊剂类型	SiO_2、CaF_2的质量分数
HJ×1×	低硅低氟	$w(SiO_2)<10\%$　$w(CaF_2)<10\%$
HJ×2×	中硅低氟	$w(SiO_2)\approx10\%\sim30\%$　$w(CaF_2)<10\%$
HJ×3×	高硅低氟	$w(SiO_2)>30\%$　$w(CaF_2)<10\%$
HJ×4×	低硅中氟	$w(SiO_2)<10\%$　$w(CaF_2)\approx10\%\sim30\%$
HJ×5×	中硅中氟	$w(SiO_2)\approx10\%\sim30\%$　$w(CaF_2)\approx10\%\sim30\%$
HJ×6×	高硅中氟	$w(SiO_2)>30\%$　$w(CaF_2)\approx10\%\sim30\%$
HJ×7×	低硅高氟	$w(SiO_2)<10\%$　$w(CaF_2)>30\%$
HJ×8×	中硅高氟	$w(SiO_2)\approx10\%\sim30\%$　$w(CaF_2)>30\%$

第三位数字表示同一类型焊剂的不同牌号。对同一种牌号，焊剂生产有两种颗粒度，在细颗粒产品后面加一“细”字。

例如：

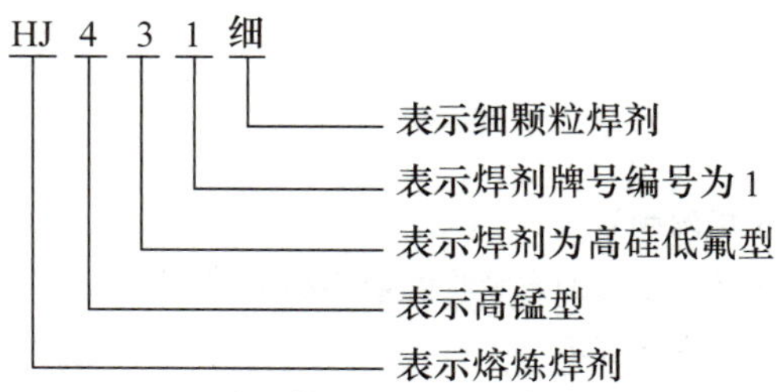

（2）烧结焊剂的牌号表示方法 烧结焊剂牌号表示为“SJ×××”，SJ后面有三位数字，具体内容如下：

第一位数字表示焊剂熔渣的渣系类型，见表8-3。

表8-3 烧结焊剂牌号及渣系类型

焊剂牌号	熔渣渣系类型	主要组成范围
SJ1××	氟碱型	$w(CaF_2) \geqslant 15\%$、$w(CaO+MgO+CaF_2) > 50\%$、$w(SiO_2) \leqslant 20\%$
SJ2××	高铝型	$w(Al_2O_3) \geqslant 20\%$、$w(Al_2O_3+CaO+MgO) > 45\%$
SJ3××	硅钙型	$w(CaO+MgO+SiO_2) > 60\%$
SJ4××	硅锰型	$w(MnO+SiO_2) > 50\%$
SJ5××	铝钛型	$w(Al_2O_3+TiO_2) > 45\%$
SJ6××	其他型	

第二、三位数字表示同一渣系类型焊剂中的不同牌号，按01，02，…，09顺序排列。

5. 焊剂与焊丝的选配

埋弧焊时，焊丝与焊剂的化学成分和物理性能对焊缝金属的化学成分、组织和性能有重要影响，正确配合焊丝与焊剂，是埋弧焊技术的一项重要内容。

焊接低碳钢和强度较低的低合金高强钢时，为保证焊缝金属的力学性能，宜采用低锰或含锰焊丝，配合高锰高硅焊剂，如HJ431、HJ430配H08A或H08MnA焊丝，或采用高锰焊丝配合无锰高硅或低锰高硅焊剂，如HJ130、HJ230配H10Mn2焊丝。

焊接有特殊要求的合金钢，如低温钢、耐热钢、耐蚀钢等，为保证焊缝金属的化学成分，要选用相应的合金钢焊丝，配合碱性较高的中硅、低硅型焊剂。

常用碳钢、低合金钢埋弧焊焊剂及配用焊丝见表8-4。

表 8-4　常用碳钢、低合金钢埋弧焊焊剂及配用焊丝

类别	钢号	焊剂	焊丝
碳素结构钢	Q215	HJ431 HJ430 SJ401 SJ403	H08A
	Q235		H08E
	Q275		H08MnA
	20G、20MnG	HJ330、HJ430、HJ431 SJ301、SJ501、SJ503	H08MnA、H08MnSi、H10Mn2
	Q355R		H08MnA
热轧正火钢	Q355	HJ430、HJ431、SJ501、SJ502、SJ301	开 I 形坡口对接：H08A、H08E 中板开坡口对接：H10Mn2、H10MnSi
		HJ350	厚板深坡口：H10Mn2
	Q390	HJ430 HJ431 SJ101	开 I 形坡口对接：H08MnA 中板开坡口：H10Mn2、H10MnSi、H10MnSi
		HJ250、HJ350、SJ101	厚板深坡口：H10MnMoA
	Q420	HJ431	H10Mn2
		HJ350、HJ252、HJ350 SJ101	H08MnMoA、H04MnVTiA、H08Mn2MoA
	Q500	HJ250、HJ252 HJ350、SJ101	H08Mn2MoA H08Mn2MoVA H08Mn2NiMo

第五节　埋弧焊的焊接参数

埋弧焊焊接参数主要包括焊接电流、电弧电压、焊接速度、焊丝倾角、焊件倾角、焊丝伸长度、焊剂层厚度、坡口形式。

一、焊接电流

焊接电流决定了焊丝的熔化速度和焊缝的熔深，当焊接电流增大时，焊丝熔化速度增加，焊缝的熔深显著增大。焊丝直径与适应的电流范围见表 8-5。

表 8-5 焊丝直径与适应的电流范围

焊丝直径/mm	$\phi2$	$\phi3$	$\phi4$	$\phi5$	$\phi6$
电流密度/(A/mm²)	63~125	50~85	40~63	35~50	28~42
焊接电流/A	200~400	350~600	500~800	700~1000	800~1200

焊接电流对熔深、熔宽的影响如图 8-12 所示。

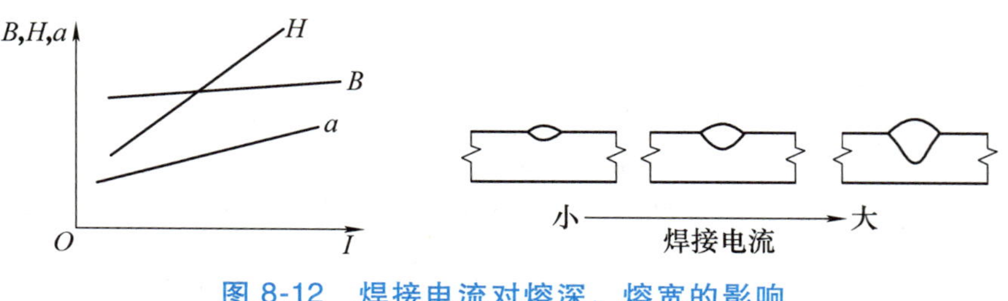

图 8-12 焊接电流对熔深、熔宽的影响

B—焊缝宽度 *H*—熔深 *a*—余高

二、电弧电压

电弧电压增加，焊缝熔宽 *B* 增加，而熔深 *H* 和余高 *a* 则略有减小，其变化趋势如图 8-13 所示。应当指出，电弧电压的调节范围是不大的，它要随焊接电流的调节而相应调节，即当电流增加时，要适当增加电弧电压，这样才能保证焊缝成形系数 *B*/*H* 在良好的范围内。焊接电流与电弧电压的对应关系见表 8-6。

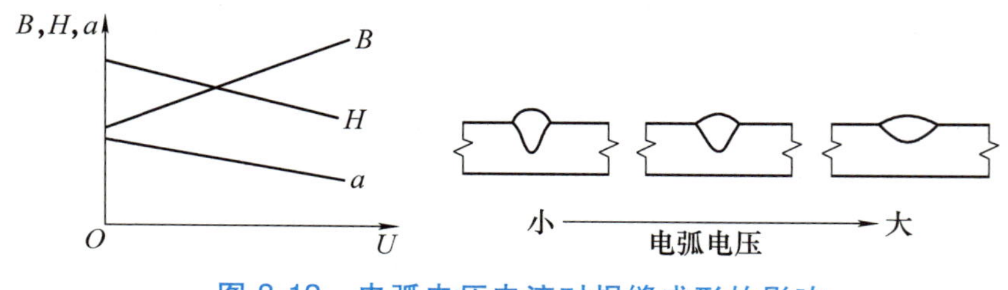

图 8-13 电弧电压电流对焊缝成形的影响

B—焊缝宽度 *H*—熔深 *a*—余高

表 8-6 焊接电流与电弧电压的对应关系

焊接电流/A	600~850	850~1200
焊接电压/V	34~38	42~44

三、焊接速度

焊接速度对熔深、熔宽的影响如图 8-14 所示。

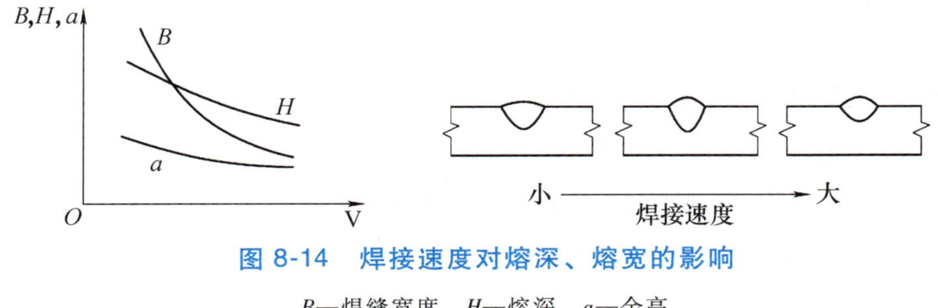

图 8-14　焊接速度对熔深、熔宽的影响

B—焊缝宽度　H—熔深　a—余高

四、焊丝倾角

通常认为焊丝垂直水平面的焊接为正常状态，如果焊丝在焊接方向上具有前倾和后倾，其焊缝形状也不同，如图 8-15 所示。

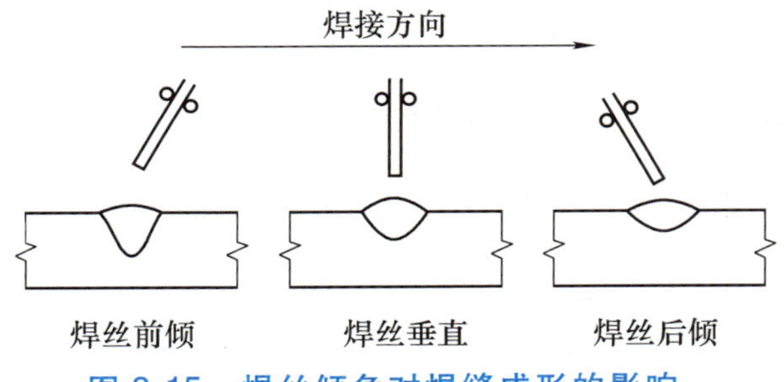

图 8-15　焊丝倾角对焊缝成形的影响

五、焊件倾角

焊件与水平面的倾斜度 β 称为焊件倾角，当焊件倾斜时，焊接方向有下坡焊和上坡焊之分，合理的倾角为 6°~8°。焊件倾角对焊缝成形的影响如图 8-16 所示。

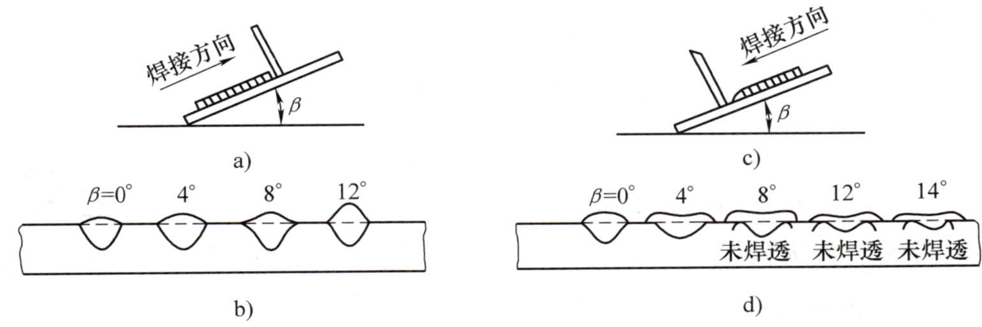

图 8-16　焊件倾角对焊缝成形的影响

a）上坡焊　b）上坡焊时焊件倾斜角对焊缝成形的影响　c）下坡焊　d）下坡焊时焊件倾斜角对焊缝成形的影响

六、焊丝伸长度

焊丝伸长度是从导电嘴端算起的，若伸出导电嘴外的焊丝长度太长，则电阻增加，焊丝熔化速度加快，余高略有增加，而且电弧也不稳。反之，若伸出长度过短，则可能烧坏导电嘴。焊丝伸出长度随焊丝直径增加而增加，一般为15～40mm。

七、焊剂层厚度

焊剂层厚度就是焊剂堆高。堆高太小，会出现电弧外露，保护效果差，易形成气孔、裂纹等缺陷，而且熔深变浅。堆高过大，会出现熔透过深，焊道变窄，余高加大等现象。合理的焊剂层厚度应为 20～30mm。

八、坡口形式

增加坡口的深度和宽度，焊缝熔深增加，熔宽减小，余高和熔合比则显著减少。坡口形式对焊缝成形的影响见表 8-7。

表 8-7 坡口形式对焊缝成形的影响

坡口形式	I 形坡口			V 形坡口		U 形坡口
	无间隙	小间隙	大间隙	小坡口	大坡口	
焊缝形状						

从焊接工人到大国工匠——姜涛

从焊接工人到大国工匠——姜涛

姜涛，贵州航天天马机电科技有限公司材料成型部有色金属焊接班班长、特级技师，第十三届全国人大代表。改革开放 40 多年来，他传承老三线艰苦奋斗精神，潜心钻研焊接技术，先后参与“长征”系列火箭焊接等众多国家级工程，荣获了“国家级技能大师”“全国技术能手”“全国五一劳动奖章”等荣誉，为我国航天事业发展做出了突出贡献。

【考级练习与课后思考】

一、判断题

1. 焊剂的作用主要是为了使焊缝表面成形光滑、美观。（　）

2. 埋弧焊与焊条电弧焊一样都是靠人工调节作用来保证焊接参数稳定的。（　）

3. 埋弧焊时，保持电弧稳定燃烧的条件是焊丝的送丝速度等于焊丝的熔化速度。（　）

4. 埋弧焊时，焊丝伸出长度增加，会使焊缝厚度减小，余高增大。（　）

5. 埋弧焊时，焊接电流主要影响焊缝的熔宽，而电弧电压主要影响焊缝的有效厚度。（　）

6. 采用小电流焊接时，电弧自身调节作用更大。（　）

7. 埋弧焊时，网路电压的波动对焊接参数的稳定没有影响。（　）

8. 由于埋弧焊焊丝通常处于竖直位置，所以不能进行环焊缝焊接。（　）

二、选择题

1. 下列埋弧焊的特点中________是不正确的。

A. 生产率高　　B. 质量好　　C. 劳动条件好　　D. 焊材消耗大

2. 埋弧焊主要适用于________位置。

A. 平焊　　B. 仰焊　　C. 立焊　　D. 横焊

3. 埋弧焊时，若其他参数不变，则随着焊接速度增加，焊缝宽度________。

A. 减小　　B. 不变　　C. 增加

4. 埋弧焊主要是靠________热来熔化焊丝和基本金属进行焊接的。

A. 电阻　　B. 化学　　C. 电弧

5. 低合金钢及低碳钢的埋弧焊可采用________高硅焊剂与低锰焊丝相配合。

A. 低锰　　B. 中锰　　C. 高锰

6. 埋弧焊一般使用直径为________ mm 的焊丝。

A. $\phi4\sim\phi8$　　B. $\phi2\sim\phi4$　　C. $\phi3\sim\phi6$

7. ________焊剂在生产制造过程中耗能大、污染严重。

A. 熔炼　　B. 烧结　　C. 黏结

8. ________型焊机是目前较普遍使用的变速送丝式埋弧焊机。

A. MZ_1-1000　　B. MZ-1000　　C. MT-1000

9. 12mm厚钢板埋弧焊时应选择的坡口形式为________。

A. V形　　B. U形　　C. X形　　D. I形

10. 变速送丝埋弧焊送丝速度减小，则焊接电流将________。

A. 减小　　B. 增大　　C. 不变　　D. 波动

11. 埋弧焊时，若其他焊接参数不变，焊件的装配间隙与坡口角度减小，则会使熔合比增大，同时熔深将________。

A. 增大　　B. 减小　　C. 不变　　D. 不变或减小

三、简答题

1. 埋弧焊的工作原理是什么？
2. 埋弧焊与焊条电弧焊相比有哪些特点？
3. 电弧长度变化时，等速送丝式焊机的自动调节过程是怎样的？
4. 电弧长度变化时，变速送丝式焊机的自动调节过程是怎样的？
5. MZ-1000型焊机主要有哪些部分构成？各部分的作用有哪些？
6. 焊剂的类型主要有哪些？焊剂牌号的编制规则有哪些？
7. 埋弧焊有哪些主要焊接参数？这些焊接参数对焊缝成形的影响有哪些？

【拓展学习】

埋弧焊及焊剂烘干

模块九

其他焊接方法与炭弧气刨

【学习指南】 焊条电弧焊、气体保护焊、埋弧焊、等离子弧焊等熔焊方法在工业生产中被广泛应用，但随着科学技术的发展，在特殊材料或焊接结构的焊接方法中越来越多地使用了其他焊接方法，如电阻焊、钎焊、电渣焊、高能束焊、焊接机器人等，这些方法的应用大大地提高了焊接质量和劳动生产率。

第一节 电 阻 焊

一、电阻焊原理

将准备连接的焊件置于两电极之间加压，并对焊接处通以较大电流，利用工件电阻产生的热量将焊件加热并形成局部熔化（或达到塑性状态），断电后在压力继续作用下，形成牢固接头的焊接方法称为电阻焊。电阻焊是压焊中应用最广的一种焊接方法。

影响电阻焊产热的因素包括焊接电流，焊接区的电阻和通电时间。除此之外，凡是对电极间电阻有影响的因素，例如电极压力和焊件表面状况，焊件本身的性能（导热性等）及电极形状，都会影响电阻热的产生。

二、电阻焊分类

电阻焊的分类方法很多，一般可根据接头形式和工艺方法、焊接电流以及电源能量种类来划分。具体的分类如图 9-1 所示。

三、电阻焊特点

1）由于电阻焊是内部热源，热量集中，加热时间短，热影响区小，故电阻焊

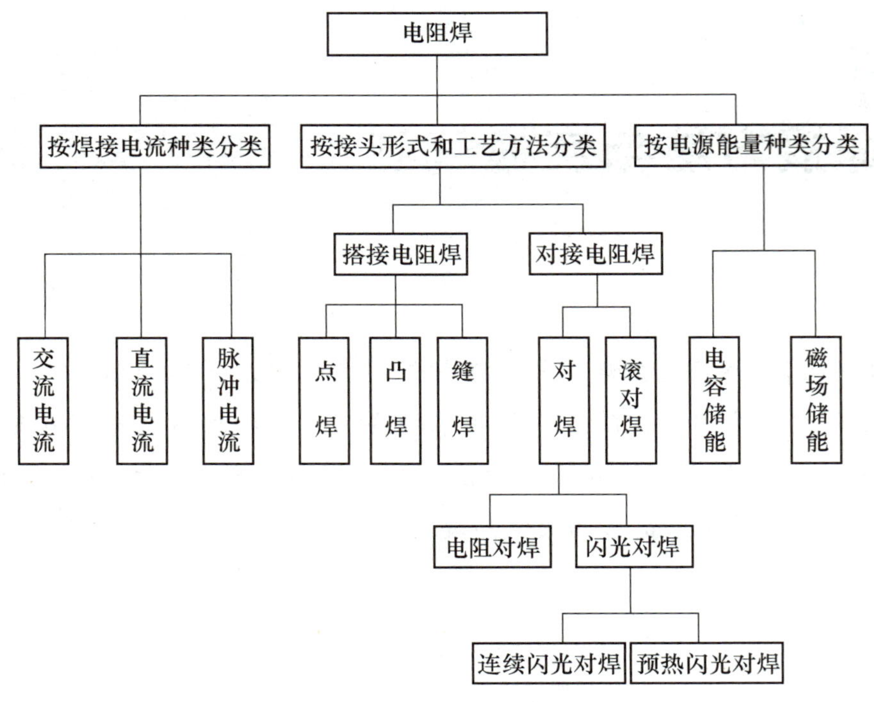

图 9-1 电阻焊分类

冶金过程简单，变形小，易于获得质量较好的焊接接头。

2）电阻焊焊接速度快，特别对点焊来说，甚至1s即可焊接4~5个焊点，故生产率高。

3）除消耗电能外，电阻焊不需消耗焊条、焊丝、氧气、乙炔、焊剂等，可节省材料，因此成本较低。

4）操作简便，易于实现机械化、自动化。此外，电阻焊的劳动条件好，所产生的烟尘和有害气体少。

5）表面质量好，易于保证气密性。采用点焊或缝焊装配，可获得较好的表面质量，避免金属表面的损伤。

但电阻焊也有不足之处，如设备一次投资较大，设备维修较困难；焊件的尺寸、形状、厚度受到设备的限制；不如焊条电弧焊灵活、方便等。

四、常用电阻焊方法的原理及应用

目前最常用的电阻焊是按工艺方法分类中的点焊、缝焊和对焊三种基本方法。

1. 点焊

点焊是在电极压力作用下，通过电阻热来加热焊件形成熔核，断电后在压力下结晶而形成焊点的。每焊接一个焊点称作一个点焊循环，如图 9-2 所示。

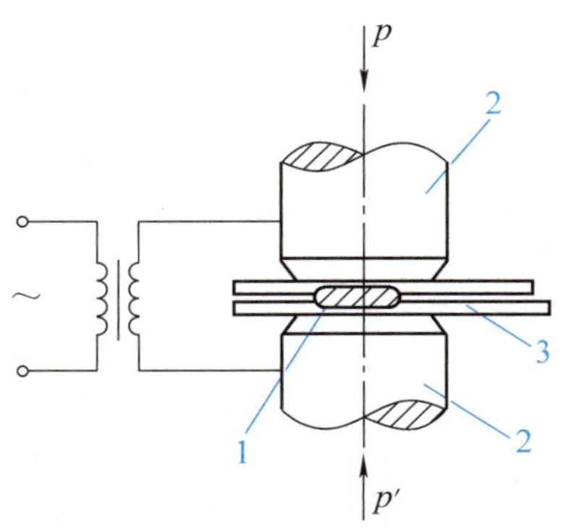

图 9-2　点焊示意图

1—熔核　2—电极　3—焊件

（1）点焊过程　普通的点焊循环包括预压、通电加热、锻压和休止四个相互衔接的阶段。预压的目的是为了在通电前使焊件紧密接触，并使接触点产生塑性变形，破坏表面的氧化膜，获得稳定的接触电阻；通电加热是为了形成一定尺寸的熔核；锻压阶段可以使熔核在压力下冷却结晶，靠电极挤压使焊点致密，防止产生缩孔和裂纹。

（2）点焊分类　点焊时，按对焊件供电的不同可分为单面点焊和双面点焊。按一次形成的焊点数又可分为单点点焊、双点点焊和多点点焊。

（3）点焊应用　点焊主要用于带蒙皮的骨架结构（如汽车驾驶室，客车厢体，飞机翼尖、翼肋等）、铁丝网布和钢筋交叉点等的焊接。

2. 缝焊

在缝焊时，以旋转的滚盘代替点焊时的圆柱形电极。焊件在旋转滚盘的带动下向前移动，电流断续或连续地由滚盘流过焊件，即形成缝焊焊缝，如图 9-3 所示。因此，缝焊的焊缝实质是由许多彼此相重叠的焊点所组成，如图 9-4 所示。

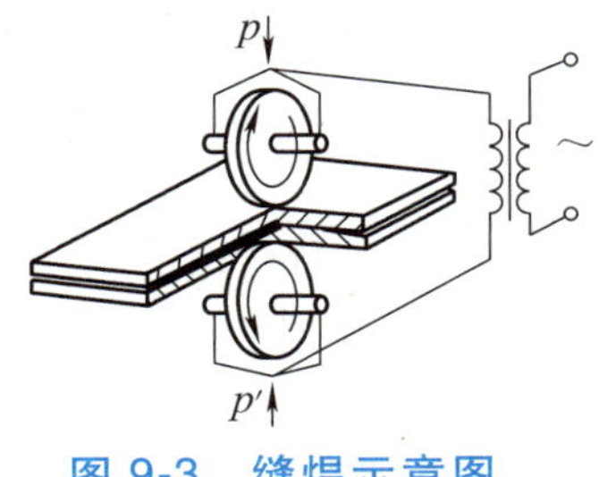

图 9-3　缝焊示意图

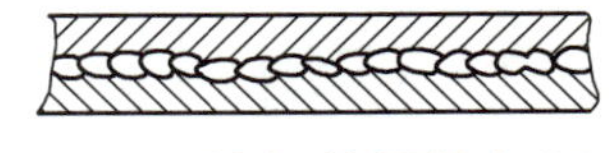

图 9-4　缝焊的焊缝剖面

缝焊与点焊相似，也是搭接形式。缝焊工艺包括内容较多，为保证接头质量，需要考虑的因素有焊点距、电极压力、盘状电极直径，以及工作面形状、焊接周期、焊接速度、焊件的焊前清理与定位。

缝焊主要用于要求气密性的薄壁容器，如汽车油箱等。由于它的焊点重叠，故分流很大，因此焊件不能太厚，一般不超过 2mm。

3. 对焊

对焊是电阻焊的另一大类，在造船、汽车及一般机械工业中占有重要位置，如船用锚链、汽车曲轴、飞机上操纵用拉杆、建筑业用的钢筋等焊接中均有应用。

对焊焊件均为对接接头，按加压和通电方式不同分为电阻对焊和闪光对焊。二者的区别在于操作方法不同。电阻对焊是焊件对正、加压后再通电加热；而闪光对焊则是先通电，然后使焊件接触建立闪光过程进行加热。如图 9-5 和图 9-6 所示。

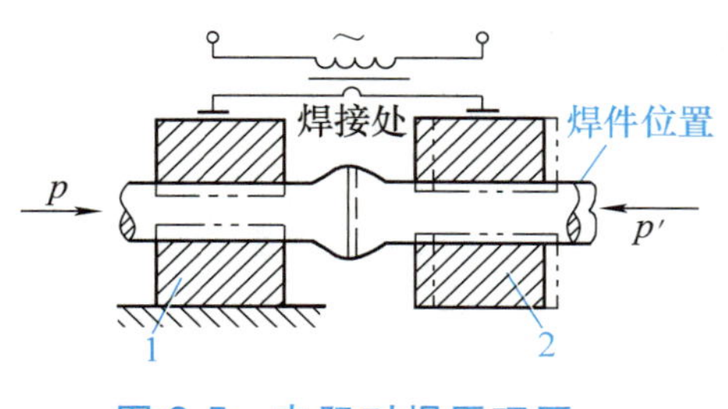

图 9-5 电阻对焊原理图

1—固定电极 2—移动电极

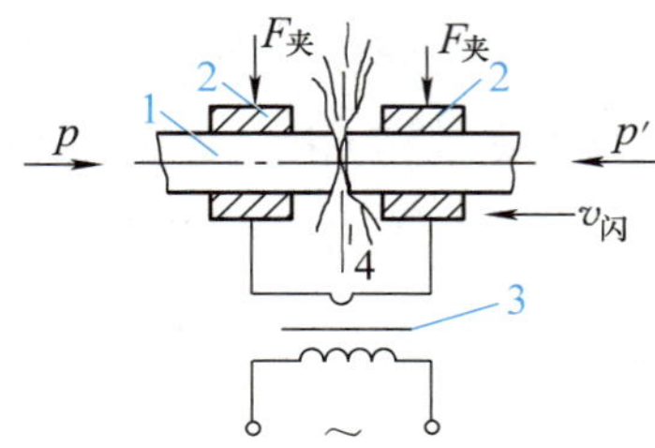

图 9-6 闪光对焊原理图

1—焊件 2—夹头 3—电源变压器 4—火花

第二节 钎 焊

一、钎焊原理

钎焊是采用比焊件熔点低的金属材料作为钎料，将焊件和钎料加热到高于钎料熔点，低于焊件熔点的温度，利用液态钎料润湿母材，填充接头间隙并与母材相互扩散，实现焊件连接的方法，其过程如图 9-7 所示。

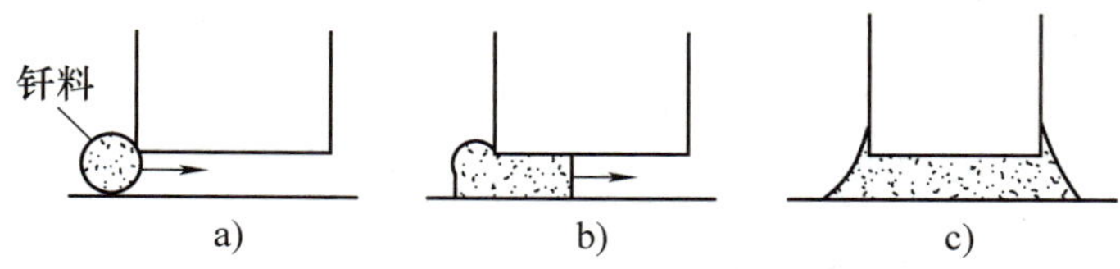

图 9-7 钎焊过程示意图

a）在接头处安置钎料，并对焊件和钎料进行加热 b）钎料熔化并开始流入钎缝间隙
c）钎料填满整个钎缝间隙，凝固后形成钎焊接头

要使熔化的钎料能很好地流入并填满间隙，钎料必须具备润湿作用和毛细作用两个条件。

二、钎焊的特点

钎焊与熔焊方法比较，具有如下的优点：

1）钎焊时，加热温度低于焊件金属的熔点，钎料熔化，焊件不熔化，焊件金属的组织和性能变化较小。钎焊后，焊件的应力与变形较少，可以用于焊接尺寸精度要求较高的焊件。

2）某些钎焊生产率高，可以一次焊几条、几十条钎缝甚至更多，如自行车车架的焊接。

3）可以焊接用其他方法无法焊接的结构形状复杂的工件，例如，导弹的尾喷管、蜂窝结构、封闭结构等。

4）钎焊不仅可以焊接同种金属，也适宜焊接异种金属，甚至可以焊接金属与非金属，例如，原子能反应堆中的金属与石墨的钎焊，因此应用范围很广。

钎焊的主要缺点是：钎焊接头的强度和耐热能力比被焊金属低；装配要求比熔焊高；以搭接接头为主，使结构质量增加。但随着焊接材料的发展，这一缺点已逐步被改善。

三、钎料与钎焊焊剂

1. 钎料

钎焊时用作形成钎缝的填充金属，称为钎料。

（1）钎料的分类　根据钎料的熔点不同可以分为两大类：熔点低于450℃的称为软钎料；熔点高于450℃称为硬钎料。软钎料熔点低，强度也低，其主要成分有锡、铅、铋、铟、锌、镉等合金；硬钎料具有较高的强度，可以连接承受重载荷的零件，应用较广，其主要成分有铝、铜、银、镁、锰、镍、金、钯、钛等合金。

（2）钎料型号　根据主要成分不同，具体钎料的型号在各自所属类别的国标中做了规定。

1）钎料型号由两部分组成，第一部分用一个大写英文字母表示钎料的类型：“S”表示软钎料；“B”表示硬钎料。

2）表示软钎料的“S”与第二部分间用隔线“-”分开，表示硬钎料的“B”后直接排第二部分。

3）钎料型号中的第二部分由主要合金成分的化学元素符号组成。

在这部分中，第一个化学元素符号表示钎料的基本组成，其他化学元素符号按其质量分数顺序排列，当几种元素具有相同质量分数时，按其原子序数顺序排列。

软钎料每个化学元素符号后都要标出其公称质量分数；硬钎料仅第一个化学元素符号后标出。

例如，一种锡的质量分数60%、铅的质量分数39%、锑的质量分数0.4%的软钎料，型号表示为S-Sn60Pb40Sb。

二元共晶钎料银的质量分数72%，铜的质量分数28%，型号表示为BAg72Cu。

（3）钎料牌号 按原机械电子工业部《焊接材料产品样本》中，钎料的牌号编制方法为：头两个大写拼音字母HL表示钎料，第一位数字表示不同合金类型，见表9-1。第二、三位数字表示同一类型钎料的不同编号。

表9-1 钎料牌号

编号	化学组成类型	编号	化学组成类型
HL1××	铜基合金	HL5××	锌及镉合金
HL2××	铜磷合金	HL6××	锡铅合金
HL3××	银合金	HL7××	镍基合金
HL4××	铝合金		

目前，我国钎料型号、牌号的表示方法在国标中或日常生产中尚不统一，在以后学习时请注意。

2. 钎焊焊剂

钎焊焊剂是钎焊时使用的熔剂。它的作用是清除钎料和焊件表面的氧化物，并保护焊件和液态钎料在钎焊过程中免于氧化，以改善液态钎料对焊件的润湿性。

钎焊焊剂与钎料类似，也可分为软钎剂和硬钎剂。常用的硬钎剂主要是硼砂、硼酸及它们的混合物，还常加入某些碱金属或碱土金属的氟化物、氯化物，如QJ102、QJ103等。

钎焊焊剂牌号的编制方法：QJ表示钎剂；QJ后的第一位数字表示钎焊焊剂的用途类型，如“1”为铜基和银基钎料用焊剂，“2”为铝及铝合金钎料用焊剂；QJ后的第二、三位数字表示同一类焊剂的不同牌号。

四、钎焊工艺

钎焊种类很多，最简单、常用的是火焰钎焊和烙铁钎焊，但由于其生产率低，且不能焊接复杂结构，因此常用的还有炉中钎焊、感应钎焊、浸渍钎焊等。

1. 钎焊接头形式

钎焊接头尽量采用搭接接头，通过增加接触面积来提高承载能力和改善气密性及导电性。一般搭接接头长度为板厚的 3~4 倍，但不超过 15mm。

2. 焊前准备

焊接前应使用机械方法或化学方法去除焊件表面的氧化膜。为防止液态钎料随意流动，常在焊件非焊表面涂阻流剂。

3. 装配间隙

钎焊间隙应适当，间隙过小，钎料流入困难，在钎缝内形成夹渣或未焊透，导致接头强度下降；间隙过大，毛细作用减弱，钎料不能填满间隙，使钎缝强度降低，同时钎缝过大也使钎料消耗过多。

4. 钎焊参数

钎焊参数主要是钎焊温度、保温时间和加热速度。

1）钎焊温度一般高于钎料熔点 25~60℃，温度过高或过低都不利于保证钎缝质量。

2）钎焊保温时间应使焊件金属与钎料发生足够的作用，钎料与母材金属作用强的时间应短些；间隙大、尺寸大的焊件时间应长些。

3）加热速度取决于焊件尺寸、导热性以及钎料的成分。焊件尺寸小、导热性好或钎料内含易蒸发元素多时，加热速度应尽量快些。

5. 钎焊后清洗

焊剂残渣大多数对钎焊接头起腐蚀作用，同时也妨碍对钎缝的检查，所以钎焊后需清除干净。

第三节　电　渣　焊

20 世纪 50 年代初，乌克兰的巴顿电焊研究所发明了电渣焊，并用它代替大电流埋弧焊来焊接厚壁压力容器上的纵向焊缝。电渣焊是利用电流通过熔渣所产生的电阻热作为热源，将填充金属和母材熔化，凝固后形成金属原子间牢固连接的焊缝。电渣焊主要有熔嘴电渣焊、丝极电渣焊和板极电渣焊。

1. 电渣焊的原理

电渣焊不是电弧焊过程。焊接开始时，先在电极 5（即焊丝）和引弧板 10 之间引燃电弧，电弧熔化焊剂形成渣池3。当渣池达到一定深度后，电弧熄灭，这一过程称为引弧造渣阶段。随后进入正常焊接阶段，这时电流经过电极并通过渣池传到焊件。由于渣池中的液态熔渣电阻较大，通过电流时就产生大量的电阻热，将渣池加热到很高温度（1700~2000℃），使电极及焊件熔化，并下沉到底部形成金属熔池2，而密度较熔化金属小的熔渣始终浮于金属熔池表面，起保护作用。随着焊接过程的连续进行，熔池金属的温度逐渐降低，在冷却滑块6的作用下，强迫液态金属凝固形成焊缝7。最后是引出阶段，即在焊件上部装有引出板9，作用是将渣池和收尾部分的焊缝引出焊件，以保证焊缝质量，其原理如图9-8所示。

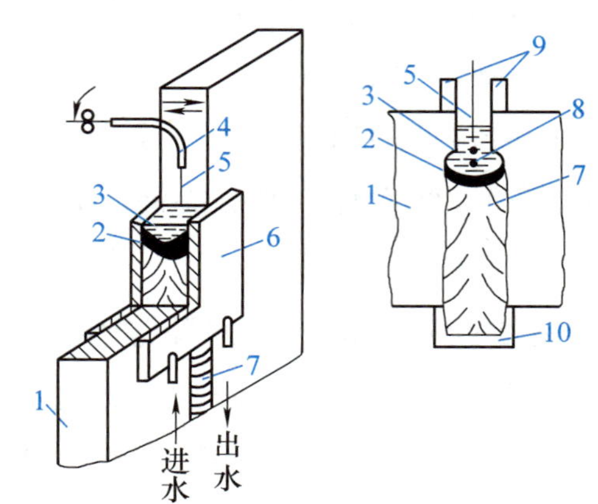

图9-8 电渣焊焊接过程示意图

1—焊件 2—金属熔池 3—渣池 4—导电嘴 5—焊丝 6—冷却滑块 7—焊缝 8—金属熔滴 9—引出板 10—引弧板

2. 电渣焊的特点

电渣焊与其他焊接方法相比，具有如下优点：

1）电渣焊是一种在垂直位置或接近垂直位置使用的高效单道焊过程，用于连接厚度大于25mm的钢板或部件，最大厚度可达2m，且不必开坡口。

2）电渣焊过程能量损耗小，几乎全部电能都经渣池转换成热能。

3）电渣焊过程中，渣池总是覆盖在焊缝上面，使液态金属得到有效保护，并起到预热效果，所以焊缝不易产生气孔、夹渣及裂纹等缺陷。

但电渣焊也有自身的缺点：

1）电渣焊输入的热量大，接头在高温下停留时间长，焊缝附近容易过热，焊缝金属呈粗大结晶的铸态组织，冲击韧度低，焊件只有在焊后进行正火和回火热处理，性能才能得到改善。

2）焊缝平行面与粗糙金属颗粒结合，使标准的超声波无损检测设备难以识别出熔化边界上的缺陷。

3. 电渣焊的应用

电渣焊过程在提高生产率上有很大的潜力。但是，由于人们对电渣焊过程和缺点的了解不够，因此，对电渣焊的应用有限。在制造业中，电渣焊一直用于厚壁压力容器和在高于环境温度下使用的构件的焊接，如鼓风炉壳和长钢构，焊后进行正火处理。

第四节　高能束焊

高能束焊也称高能焊、高能密度焊，是用高能量密度束焊作为焊接热源，实现对材料和构件焊接的特种焊接方法。通常所说的高能束焊指电子束焊和激光焊。

一、电子束焊

电子束焊是利用加速和聚焦的高速电子流轰击焊件接口处，产生高热能使金属熔合的一种焊接方法。

1. 电子束焊工作原理

图 9-9 为真空电子束焊接示意图。电子枪、焊件及焊具全部装在真空室内。电子枪由加热灯丝、阴极、阳极及聚焦装置等组成。当阴极被灯丝加热到 2600℃时，能发出大量电子。这些电子在阴极与阳极（焊件）间的高电压作用下，经电子透镜聚焦成电子流束，以极大的速度（可达 1.6×10^5km/s）射向焊件表面，电子的动能变为热能。目前，电子束焊的能量密度比普通电弧可大 5000~10000 倍，它使焊件金属迅速熔化甚至气化。根据焊件的熔化程度，逐渐移动焊件，即能得到要求的焊接接头。电子束焊焊缝形成的原理如图 9-10 所示。

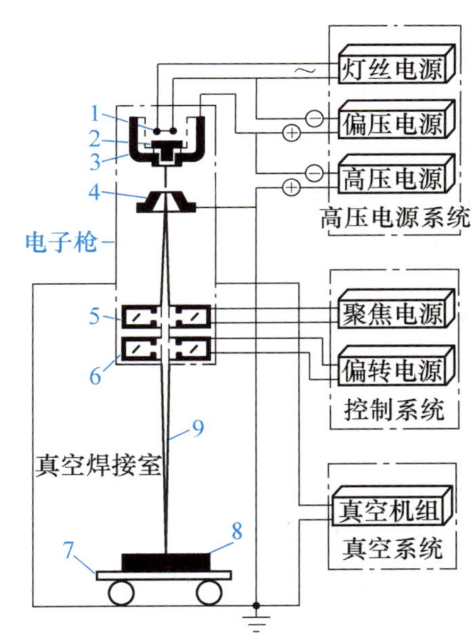

图 9-9　真空电子束焊接示意图

1—灯丝　2—阴极　3—聚束极　4—阳极　5—聚焦透镜　6—偏转线圈　7—焊接台　8—焊件　9—电子束

2. 电子束焊接的特点

1）热源能量密度大、熔深大、焊速快、焊缝深而窄，焊缝深宽比可达 20∶1，能单道焊厚件。焊接热影响区很小，基本上不产生焊接变形。可防止难熔金属焊接时易产生的裂纹和泄漏。

2）焊接时一般不加填充金属。因此接头要加工得平整清洁，装配紧密，不留间隙。任何厚度的焊件都不开坡口。

3）电子束参数可在较宽范围内调节、控制灵活、精度高、适应性强。电子束焊接厚度最薄可达0.1mm，最厚可达300mm以上，可以焊接的金属有低碳钢、高强钢、不锈钢、非铁金属、难熔金属以及复合材料等。

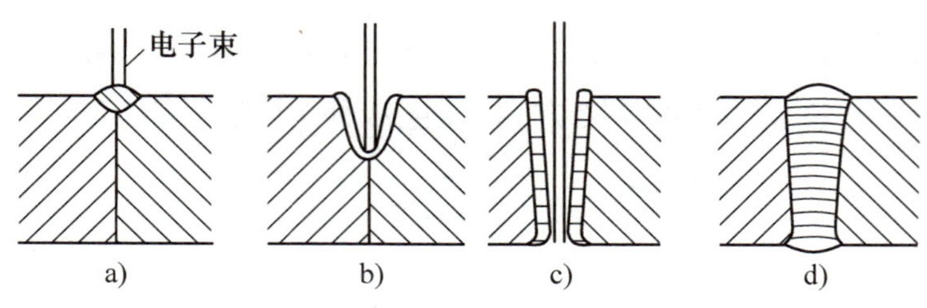

图9-10 电子束焊焊缝形成的原理

a）接头局部熔化蒸发 b）金属蒸气排开液态金属，电子束“钻入”焊件
c）电子束穿透焊件，小孔由液态金属包围 d）电子束后方形成焊缝

4）若在真空中进行焊接，金属不会氧化、氮化，且无金属电极沾污，所以能保证焊缝金属的高纯度。表面平滑洁净，没有弧坑或其他表面缺陷。焊缝内部熔合得好，无气孔、夹渣。

5）电子束焊接的缺点是设备复杂、造价高，使用维护技术要求高，焊件尺寸受真空室限制，对焊件清理和装配质量要求严格，因而其应用受到一定限制。

3. 电子束焊分类及应用

电子束焊按被焊焊件所处环境的真空度分为三种：高真空电子束焊、低真空电子束焊和非真空电子束焊。

高真空电子束焊具有良好的真空条件，可以保证对熔池的保护，防止金属元素的氧化和烧损，适用于核燃料储存构件、飞机、火箭燃料冷气系统的容器及密封真空系统部件等的焊接。

低真空电子束焊具有束流密度和功率密度高的特点，适用于生产线上批量大的零件焊接，生产率较高，如变速器的组合齿轮多采用这种焊接。

非真空电子束焊能够达到30mm的熔深，既不需要真空室，又保留了真空电子束高功率的特点，因而在大型焊件的焊接工程上有应用前景。

随着科学技术的发展，尤其是原子能和导弹技术的发展，大量应用了锆、钛、钽、铂、镍及其合金，焊接这些金属用一般的气体保护焊常常不能得到满意的结果，电子束焊接研制成功才顺利地解决了上述稀有金属和难熔金属的焊接问题。

二、激光焊与切割

激光焊是以高能量密度的激光束作为热源来熔化焊件进行焊接的方法。作为最具发展潜力的先进制造技术之一，近年来激光与其他热源的复合焊接技术日益得到重视与发展。

1. 激光焊接的基本原理

进行激光焊接的核心装置是激光器，激光器最基本的组成部件有激光体（红宝石）、泵灯、聚光器、谐振腔、电源及控制系统。当泵灯通入脉冲电流时，激发出强烈的闪光，经聚光器聚集照射在激光体上，激发红宝石晶体中的原子（铬），使之发射出红色射线。激发出的红色射线经谐振腔中的全反射镜的多次反射（共振作用）逐渐加强，通过输出窗口发射出的激射光即为激光。激光是一种波长单一（单色）、方向一致及强度非常高的光束。经过适当的光学系统，将其聚集在直径为 10μm 的焦点上，其能量密度可达 $10^5 W/cm^2$，而整个作用过程只有数毫秒。

2. 激光焊接的特点及应用

激光焊接技术具有高速度、低变形、热影响区小，易于实现自动化以及焊接质量可精确控制的优点。激光焊接可以焊接一般焊接方法难以焊接的材料（如高熔点金属等），还可以焊接非金属材料，如陶瓷、有机玻璃等，被应用于精密仪器、微电子工业中的超小型元件及航天技术中特殊材料的焊接。

但是，激光焊接的高成本，焊件装配条件要求高，过程控制困难，焊缝易产生气孔、裂纹缺陷等缺点限制了其进一步的应用，激光与其他热源复合，可以弥补单独激光焊接的不足。现行的复合焊接技术主要有激光与电弧复合热源焊接技术、激光与电阻热复合热源焊接技术以及激光与搅拌摩擦热复合热源焊接技术等。采用激光与其他热源复合焊接技术，可以提高激光能量的利用率，减少焊缝中气孔、裂纹等缺陷，获得良好的焊接效果。激光与其他热源复合焊接技术是当今激光焊接领域的发展趋势，拥有广阔的应用前景。

3. 激光切割的特点

与氧乙炔焰切割、等离子弧切割等方法相比，激光切割的切口狭小，切割形状复杂多样，切割速度高，焊件的热影响区小，材料变形小，因此，可以进行材料的精密切割。而且，对氧乙炔焰难以切割的不锈钢、钛、铝、铜、锆及其合金等材料都可采用激光切割。

第五节 焊接机器人

一、焊接机器人的发展与现状

焊接机器人是 20 世纪 60 年代后期迅速发展起来的，目前工业机器人已发展到智能型、柔性化的发展阶段。它是综合人工智能而建立起来的电子机械自动装置，具有感知和识别周围环境的能力，能根据具体情况确定行动轨迹。我国从 20 世纪 80 年代起开始研制，近年来我国焊接机器人的研究水平取得了飞速发展，研制出了无轨道全位置爬行式气体立焊机器人，以及用于国家体育场（鸟巢）工程的轨道式焊接机器人，大型焊接机器人工作站，一汽大众宝来轿车前纵梁焊接机器人生产线等。

二、焊接机器人的组成

焊接机器人系统一般由焊接机器人、焊接电源及周边辅助装置（如变位机、中央控制计算机和相应的安全设备等部分）构成。而焊接机器人又是由机械手、控制器、驱动器和示教盒四个基本部分组成，如图 9-11 所示。它通常有 5 个以上的自由度。

（1）机械手（又称操作机） 机械手是焊接机器人系统的执行机构，由驱动器、传动机构、机器人臂、关节以及内部传感器（编码盘）等组成，任务是直接带动末端操作器（如焊枪、点焊钳）实现各种运动和操作，如图 9-11a 所示。

（2）控制器 控制器是整个机器人系统的神经中枢，由计算机硬件、软件和一些专用电路构成，它实施对机器人的全部信息处理及对机械手的运动控制，如图 9-11b 所示。

（3）驱动器 驱动器的功能是提供足够的功率驱动机械手各关节，实现快速而频繁的起停和精确的运动。

（4）示教盒 示教盒本身是一台专用计算机。人对机器人的示教，可由人通过示教盒操纵机器人进行，这是目前最常用的示教方式；还可根据图样，在计算机上进行编程，然后输送给机器人控制器，如图 9-11c 所示。

对焊接机器人的控制，首先通过示教盒的操作键引导到起始点，然后确定位

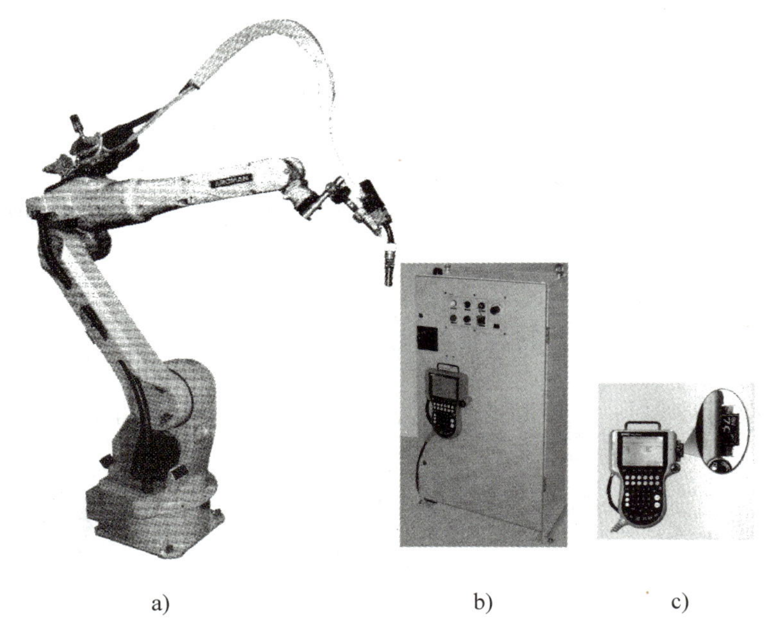

图 9-11　焊接机器人的组成

a）机械手　b）控制器　c）示教盒

置、运动方式、摆动方式、焊枪姿态，以及各种焊接参数，同时确定周边设备的运动速度和焊接工艺动作（包括引弧、施焊、熄弧、填充弧坑等）。示教完毕，机器人控制系统进入程序编辑状态，焊接程序生成后即可进行实际焊接。

第六节　炭弧气刨

炭弧气刨是用炭棒（或石墨）电极与工件间产生的电弧将金属熔化，并用压缩空气将熔化的金属吹掉，实现在金属表面形成沟槽的方法。其原理如图 9-12 所示。

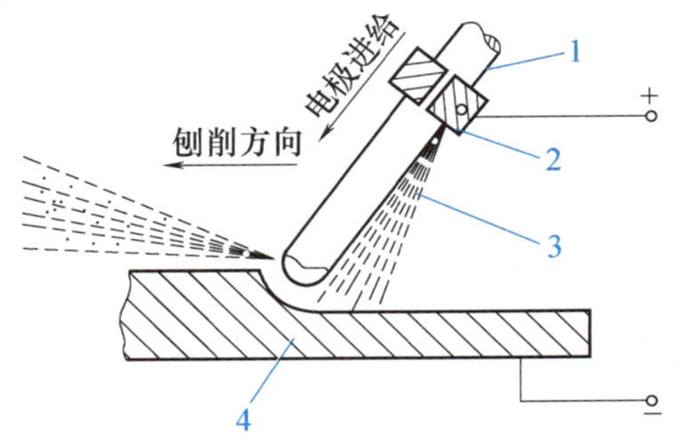

图 9-12　炭弧气刨原理图

1—电级　2—刨钳　3—压缩空气流　4—刨件

一、炭弧气刨的特点及应用

炭弧气刨是对金属进行“刨削”，与传统使用的风铲相比，有以下特点：

1）生产率高，可达到风铲的 3～4 倍。在上仰或垂直位置操作时，优越性更为明显。

2）没有震耳的噪声，劳动强度低。

3）便于在狭窄部位操作，特别适用于挑焊根和修补缺陷前的清理工作。

炭弧气刨的缺点是操作时烟尘较大，在通风不良的条件下工作对工人的健康有一定的影响。

炭弧气刨主要用于挑焊根；返修前清理缺陷并开坡口；开焊接坡口，主要是U形坡口；清理铸件毛刺，飞刺、浇冒口以及切割不锈钢中薄板等。

二、炭弧气刨的电源、工具及电极材料

炭弧气刨设备由电源、炭弧气刨枪、炭棒、电缆气管和空气压缩机组成，如图9-13所示。

1. 电源

采用直流电源，对电源特性的要求与焊条电弧焊相同，一般的直流焊条电弧焊电源都可用于炭弧气刨。选择电源时，应考虑炭弧气刨所用电流较大、持续工作时间长等特点而选用功率较大的焊机，如ZXG-500、ZXG-1000等。

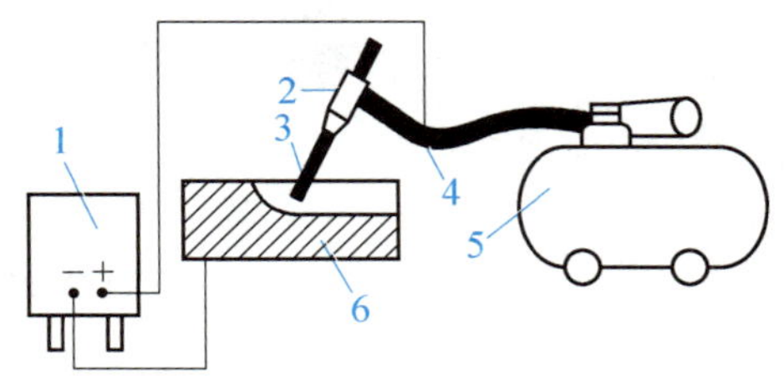

图9-13 炭弧气刨设备

1—电源 2—炭弧气刨枪 3—炭棒 4—电缆气管 5—压缩空气机 6—工件

2. 刨枪

刨枪是炭弧气刨的主要工具，它的作用是夹持电极、传导电流和输送压缩空气。常用的刨枪有焊钳式与圆周送风式两种。

3. 电极

炭弧气刨用炭棒作电极，要求炭棒耐高温、导电性好、不易断裂、灰分少、断面组织细致。一般采用镀铜的实心圆棒，直径有3mm、3.5mm、4mm、5mm、6mm、7mm、8mm、9mm、10mm、12mm、14mm几种规格。

三、炭弧气刨工艺

1. 电源极性

电源极性由被刨材料而定，刨削低碳钢、低合金钢时为反极性；刨削铝、铜及其合金时为正极性。

2. 炭棒直径与刨削电流

炭棒直径一般可根据工件的厚度来定，还与要求的刨槽宽度有关。一般炭棒直径应比刨槽宽度小2～4mm。

刨削电流是影响刨削深度和刨削速度的重要因素。电流增加，刨槽加深加宽，并可提高刨削速度，获得光滑的刨削表面。刨削电流一般根据要求刨削深度与炭棒直径确定，可取炭棒直径（mm）的35~50倍。

3. 压缩空气压力

炭弧气刨的压缩空气压力通常为0.4~0.6MPa。

4. 电弧长度

电弧长度一般控制在1~2mm。电弧过长，稳定性差，操作不好掌握；过短，容易造成金属“夹碳”。

5. 炭棒与工件之间的倾角

倾角大小决定了刨槽的深度与宽度。倾角增加，刨槽深度增加，宽度减小，一般取45°为宜。

6. 炭棒的伸出长度

炭棒的伸出长度即从刨枪的导电嘴外端到炭棒端面的距离，一般取80~100mm，工作中，当炭棒烧损了20~30mm时，应调整夹持的位置。

【焊花飞扬】

中国焊接第一人——潘际銮

潘际銮，中国科学院院士，国际著名焊接工程教育家和焊接工程专家，清华大学机械工程系教授。中国第一条高铁的铁轨焊接顾问，中国第一座自行建设核电站的焊接顾问。他在不同历史时期，为国家的科技进步创造了多项“第一”，推动了先进焊接技术装备在国家重大工程中的应用，引领和带动了国际焊接工程科学的发展。

中国焊接第一人——潘际銮

【考级练习与课后思考】

一、判断题

1. 利用电流通过液体熔渣所产生的电阻热来进行焊接的方法称为电阻焊。（　　）

2. 缝焊适合于厚件的搭接焊。（　　）

3. 缝焊主要用于要求气密性的薄壁容器。 ( )

4. 船用锚链、汽车曲轴、建筑用钢筋等的焊接中，常常会用到的压焊方法是电阻对焊。 ( )

5. 钎焊时，由于钎料熔化，焊件不熔化，所以焊件金属组织和性能变化较少，焊接应力和变形也较小。 ( )

6. 钎焊时，若接头间隙过小，则毛细作用减弱，使钎料流入困难，易在钎缝内形成夹渣或产生未焊透现象。 ( )

7. 钎焊常采用对接接头，目的是增大焊件接触面积，提高焊接强度。 ( )

8. 钎剂残渣对钎焊接头无影响，故焊后不需清理。 ( )

9. 对厚钢板进行电渣时，效率高，但不开U形坡口就不能保证其焊缝的质量。 ( )

10. 电渣焊渣池的温度比电弧要低得多，所以电渣焊的生产率没有电弧焊高。 ( )

11. 真空电子束焊时，金属不会被氧化、氮化，能保证焊缝金属的高纯度和焊接质量。 ( )

12. 焊接机器人一般有六个以上的自由度。 ( )

13. 炭弧气刨是利用炭极电弧的高温，把金属的局部加热到熔化状态，同时用压缩空气的气流把熔化的金属吹掉，从而达到对金属进行去除或切割的一种加工方法。 ( )

14. 为了减少炭弧气刨炭棒的烧损，压缩空气的流量必须很大。 ( )

15. 炭弧气刨工作时需交、直流弧焊机，以及空气压缩机。 ( )

16. 用炭弧气刨来加工焊缝坡口，不适用于开U形坡口。 ( )

17. 炭弧气刨不能清理铸件的毛边、飞边、浇冒口及铸件中的缺陷。 ( )

18. 进行炭弧气刨操作时，烟尘较大，操作者应佩戴送风式面罩。 ( )

19. 对处于窄小空间位置的焊缝，只要轻巧的刨枪能伸进去的地方，就可以进行切割作业。 ( )

二、选择题

1. 熔点高于________℃的钎料称为硬钎料。

A. 350　　B. 450　　C. 600

2. 钎焊温度一般比钎料熔点高________℃

A. 25~60　　B. 5~15　　C. 150~250

3. 下列焊接方法属于压焊的是________。

A. 电渣焊　　B. 钎焊　　C. 点焊　　D. 气焊

4. 利用电流通过液体熔渣所产生的________来进行焊接的方法称为电渣焊。

A. 电场热　　B. 电弧热　　C. 电阻热　　D. 埋弧热

5. 电渣焊焊后热处理的目的是________。

A. 降低残余应力　B. 减小焊接变形　C. 细化晶粒

6. 电渣焊属于________保护。

A. 气　　B. 渣　　C. 气-渣联合

7. 能够焊接断面厚焊件的焊接方法是________。

A. 脉冲氩弧焊　B. 微束等离子弧　C. 电渣焊

8. 目前，在精密仪器、超小型元件及航天技术中的特殊材料的焊接中，常采用________。

A. 激光焊　　B. 电子束焊　　C. 电阻焊

9. ________是焊接机器人的执行机构。

A. 示教盒　　B. 控制器　　C. 驱动器　　D. 机械手

三、简答题

1. 什么是电阻焊？常用的电阻焊方法有哪些？
2. 简述电阻焊的原理及特点。
3. 目前最常用的电阻焊方法有哪些？
4. 什么是钎焊？简述钎焊的特点。
5. 什么是钎料和钎剂？其型号、牌号是如何编制的？
6. 简述钎焊工艺。
7. 什么是电渣焊？简述电渣焊原理及特点。
8. 分别叙述电子束焊、激光焊的基本原理及其应用范围。
9. 焊接机器人是由哪几个基本部分构成的？其作用各是什么？

【拓展学习】

摩擦焊

模块十

焊接应力与变形

【学习指南】 用焊接方法制造的金属结构称为焊接结构，焊接结构会产生不同程度的焊接应力和焊接变形，焊接变形会影响结构形状和尺寸精度，而且焊后要进行大量的矫正工作，严重时会使产品报废。而焊接应力往往是造成裂纹的直接原因，会削弱焊接结构的承载能力，缩短使用寿命。因此，需要了解焊接应力和焊接变形的基本知识，掌握常用的控制工艺措施和方法，以保证焊接结构质量。

第一节 焊接应力与变形产生的原因及形式

一、焊接应力与变形产生的原因

焊接过程中，焊件受到局部的、不均匀的加热和冷却，因此，焊接接头各部位金属热胀冷缩的程度不同。由于焊件本身是一个整体，各部位是互相联系、互相制约的，不能自由地伸长和缩短，这就使接头内产生不均匀的塑性变形，所以在焊接过程中就要产生应力和变形。

由焊接热过程引起的应力和变形就是焊接应力和焊接变形。当焊件焊后温度降至常温，残存于焊件中的应力称为焊接残余应力，焊件上不能恢复的变形称为焊接残余变形。

二、焊接残余变形类型和产生原因

焊接残余变形类型和产生原因见表 10-1。

表 10-1　焊接残余变形类型和产生原因

	示意图	产生原因
纵向收缩变形 横向收缩变形	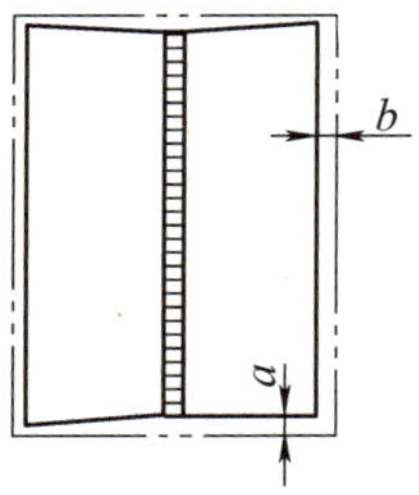	(1)纵向收缩量(a)一般是随焊缝长度的增加而增加。多层焊时，第一层收缩量最大 (2)横向收缩量(b)随母材板厚和焊缝熔宽的增加而增加；同样板厚，坡口角度越大，横向收缩量也越大。收缩量还与许多因素有关，如对接焊缝的横向收缩比角焊缝大；连续焊缝的横向收缩比间断焊缝大；多层焊时，第一层焊缝的收缩量最大
角变形		角变形的大小以变形角 α 来进行度量。它是由于横向收缩变形在焊缝厚度方向上分布不均匀所引起的
弯曲变形	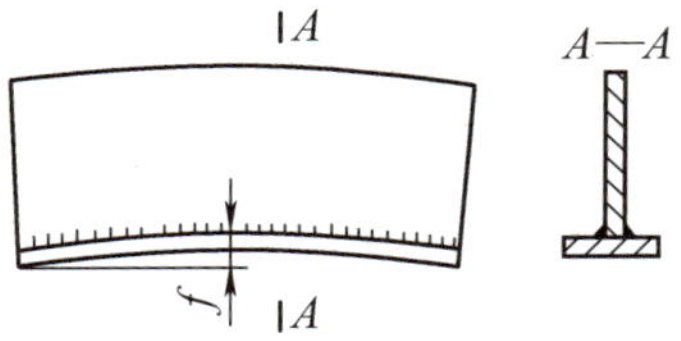	弯曲变形在焊接梁、柱、管道等焊件时尤为常见。弯曲变形的大小以挠度 f 来度量。f 是焊后焊件的中心轴离原焊件中心轴的最大距离。焊缝的纵向收缩和横向收缩都将造成弯曲变形
波浪变形		波浪变形容易在厚度小于 10mm 的薄板结构中产生。其产生原因如下： (1)当薄板结构焊缝的纵向和横向缩短使薄板边缘的应力超过一定数值时，在边缘就会出现波浪变形 (2)由角焊缝的横向收缩引起的角变形所造成的
扭曲变形	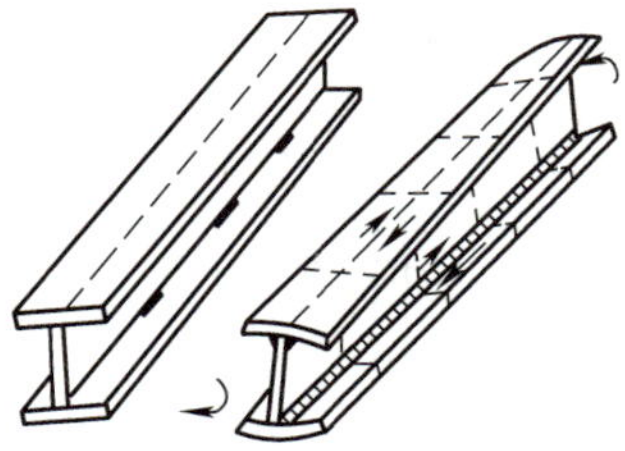 a) 焊前　b) 焊后	扭曲变形容易在梁、柱、框架等结构中产生，一旦产生，很难矫正。其产生原因如下： (1)装配之后的焊件位置和尺寸不符合图样的要求，强行装配 (2)焊件焊接时位置搁置不当 (3)焊接顺序、焊接方向不当
错边变形	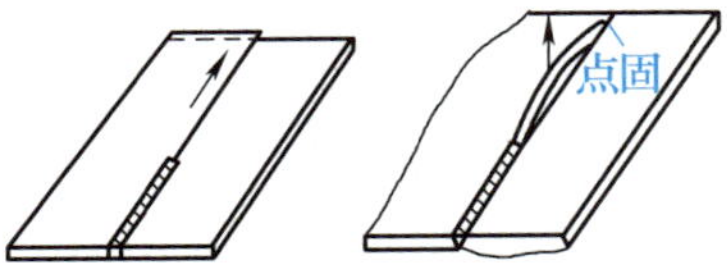 a) 长度方向错边　b) 厚度方向错边	错边变形是指构件厚度方向和长度方向不在一个平面上。其产生原因如下： (1)装配不良 (2)装夹时夹紧程度不一致 (3)组成焊件的两零件的刚度不同

由分析可见，在上述六种焊接残余变形中，最基本的变形是焊缝的纵向收缩变形和横向收缩变形，加上不同的影响因素，就构成了其他五种变形形式。

三、焊接残余应力的类型和产生原因

按引起焊接残余应力的基本原因分类如下：

（1）温度应力　由于焊接时温度分布不均匀而引起的应力称为温度应力，也称为热应力。

（2）相变应力　焊接时由于温度变化而引起的组织变化所产生的应力称为相变应力，也称为组织应力。

（3）拘束应力　在焊接时由于结构本身或外加拘束作用而引起的应力称为拘束应力。

第二节　控制焊接残余变形的工艺措施和矫正方法

影响焊接残余变形的因素主要有焊缝在结构中的位置、焊接结构的装焊顺序、焊接结构的刚性（即抵抗变形的能力），除此之外，还有一些其他因素，如材料的线膨胀系数、焊接方法、热输入、焊接方向、坡口形式、结构的自重等因素，都会影响焊接残余变形。总之，焊接前，应结合焊件实际情况，分析其影响因素，以便更合理地制订出防止和减小焊接残余变形的工艺措施。

一、控制焊接残余变形常用的工艺措施

1. 选择合理的装配-焊接顺序

一般来说，结构应该先总装后再进行焊接，对于不能采用先总装后焊接的结构，也应选择较佳的装焊顺序，以达到控制变形的目的。

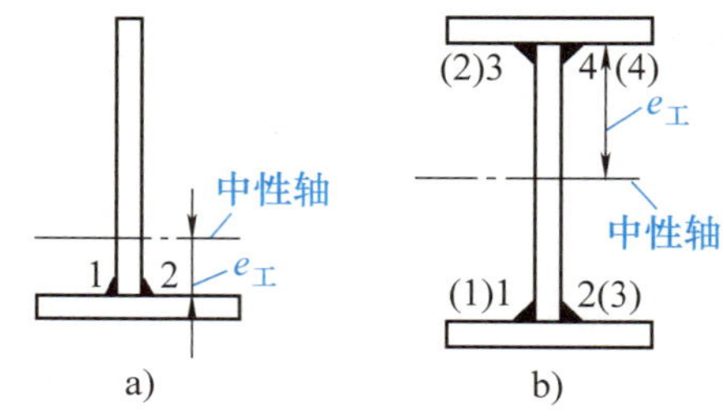

图 10-1　工字梁的两种装焊顺序

图 10-1 所示为工字梁的两种装焊顺序。图 10-1a 是先装配，焊接成丁字形，然后再装配另一块翼板，最后焊成工字梁，采用这种装焊顺序，焊接丁字形结构时，由于焊缝分布在中性轴的下方，焊后将产生较

大的上拱弯曲变形，即使另一块翼板焊后会产生反向弯曲变形，也难以抵消原来产生的变形（由于结构刚性增加的缘故），最后工字梁将形成上拱弯曲变形。如果采取图 10-1b 所示先整体装配成工字梁，然后再进行焊接，此时梁的刚性增加，再采用对称、分段的焊接顺序，焊后上拱弯曲变形就小得多。这是一项先总装、后焊接的控制结构焊后变形的工艺措施。

图 10-2 所示为内部有大小隔板的封闭箱形梁结构，由于不能采用先总装、后焊接的装焊顺序（总装后结构内的隔板无法焊接），故必须先制成 Π 形梁后，才能制成箱形梁。图 10-3 所示为 Π 形梁的装焊顺序，首先将大小隔板与上盖板装配好，随后焊接焊缝 1，由于焊缝 1 几乎与盖板截面重心重合，故无太大变形；接着按图示装焊，不仅结构刚性加大，而且焊缝 2、3 对称，所以焊后整个封闭箱形梁的弯曲变形很小。

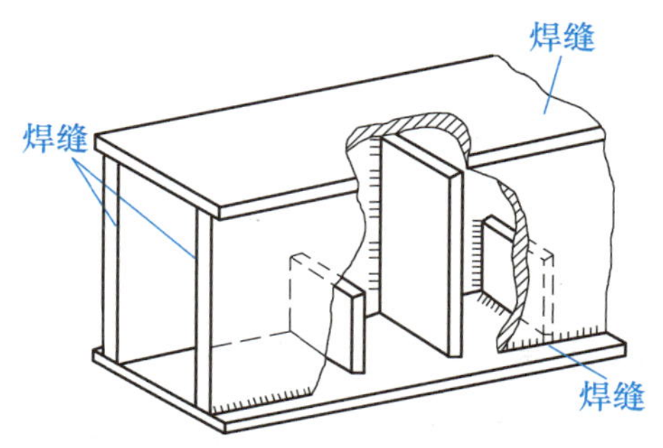

图 10-2　封闭的箱形梁结构

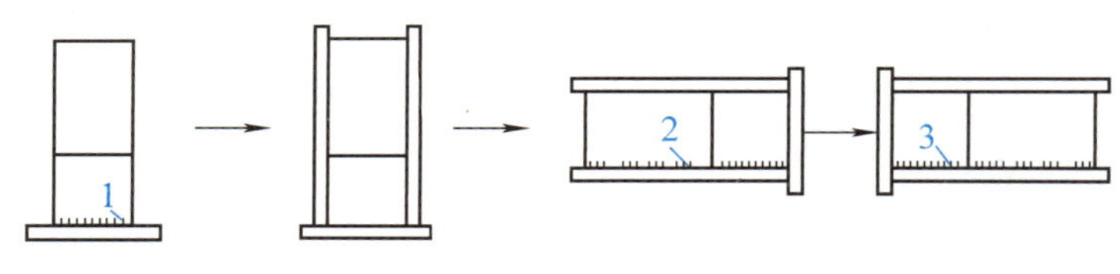

图 10-3　Π 形梁的装焊顺序

2. 选择合理的焊接方法

长焊缝焊接时，采用连续的直通焊变形最大。在实践中，经常采用图 10-4 所示的不同焊接顺序来控制变形，其中分段退焊法、分中分段退焊法、跳焊法和交替焊法常用于长度为 1m 以上的焊缝；长度为 0.5~1m 的焊缝可用分中对称焊法。

3. 选择合理的焊接顺序

（1）对称焊　随着结构刚性不断提高，一般先焊的焊缝容易使结构产生变形。这样，即使焊缝对称的结构，焊后也还会出现变形的现象。所以当结构具有对称布置的焊缝时，应尽量采用对称焊接。如图 10-1b 的工字梁，当采用 1、2、3、4 的焊接顺序时，虽然结构的焊缝对称，焊后仍将产生较大的上拱弯曲变形。所以应该注意焊接顺序，将工字梁 1、2 焊缝的长度分成若干段，采取分段、跳焊的对称焊接，先焊完总长度的 60%~70%；然后将工字梁翻转 180°焊接 3、4 焊缝，也

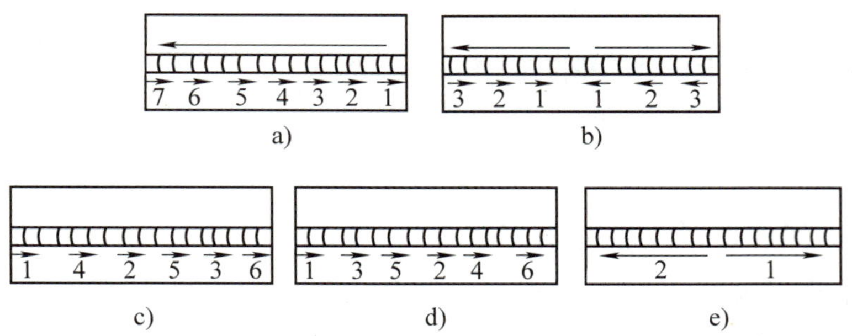

图 10-4 采用不同焊接顺序的焊法

a）分段退焊法 b）分中分段退焊法 c）跳焊法 d）交替焊法 e）分中对称焊法

采取分段、跳焊的对称焊接，将3、4焊缝全部焊完；再将工字梁翻转，采取同样的焊法，焊完1、2焊缝，这样通过先后焊缝的熔敷差量来控制变形量，效果较好。

（2）先焊焊缝少的一侧 对于不对称焊缝的结构，采用先焊焊缝少的一侧，后焊焊缝多的一侧。使后焊的变形足以抵消前一侧的变形，以使总体变形减小。

4. 反变形法

为了抵消焊接变形，焊前先将焊件向与焊接变形相反的方向进行人为的变形，这种方法称为反变形法。例如，为了防止对接接头的角变形，可以预先将焊接处垫高，如图10-5所示。

5. 刚性固定法

焊前对焊件采用外加刚性拘束，强制焊件在焊接时不能自由变形，这种防止变形的方法称为刚性固定法，如图10-6所示。应当指出，焊后当外加刚性拘束去掉后，焊件上仍会残留一些变形，不过要比没有拘束时小得多。另外，这种方法将使焊接接头中产生较大的焊接应力，所以焊后易裂，应该慎用。

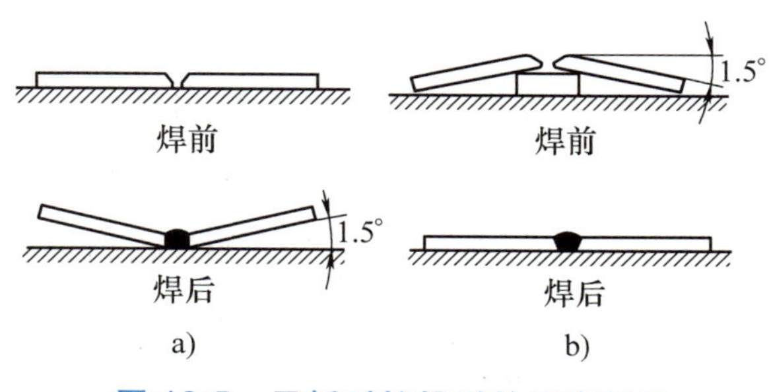

图 10-5 平板对接焊时的反变形法

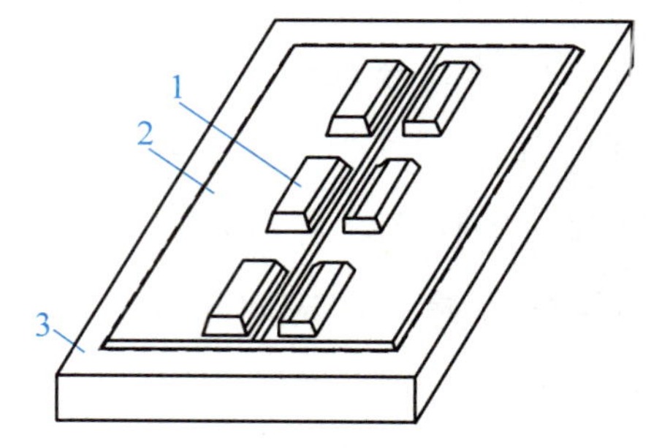

图 10-6 薄板焊接的刚性固定法

1—压铁 2—焊件 3—平台

6. 散热法

焊接时用强迫冷却的方法将焊接区的热量散走，使受热面积大为减小，从而达到减小变形的目的，这种方法称为散热法。散热法不适用于焊接淬硬性较高的材料，如图 10-7 所示。

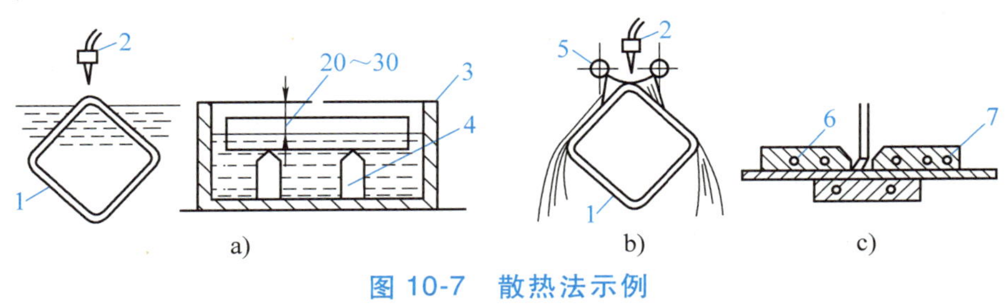

图 10-7　散热法示例

1—焊件　2—焊炬　3—水槽　4—支承架　5—喷水管　6—冷却水孔　7—纯铜板

7. 自重法

如果一焊接梁上部的焊缝明显多于下部，如图 10-8 所示，焊后整根梁将向上弯曲。对这样的结构可利用本身的自重来预防弯曲变形，按图 10-8b 所示装焊，使梁的弯曲幅度有所增大，再按图 10-8c 所示进行焊接，由于支墩置于梁的两头，梁的自重弯曲变形与焊缝收缩变形方向相反，所以梁将变得平直。

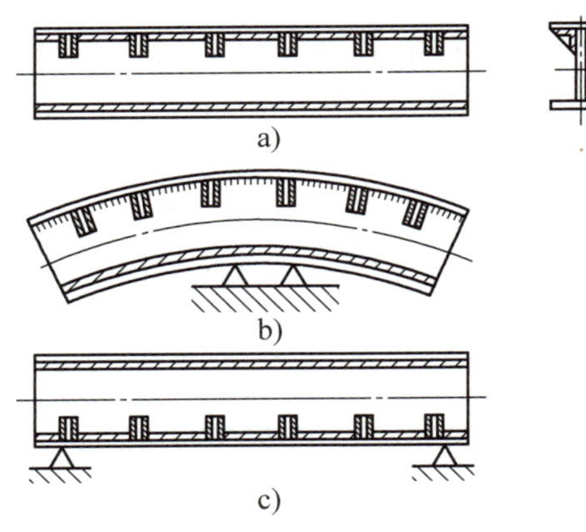

图 10-8　利用自重防止变形

二、焊接残余变形的矫正方法

1. 手工矫正

将变形的钢材放在平台或专用胎具上，采用锤击的方法使金属纤维短的部分伸长来进行矫正。常用工具有大锤、手锤、平锤和千斤顶等。手工矫正灵活简便，主要应用在缺乏或不便使用矫正设备、尺寸不大的钢材变形的矫正。

2. 机械矫正

利用各种机械设备对材料进行矫正变形的方法称为机械矫正。其质量稳定、效率高、劳动强度小，应用广泛。常用的机械矫正设备有钢板矫平机、多辊型钢矫正机、型钢撑直机及压力机、卷板机等。图 10-9 所示为工字梁焊后的机械矫正。薄钢板的矫正通常采用多辊轴钢板矫正机以反复碾压法来进行矫正。

3. 火焰加热矫正法

利用火焰局部加热时产生的塑性变形，使较长的金属在冷却后收缩，以达到矫正变形的目的。火焰采用氧乙炔焰或其他可燃气体火焰。这种方法设备简单，操作易行，但难度很大，多用于矫正大断面的型钢。

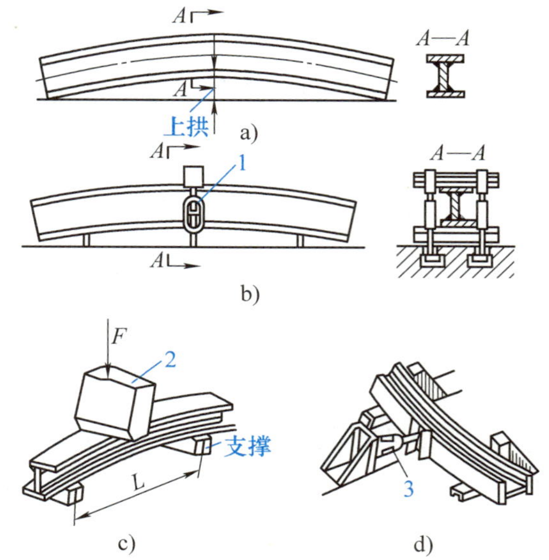

图 10-9 工字梁焊后的机械矫正

a）拱曲焊件 b）用拉紧器拉
c）用压头压 d）用千斤顶顶
1—拉紧器 2—压头 3—千斤顶

（1）火焰加热的温度 该种矫正法的关键是掌握火焰局部加热时引起变形的规律，以便确定正确的加热位置，否则会得到相反的效果，同时应控制温度和重复加热的次数。这种方法不仅适用于低碳钢结构，而且还适用于部分普通低合金钢结构的矫正，塑性好的材料可用水强制冷却（易淬钢除外）。

对于低碳钢和普通低合金结构钢，加热温度为 600~800℃。正确的加热温度可根据材料在加热过程中表面颜色的变化来识别，见表 10-2。

表 10-2 钢材表面颜色及其相应温度

颜色	温度/℃	颜色	温度/℃
深褐红色	550~580	樱红色	770~800
褐红色	580~650	淡樱红色	800~830
暗樱红色	650~730	亮樱红色	830~900
深樱红色	730~770		

（2）火焰加热的方式

1）点状加热。加热区为一圆点，根据结构特点和变形情况，可以加热一点或多点。多点加热常用梅花式，如图 10-10 所示。厚板加热点直径 d 要大些，薄板则小些，但一般不得小于 15mm。变形量越大，点与点之间距离 a 就越小，通常 a 为 50~100mm。

2）线状加热。火焰沿直线方向移动，或者在宽度方向做横向摆动，称为线状加热。各种线状加热的形式如图 10-11 所示。加热线的横向收缩大于纵向收缩。横向收缩随加热线的宽度增大而增大。加热线宽度应为钢板厚度的 0.5~2 倍。线状加热多用于变形量较大的结构。

3）三角形加热。如图 10-12 所示，加热区域为一三角形，三角形的底边应在被矫正钢板的边缘，顶端朝内，三角形的顶角约为 30°。矫正型材或焊接梁时，三角形的高度应为腹板高度的 1/3～1/2。三角形加热的面积较大，因而收缩量也较大，常用于厚度较大、刚性较强构件弯曲变形的矫正。

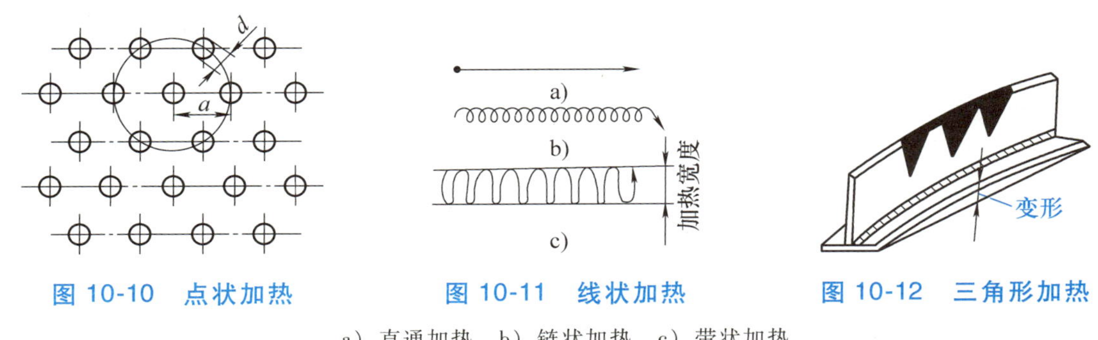

图 10-10 点状加热

图 10-11 线状加热

a）直通加热 b）链状加热 c）带状加热

图 10-12 三角形加热

第三节 减少和消除焊接残余应力的工艺措施和方法

一、减小焊接残余应力常用的工艺措施

1. 采用合理的焊接顺序和方向

1）尽可能使焊缝自由收缩，如图 10-13 所示为大型容器底部的平板拼接，焊接时，焊缝从中间向四周进行，并先焊错开的短焊缝，后焊直通的长焊缝。

2）先焊收缩量较大的焊缝，使焊缝能较自由地收缩，以最大限度地减小焊接应力。如对接焊缝的收缩量比角焊缝的收缩量大，故同一构件中应先焊对接焊缝。

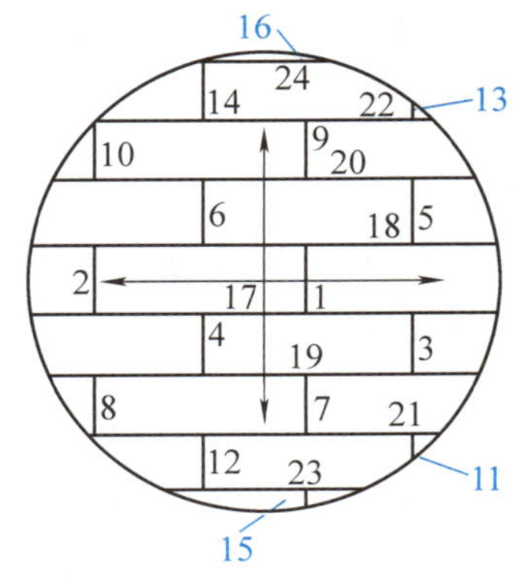

图 10-13 大型容器底部的焊接

3）对于交错焊缝，先焊错开的短焊缝，后焊直通的长焊缝，如图 10-14 所示。

2. 降低局部刚性

焊接封闭焊缝或其刚性较大的焊缝时，可以在焊前留出焊件的收缩裕度，增加收缩的自由度，以此来减小焊接残余应力。

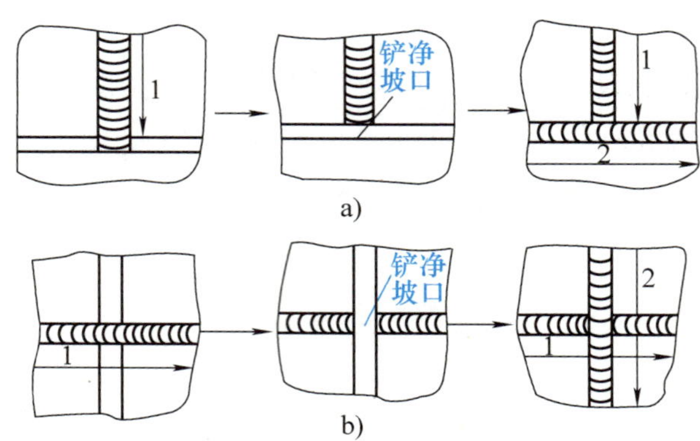

图 10-14 交叉焊缝的焊接顺序

a）T 形焊缝的焊接顺序 b）十字形交叉焊缝的焊接顺序

3. 锤击焊缝区法

利用锤击焊缝来减小焊接应力是行之有效的方法。当焊缝金属冷却时，由于焊缝的收缩而产生应力，锤击焊缝区，应力可减小 1/4～1/2。

锤击时温度应维持在 100～150℃或在 400℃以上，避免在 200～300℃范围内进行，因为此时锤击焊缝金属极容易断裂。

多层焊时，除第一层和最后一层焊缝外，每层都要锤击。第一层不锤击是为了避免根部裂纹，最后一层不锤击是为了防止由于锤击而引起的冷作硬化。

4. 预热法

焊接温差越大，残余应力也越大。因为焊前预热可降低温差和减慢冷却速度，所以可减小焊接应力。

5. 加热减应区法

在焊接或焊补刚性很大的焊件时，选择构件的适当部位进行加热使之伸长，然后再进行焊接。这样焊接，残余应力可大大减小。这个加热部位称为“减应区”。减应区原是阻碍焊接区自由收缩的部位，加热了该部位，使它与焊接区近于均匀地冷却和收缩，以减小内应力。如图 10-15 和图 10-16 所示，轮辐、轮缘及框架断裂时，采用此法修补。

6. 选择合理的焊接参数

对于需要严格控制焊接残余应力的构件，焊接时尽可能地选用较小的焊接电流和较快的焊接速度，减少焊接热输入，以减小焊件的受热范围。对于多道施焊焊缝，采用小的焊接参数进行多层多道施焊，并控制焊道间温度，也有利于减小焊接残余应力。

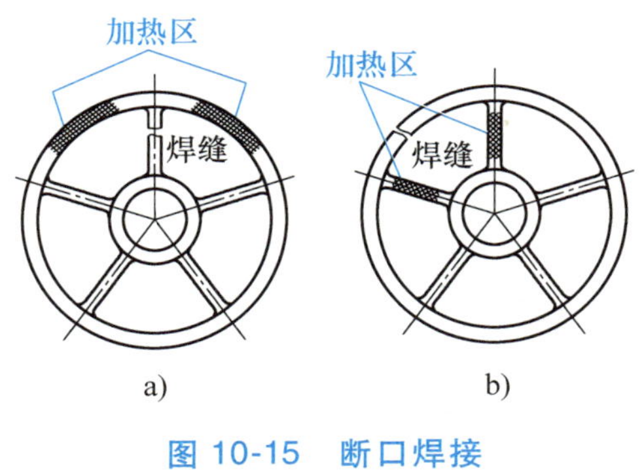

图 10-15 断口焊接

a）轮辐断口焊接 b）轮缘断口焊接

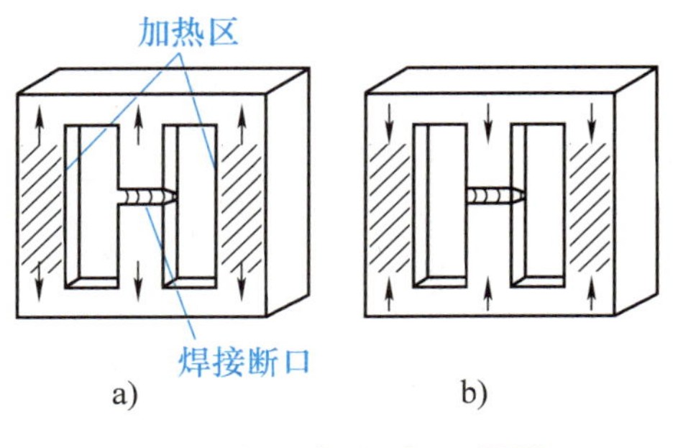

图 10-16 框架断口焊接

a）焊接时 b）冷却时

二、消除焊接残余应力的方法

1. 整体高温回火（消除应力退火）

这个方法是将整个焊接结构加热到一定温度，然后保温一段时间，再冷却。同一种材料，回火温度越高，时间越长，应力就消除得越彻底。通过整体高温回火，可以将80%~90%的残余应力消除掉。缺点是当焊接结构的体积较大时，需要用容积较大的回火炉，从而增加了设备的投资费用。

2. 局部高温回火

只对焊缝及其附近的局部区域进行加热以消除应力。消除应力的效果不如整体高温回火，但方法、设备简单，常用于比较简单的、拘束度较小的焊接结构。

3. 机械拉伸法

产生焊接残余应力的根本原因是焊件焊后产生了压缩残余变形。因此，焊后对焊件进行加载拉伸，产生拉伸塑性变形，它的方向和压缩残余变形相反，结果使得压缩残余变形减小，因而残余应力也随之减小。

4. 温差拉伸法（低温消除应力法）

其基本原理与机械拉伸法相同。具体方法是在焊缝两侧加热到150~200℃，然后用水冷却，使焊缝区域受到拉伸塑性变形，从而消除焊缝纵向的残余应力，常用于焊缝比较规则、厚度不大（<40mm）的板、壳结构。

5. 振动法

对焊缝区域施加振动载荷，使振源与结构发生稳定的共振，利用稳定共振产生的变载应力，使焊缝区域产生塑性变形，以达到消除焊接残余应力的目的。振动法消除碳素钢、不锈钢的内应力可取得较好效果。

【工程案例】

案例 1 钢结构行车梁工艺卡示例

图号	SDL65-CA01	产品名称	主梁支承	材料	Q355B
工步	工步内容		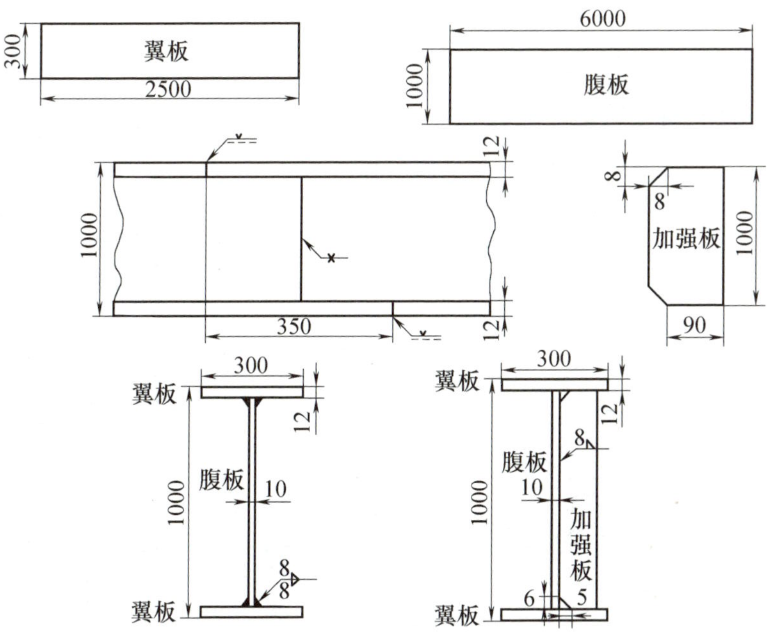		
下料	翼板、腹板、加强板使用等离子弧切割下料，长度预留引弧余量，下料尺寸：翼板 300mm×2500mm、腹板 1000mm×6000mm，加强板尺寸如图所示；下料后各工件打好标识				
拼前加工	翼板短直边开坡口；腹板短直边开坡口；打磨后去毛刺，翻边后进行拼装工序				
一次拼装	将翼板、腹板各自拼接；将翼板、腹板拼接成主体结构；定位点焊固定拼装。拼装结束后转一次焊接				
焊接	焊接详细信息见前面钢结构行车梁焊接工艺卡示例				
校形	焊接结束后，对翼板、腹板使用机械校形。结束后进行去应力处理				
二次拼装	将加强板与主体结构拼接；定位焊固定拼装。拼装结束后转二次焊接				
二次焊接	焊接详细信息见 WPQR				
消应力	焊接完成后，进行热处理，以消除应力，应力消除完毕转喷砂底漆				
喷砂底漆	焊后进行打磨，后转喷砂，喷砂等级 Sa2.5 级（非常彻底的清理等级），并在喷砂后 4h 内喷涂底漆				
校形	底漆结束后进行构件机械校形，校形结束后转油漆工序				
油漆	按规定制作油漆部分；注意加工面的保护。油漆结束后妥善保存				

技术要求	尺寸、位置检查
1. 等离子弧切割下料，注意切口宽度 3mm	总长度 6000mm±2mm
2. 所有拼装部件都必须检查表面是否有外观缺陷，焊接位置处进行杂质油污处理	
3. 拼装前必须检查部件平面度，如有挠弯，不平现象，必须校平后再拼装	总宽度 300mm±2mm
4. 预装时翼板、腹板及加强板定位焊点焊脚尺寸不大于 7mm，长度不超过 10mm，间隔不小于 60mm	总高度 1000±2mm

案例 2　钢结构焊接时容易忽视的五个问题

一、焊接时不注意控制焊接变形

焊接时如果不注意从焊接顺序、人员布置、坡口形式、焊接规范选用及操作方法等方面控制变形，会导致焊接后变形大、矫正困难、增加费用，尤其是厚板及大型工件，矫正难度大，用机械矫正易引起裂纹或层状撕裂，用火焰矫正成本高且操作不好易造成焊件过热。对精度要求高的焊件，不采取有效控制变形措施，安装尺寸达不到使用要求，甚至造成返工或报废。

防治措施：

采用合理的焊接顺序并选用合适的焊接规范和操作方法，还要采用反变形和刚性固定措施。

二、对有交叉焊缝的构件不注意焊接顺序

对有交叉焊缝的构件，不注意通过分析焊接应力和焊接应力对构件变形的影响而合理安排焊接顺序，而是纵横随意施焊，结果会造成纵横缝互相约束，产生较大的温度收缩应力，使板变形，板面凹凸不平，并有可能使焊缝出现裂纹。

防治措施：

对有交叉焊缝的构件，应制订合理的焊接顺序。当有几种纵横交叉焊缝施焊时，应先焊收缩变形较大的横向焊缝，而后焊纵向焊缝，这样焊接横向焊缝时不会受到纵向焊缝的约束，使横向焊缝的收缩应力在无约束的情况下得到释放，可减小焊接变形，保证焊缝质量；或先焊接对接焊缝，后焊角焊缝。

三、采用不同厚度及宽度的板材对接时，不平缓过渡

采用不同厚度及宽度的板材对接时，不注意板的厚度差是否在标准允许范围内，若不在允许范围内未做平缓过渡处理，则这样的焊缝在高出薄板厚度处易引起应力集中和产生未熔合等焊接缺陷，影响焊接质量。

防治措施：

当超过有关规定时，应将焊缝焊成斜坡状，其坡度最大允许值应为 1∶2.5；或厚度的一面或两面在焊接前加工成斜坡，且坡度最大允许值为 1∶2.5，直接承受动载荷且需要进行疲劳验算的结构斜坡坡度不应大于 1∶4。不同宽度的板材对

接时，应根据工厂及工地条件采用热切割、机械加工或砂轮打磨的方法使其平缓过渡，且其连接处最大允许坡度值为 1∶2.5。

四、型钢杆件搭接接头采用围焊时，未在转角处连续施焊

型钢杆件与连续板搭接接头采用围焊时，先焊杆件两侧焊缝，后焊端头焊缝，不连续施焊，这样虽对减小焊接变形有利，但在杆件转角处易产生应力集中和焊接缺陷，影响焊接接头质量。

防治措施：

型钢杆件搭接接头采用围焊时，应在转角处一次连续施焊完成，不要焊到转角处又跑到另一侧去焊接。

五、在接头间隙中塞焊条头或铁块

由于焊接时难以将焊条头或铁块与被焊件熔为一体，因此会造成未熔合、未熔透等焊接缺陷，降低连接强度；若用生锈的焊条头或铁块填充，则难以保证与母材的材质一致；若焊条头、铁块上有油污、杂质等，则会使焊缝产生气孔、夹渣、裂纹等缺陷。这些情况均会使接头的焊缝质量大大降低，达不到设计和规范对焊缝的质量要求。

防治措施：

1）当焊件组装间隙很大，但没有超过规定允许使用的范围，组装间隙超过薄板板厚 2 倍或大于 20mm 时，应用堆焊方法填平凹陷部位或减小组装间隙。严禁在接头间隙中采用填塞焊条头或铁块补焊的方法。

2）零件加工划线时，应注意留足切割余量及切割后的焊接收缩余量，控制好零件尺寸，不要以增加间隙来保证外形尺寸。

【焊花飞扬】

高凤林讲学习历程

高凤林讲学习历程

【考级练习与课后思考】

一、判断题

1. 焊件在焊缝方向发生的收缩称为纵向收缩变形。（　　）

2. 弯曲变形的大小以弯曲的角度来进行度量。（　　）

3. 焊接应力和变形在焊接时是必然要产生的，是无法避免的。（　　）

4. 碾压法可以消除薄板变形。（　　）

5. 焊接变形的大小是由外力所引起的应力大小来决定的。（　　）

6. 焊接变形会严重影响焊接生产和焊件的使用。（　　）

7. 焊接应力往往是造成焊接裂纹的直接原因。（　　）

8. 对于厚度较大、刚度较强的焊件的弯曲变形，可以利用三角形加热法矫正其焊接残余变形。（　　）

9. 易淬火钢用散热法来减小焊接变形。（　　）

10. 焊接电流越大，焊接变形越小。（　　）

11. 如果焊缝对称于焊件的中性轴，则焊后焊件会产生弯曲变形。（　　）

12. 增加结构的刚度，则焊接残余变形增大。（　　）

13. 板越厚，坡口角度越大，横向收缩量越大。（　　）

14. 焊前装配不良，在焊接过程中会产生错边变形。（　　）

15. 焊后锤击焊缝产生塑性变形的目的，是为了改善焊缝金属的力学性能。（　　）

16. 火焰矫正法只适用于淬硬倾向较大的钢材。（　　）

17. 采用刚性固定法以后，焊件就不会产生焊接残余应力和残余变形了。（　　）

18. 为减小焊接残余应力，对于交错焊缝，应先焊错开的短焊缝，后焊直通的长焊缝。（　　）

二、选择题

1. 焊接热过程是一个不均匀加热的过程，以致在焊接过程中出现应力和变形，焊后便导致焊接结构产生________。

A. 整体变形　　B. 局部变形　　C. 残余应力和残余变形　　D. 残余变形

2. 物体在力的作用下变形，力的作用卸除后，变形即消失，恢复到原来形状和尺寸，这种变形是________。

A. 塑性变形　　B. 弹性变形　　C. 残余变形　　D. 应力变形

3. 焊缝离断面中性轴越远，则________越大。

A. 弯曲变形　　B. 波浪变形　　C. 扭曲变形　　D. 角变形

4. 为了减小焊件变形，应该选择________。

A. V 形坡口　　B. X 形坡口　　C. U 形坡口　　D. Y 形坡口

5. ________工件的变形矫正不适宜于三角形加热矫正法。

A. 厚板　　B. 薄板　　C. 工字梁　　D. 丁字形工件

6. ________对结构影响较小，同时也易于矫正。

A. 弯曲变形　　B. 整体变形　　C. 局部变形　　D. 波浪变形

7. 在焊接生产中常用选择合理的________减小焊接变形的方法。

A. 收缩量　　B. 先焊顺序　　C. 后焊顺序　　D. 装配焊顺序

8. 按焊接结构的变形形式可分为________。

A. 纵向变形　　B. 弯曲变形　　C. 局部变形和整体变形　　D. 波浪变形

9. 薄板结构中很容易产生________。

A. 弯曲变形　　B. 角变形　　C. 波浪变形　　D. 扭曲变形

10. 焊后残留在焊接结构内部的焊接应力，就称为焊接________。

A. 温度应力　　B. 残余应力　　C. 凝缩应力　　D. 组织应力

11. 大型容器底部的平板拼焊时，为减小焊接残余应力，焊缝从________进行。

A. 周围向中间　　B. 中间向四周

C. 上向下　　D. 左向右

12. 平板对接焊产生残余应力的根本原因是焊接时________。

A. 中间加热部分产生塑性变形　　B. 中间加热部分产生弹性变形

C. 两侧金属产生弹性变形　　D. 焊缝区成分变化

13. 焊接变形的种类虽多，但基本上都是由于________引起的。

A. 焊缝的纵向收缩或横向收缩　　B. 角变形　　C. 弯曲变形

14. 轮辐焊补时，减小焊接残余应力常用的方法是________。

A. 采用反变法　　B. 加热减应区法

C. 散热法　　D. 刚性固定法

15. 减小焊接残余应力的措施正确的是________。

A. 先焊收缩较小的焊缝

B. 尽量增大焊缝的数量和尺寸

C. 焊接平面交叉时，先焊纵向焊缝

D. 对构件预热

16. 分段退焊法可以________。

A. 减小焊接变形　　B. 减小应力　　C. 降低硬度

17. 为了减小焊接应力，合理的工艺措施是________。

A. 反变形法　　B. 刚性夹紧　　C. 尽可能使焊缝自由收缩

三、简答题

1. 焊接应力和变形是如何形成的？

2. 焊接残余变形的基本形式有哪几种？产生的原因各是什么？

3. 形成焊接结构残余变形的因素有哪些？为什么？

4. 从控制焊接残余变形的角度出发，在结构设计时要考虑哪些内容？

5. 控制焊接残余的应力工艺措施有哪些并说明其道理。

6. 控制焊接残余的变形工艺措施有哪些并说明其道理。

7. 矫正焊接结构残余变形有哪两类方法？火焰矫正法的原理是什么？有哪几种形式？适用范围如何？试举例说明。

8. 消除焊接残余应力的方法有哪些？

9. 说明整体和局部消除应力热处理在效果上有什么不同？

【拓展学习】

不锈钢压力容器焊接实例

模块十一

各种金属材料的焊接

【学习指南】 在掌握了焊接基础理论知识以及各种常用的焊接方法后，本章将运用学到的知识分析讨论各种金属材料的焊接性，理解和掌握各种金属材料的焊接规律，合理选用焊接材料，为制订焊接工艺提供依据，从而保证焊接质量。

第一节　金属材料的焊接性

一、焊接性概念

焊接性是指金属材料对焊接加工的适应性，主要指在一定的焊接工艺条件下，获得优质焊接接头的难易程度和该接头能否在使用条件下可靠地运行。焊接性包含工艺焊接性和使用焊接性两方面的内容。

金属材料的焊接性不仅与材料本身的固有性能有关，同时也与许多焊接工艺条件有关。在不同的焊接工艺条件下，同一材料具有不同的焊接性。而且随着新的焊接方法、焊接材料或焊接工艺的开发和完善，一些原来焊接性差的金属材料，也会变成焊接性好的材料。

二、影响焊接性的因素

金属材料焊接性的好坏主要决定于材料本身的性质，而且还受到工艺条件、结构条件和使用条件的影响。

1. 材料因素

材料因素包括焊件本身和使用的焊接材料，如焊条、焊丝、焊剂、保护气体等。它们在焊接时都参与熔池或半熔化区内的冶金过程，直接影响焊接质量。正确选用焊件和焊接材料是保证焊接性良好的重要基础，必须十分重视。

2. 工艺因素

对于同一焊件，当采用不同的焊接工艺方法和工艺措施时，所表现的焊接性也不同。例如，钛合金对氧、氮、氢极为敏感，用气焊和焊条电弧焊不可能焊好，而用氩弧焊或真空电子束焊，由于能防止氧、氮、氢等侵入焊接区，就比较容易焊接。而灰铸铁焊接时容易产生白口组织，为防止白口组织缺陷发生，应选用气焊、电渣焊等方法。

工艺措施对防止焊接接头缺陷，提高使用性能也有重要的作用。如焊前预热、焊后缓冷和去氢处理等，它们对防止热影响区淬硬变脆，降低焊接应力，避免氢致冷裂纹是比较有效的措施。另外，合理安排焊接顺序能减小应力变形。

3. 结构因素

焊件的结构设计会影响应力状态，从而对焊接性也产生影响。焊接接头刚度较大、缺口、截面突变、焊缝余高过大、交叉焊缝等都容易引起应力集中，要尽量避免。不必要地增大焊件厚度或焊缝体积，就会产生多向应力，也应注意防止。

4. 使用条件

焊接结构的使用条件是多种多样的，有高温、低温下工作，腐蚀介质中工作及在静载荷或动载荷条件下工作等。当在高温工作时，可能产生蠕变；低温工作或冲击载荷工作时，容易发生脆性破坏；在腐蚀介质中工作时，接头要求具有耐蚀性。总之，使用条件越不利，焊接性就越不容易保证。

三、焊接性的研究判断方法

评定焊接性的试验方法很多，不论工艺焊接性和使用焊接性，大体上可分为直接试验和间接试验两种类型。

1. 焊接性的间接判断法

碳当量是判断焊接性最简便的分析方法之一。所谓碳当量是指把钢中合金元素（包括碳）的含量按其作用换算成碳的相当含量，可作为评定钢材焊接性的一种参考指标。

在钢材的各种化学元素中，对焊接性影响最大的是碳，碳是引起淬硬的主要元素，故常把钢中含碳量的多少作为判别钢材焊接性的主要标志，钢中含碳量越高，其焊接性越差。钢中除了碳元素以外，其他的元素如锰、铬、镍、铜、钼等对淬硬都有影响，故可将这些元素根据它们对焊接性影响的大小，折合成相当的碳元素含量，即碳当量来判别焊接性的好坏。

下列碳当量公式是国际焊接协会推荐的估算碳钢及低合金钢的碳当量公式：

$$C_E = w_C + \frac{w_{Mn}}{6} + \frac{w_{Cr} + w_{Mo} + w_V}{5} + \frac{w_{Ni} + w_{Cu}}{15}$$

式中各元素均表示其在钢中的质量分数。根据经验：当 $C_E<0.4\%$ 时，钢材的淬硬倾向不明显，焊接性优良，焊接时不必预热；当 $C_E=0.4\%\sim0.6\%$ 时，钢材的淬硬倾向逐渐明显，需要采取适当预热，控制热输入等工艺措施；当 $C_E>0.6\%$ 时，淬硬倾向更强，属于较难焊的材料，需采取较高的预热温度和严格的工艺措施。

利用碳当量来评定钢材的焊接性，只是一种近似的方法，因为它没有考虑到焊接方法、焊件结构、焊接工艺等一系列因素对焊接性的影响。

2. 焊接性的直接试验法

现行的直接试验方法主要包括斜Y形坡口焊接裂纹试验方法（又称小铁研法）、插销式试验方法、刚性拘束裂纹试验方法、拉伸拘束裂纹试验方法和T形接头焊接裂纹试验方法。通过焊接性的直接试验，可以检测焊接接头对裂纹、气孔、夹渣等缺陷的敏感性，它可使我们以较小的代价获得进行生产准备和制订焊接工艺措施的初步依据。

第二节 碳素钢的焊接及工程案例

碳素钢简称碳钢，是以铁为基体，以碳为主要合金元素的铁碳合金（$w_C<2.11\%$），是工业中应用最广的金属材料。工业中使用的碳素钢，碳的质量分数很少超过1.4%。碳素钢的焊接性主要取决于碳含量的高低，随着含碳量的增加，其焊接性逐渐变差。

一、低碳钢的焊接

碳的质量分数在0.10%~0.25%的碳素钢称为低碳钢。低碳钢含碳量及合金元素少，淬硬倾向小，是焊接性最好的金属材料。低碳钢几乎可以用所有焊接方法来进行焊接，并达到较好的焊接质量。在低碳钢的焊接过程中，一般情况下不需要采取特殊的工艺措施，就可获得较满意的焊接质量。但是电渣焊后的接头，为了细化晶粒，要进行正火或正火加回火处理。

二、中碳钢的焊接

1. 中碳钢的焊接性

碳的质量分数在0.25%～0.6%的碳素钢称为中碳钢。中碳钢随含碳量的增加，其焊接性逐渐变差，出现的主要问题就是热裂纹和冷裂纹，同时也会产生气孔和接头脆性。

2. 中碳钢焊接工艺

中碳钢焊接时，焊条电弧焊是最常用的焊接方法，其焊接工艺通常如下：

（1）焊条选择　尽量采用相应强度级别的碱性低氢型焊条，以增强焊缝的抗裂性。

根据中碳钢的焊接、焊补经验，还可采取先在坡口表面堆焊一层过渡焊缝再进行焊接的方法，防裂效果较好。堆焊过渡焊缝的焊条通常选用含碳量很低、强度低、塑性好的纯铁焊条（$w_C \leqslant 0.03\%$）。

（2）坡口制备　将坡口两侧油、锈等污物清理干净，一般开成U形或V形，以减少焊件熔入量。

（3）预热　大多数情况下，中碳钢焊接需要预热和一定的层间温度，预热温度取决于材料的含碳量、焊件的大小和厚度、焊条类型、焊接参数及结构刚度等。通常35钢、45钢预热温度为150～250℃，含碳量更高或刚度更大时，可提高到250～400℃。

（4）焊接电源　一般选用直流反接，减小熔深，降低裂纹倾向和气孔的敏感性。

（5）后热及热处理　焊件焊后放在石棉灰中或放在炉中缓冷，对含碳量高、较厚和刚性大的焊件，焊后则应立即做600～650℃的消除应力回火处理。

三、高碳钢的焊接

碳的质量分数>0.60%的碳素钢称为高碳钢。由于碳含量很高，淬硬倾向和裂纹敏感性更大，因此高碳钢焊接性很差，它们的焊接也大多为补焊。焊接方法多为焊条电弧焊和气焊，而且辅以必要的焊接工艺措施。

四、中碳钢焊接实例

轴与法兰盘插入式连接的角接焊件，法兰盘为Q235钢（ϕ160mm，厚20mm），轴（ϕ108mm）为35钢，属于中碳钢，其化学成分为 w_C：0.32%～0.40%；w_{Si}：0.17%～0.37%；w_{Mn}：0.50%～0.80%；w_P：≤0.035%；w_S：≤0.035%；w_{Ni}：≤0.25%；w_{Cr}：≤0.25%；w_{Cu}：≤0.25%。

【工艺分析】

经计算该轴的碳当量为0.48%～0.61%，其焊接性较差，因此需采取预热、焊后缓冷及焊后回火处理等工艺措施。

焊前预热温度为150～250℃；采用碱性焊条E5015，焊条使用前经350～450℃烘干，并保温2h。第一层焊道焊接时，采用小电流、慢焊速，同时注意对母材的熔透深度，避免产生夹渣及未熔合等缺陷；焊后采用绝热材料保温缓冷并立即进行600～650℃的消除应力回火处理。

第三节 低合金高强度结构钢的焊接及工程案例

一、低合金高强度结构钢的焊接性

在碳钢中少量加入一种或多种合金元素（合金元素的总质量分数在5%以下），以提高钢的力学性能，使其屈服强度在275MPa以上，并具有良好的综合性能，这类钢称之为低合金高强度结构钢，其主要特点是强度高、塑性和韧性也较好。由于其碳含量和合金元素含量均较低，因此焊接性总体较好。

随着强度级别的提高，低合金高强度结构钢中的合金元素种类及数量均会增加，有的钢中含碳量也在增加，这些对钢的焊接性都会产生影响。其主要问题如下：

1. 热影响区的脆化

产生脆化的原因与钢材的成分及强化方式有关，但其根本原因有两点：

一是热输入过小时，由于热影响区的马氏体等淬硬组织比例增大而降低韧性；二是热输入过大时，由于晶粒粗化或魏氏体组织而降低韧性。因此，可通过控制焊接热输入的办法有效防止热影响区的脆化。

2. 焊接接头的裂纹

低合金高强度结构钢焊接时，随着强度级别的提高，容易在焊缝金属和热影响区产生冷裂纹，尤其在焊接强度级别较高的厚板结构时，最易产生冷裂纹。这是因为其淬硬倾向大，使焊接接头易得到淬硬组织；又因厚板的刚性大，使焊接接头的残余应力相应较大。

低合金高强度结构钢产生热裂纹的可能性比冷裂纹小得多，只有在原材料化学成分不符合规格（如 S、C 含量偏高）时才有可能产生。

二、几种常用低合金高强度结构钢的焊接工艺要点

低合金高强度结构钢对焊接方法无特殊要求，如焊条电弧焊、埋弧焊、气体保护焊等一些常用的焊接方法都能采用。应根据所焊的金属材料厚度、装配结构和具体施工条件来确定焊接材料和焊接参数，见表 11-1。

1. Q355 钢的焊接性

Q355 钢冶炼加工和焊接性能都较好，广泛用于制造各种焊接结构。

（1）焊件预热　Q355 钢淬硬倾向比 Q235 钢稍大些，在大厚度、低温条件下焊接时应进行适当的预热，预热条件参见表 11-2。

表 11-1　低合金高强度合金结构钢常用焊接材料示例

钢号		焊条电弧焊焊条牌号	埋弧焊		电渣焊		CO_2 气体保护焊焊丝
GB/T 1591—2008			焊丝	焊剂	焊丝	焊剂	
Q355	16Mn 14MnNb	J502 J503 J506 J507	不开坡口对接： H08 中板开坡口对接： H08MnA H10Mn2 H10MnSi	HJ431 HJ350	H08MnMoA	HJ431 HJ360	H08Mn2Si
Q390	15MnV 15MnTi 16MnNb	J502 J503 J506 J507 J556	不开坡口对接： H08MnA 中板开坡口对接： H10Mn2 H08MnSi H08Mn2Si	HJ431 HJ431 HJ350 HJ250	H08Mn2MoA	HJ431 HJ360	H08Mn2Si
Q420	15MnVN 15MnVTi	J556 J557 J606 J607	H08MnMoA H04MnVTiA	HJ431 HJ350	H10Mn2MoA	HJ431 HJ360	
Q460		J606 J607 J706 J707	H08Mn2MoA H08Mn2MoVA	HJ250 HJ350	H10Mn2MoA H10Mn2MoV	HJ431 HJ360 HJ350 HJ250	

表 11-2 不同条件下 Q355（16Mn）焊接时的预热条件

板厚/mm	不同气温下的预热条件
<10	不低于-26℃，不预热
10~16	不低于-10℃，不预热；-10℃以下预热 100~150℃
16~25	不低于-5℃，不预热；-5℃以下预热 100~150℃
25~35	不低于 0℃，不预热；0℃以下预热 100~150℃
≥35	均预热 100~150℃

（2）焊接方法和焊接材料 Q355 钢常用焊接方法和焊接材料见表 11-3。

（3）焊接热输入 Q355 钢的过热敏感性不大，淬硬倾向小，为防止冷裂纹的产生，采用较大的热输入焊接，一般焊接热输入应控制在 50kJ/cm 以下。

（4）后热及热处理 对于一般 Q355B 钢结构的焊接接头不需要进行焊后热处理，而对于电站锅炉钢结构的梁和柱的厚板（板厚大于 38mm）对接接头，要求抗应力腐蚀的结构、低温下工作的结构，以及厚壁高压容器等特殊情况，要进行焊后热处理。

表 11-3 Q355 钢常用焊接方法和焊接材料

焊接方法	焊接材料
焊条电弧焊	重要结构：J506、J507 强度要求不高的结构：J426、J427 不重要的结构：J502、J503
埋弧焊	开 I 形坡口对接或角接：H08A+HJ431、H08MnA+SJ101 开坡口对接：H08MnA+HJ431、H10Mn2+SJ101 开坡口角接：H08MnA+SJ101、H08A+HJ431 深坡口焊缝：H10Mn2+SJ101、H10MnSi+SJ101 焊后热处理的对接焊缝：H08MnMoA+HJ350
CO_2 气体保护焊	实芯焊丝：H08Mn2Si 或 H08Mn2SiA（ER49-1）、ER50-6 药芯焊丝：E501T-1
电渣焊	焊丝：H10Mn2、H08MnMoA、H10MnMo 焊剂：HJ431、HJ360、HJ252、HJ171

2. Q420（15MnVN）钢的焊接性

Q420（15MnVN）钢由于含有钒、铌、钛、氮等合金元素，钢板的淬硬性增加，焊接性较好。

（1）焊件预热 Q420 钢的淬硬倾向比 Q355 钢大些，在大厚度、低温条件下焊接时必须进行预热，其预热条件参见表 11-4。

（2）焊接方法和焊接材料 Q420 钢常用焊接方法和焊接材料见表 11-5。

表 11-4　Q420 钢的预热条件

板厚/mm	不同气温下的预热条件
<16	不低于 5℃，不预热
16~24	预热 100~120℃
≥24	预热 160~180℃

表 11-5　Q420 钢常用焊接方法和焊接材料

焊接方法	焊接材料
焊条电弧焊	重要结构：J557、J557Mo、J557MoV、J607、J607Ni 强度要求不高的结构：J506、J507
埋弧焊	H10Mn2+HJ431、H08MoA+SJ101、H08MnMoA+HJ350
CO_2 气体保护焊	实芯焊丝：ER55-D2、GHS-60 药芯焊丝：PK-YJ607
电渣焊	焊丝：H08MnMoVA、H10Mn2MoVA、H10Mn2M 焊剂：HJ340、HJ252、HJ170

（3）焊接热输入　Q420 钢的淬硬倾向大，热影响区脆化现象严重，焊接时需要控制焊接热输入，对于要求-20℃冲击韧度的 D 级钢，一般焊接热输入应控制在 35kJ/cm 以下，埋弧焊需要采用细焊丝和较小的焊接热输入，可使焊缝金属快速冷却，得到韧性较好的下贝氏体或低碳马氏体组织。另外，焊接过程中需要控制层间温度在 200℃以下。

（4）后热及热处理　根据技术要求确定 Q420 钢焊接接头是否需要进行后热或焊后热处理。

三、Q355 钢的焊接实例

用 Q355 钢制造球罐，其直径为 ϕ15.7m、壁厚 25~28mm，工作压力 0.65MPa，焊接方法为焊条电弧焊。

【工艺分析】

考虑到该结构的强度要求，选用 E5015 焊条，焊前进行 350~450℃的烘干，并保温 1~2h，随用随取。坡口设计上采用不对称的 *X* 形坡口。坡口外大内小，先焊外侧大坡口，可有效地防止裂纹。焊前在焊缝中心至两侧距离为球罐壁厚的 3 倍处进行预热，达到 100℃时才可施焊。焊接时由两名焊工从两端向中间同时对称进行，第一、二层焊道采用分段退焊法焊接，背面焊缝应用炭弧气刨清根后再焊，直至焊完。焊后做超声波检验和相应的 X 射线检验，检查焊缝质量。

第四节 珠光体耐热钢的焊接及工程案例

珠光体耐热钢是以铬、钼为主要合金元素的低合金钢，该钢种在高温下具有足够的强度和抗氧化性，主要用来制造发电设备中的锅炉、汽轮机、管道、石油化工设备等。

一、珠光体耐热钢的焊接性

由于珠光体耐热钢中含有一定数量的铬和钼等合金元素，会使焊缝和热影响区具有淬硬倾向，再加上较高的扩散氢浓度，使焊缝和热影响区很容易产生冷裂纹。另外，由于珠光体耐热钢含有钒、铌、钛、钼、铬等强碳化物形成元素，而且通常是在高温下使用，具有再热裂纹产生的问题。因此，珠光体耐热钢的焊接性较差。

二、珠光体耐热钢焊接方法及工艺

1. 焊条的选择

选择耐热钢焊条主要是根据母材的化学成分，而不是根据常温力学性能。为了确保焊接接头的高温强度和高温抗氧化性不低于母材金属，焊条的合金含量应与焊件相当或者略高一些。

珠光体耐热钢有较强的淬硬倾向，对焊接区的含氢量必须控制在较低的程度。为此，一般用低氢型焊条。使用时应严格遵守使用规则，如焊条的烘干，焊件的仔细清理，采用直流反接和短弧焊等。铬钼耐热钢用焊条的选用及预热、焊后热处理参见表11-6。

表11-6 铬钼耐热钢用焊条的选用及预热、焊后热处理

材料牌号	焊条型号	预热/℃	焊后回火/℃
12CrMo	E5515-B_1	150~300	670~710
15CrMo	E5515-B_2	250~300	680~720
Cr2Mo	E6015-B_3	250~350	720~750
12Cr1MoV	E5515-B_2-V	250~350	700~740
15Cr1Mo1V	E5515-B_2-VNb	250~350	730~760
12Cr5Mo1	E5MoV	300~400	740~760

（续）

材料牌号	焊条型号	预热/℃	焊后回火/℃
12Cr9Mo1	E9Mo	300～400	730～750
12Cr2MoWVTiB	E5515-B_3-VWB	300～400	750～780
12Cr3MoVSiTiB	E5515-B_3-VNb	300～400	750～780

某些珠光体耐热钢含铬量较高，或结构刚性太大，焊后不能进行热处理时，可选用奥氏体不锈钢焊条进行焊接，如 E316-16、E309-16、E309Mo-16 等。

珠光体耐热钢埋弧焊时，可选用与焊件成分相同的焊丝配焊剂 350 或焊剂 250 进行焊接。

2. 预热

预热是焊接珠光体耐热钢的重要工艺措施，可以有效地防止冷裂纹和再热裂纹。除了很薄的平板和圆管，不论是定位焊还是在焊接过程中都应预热。预热温度可参考表 11-6。另外，整个焊接过程中的层间温度不应低于预热温度。

3. 焊后缓冷

焊后缓冷也是焊接铬钼耐热钢的重要工艺措施之一，即使在炎热的夏季也应认真进行。

4. 焊后热处理

焊后应立即进行热处理，其目的是防止延迟裂纹的产生，消除应力和改善组织。

对于厚壁容器及管道，焊后应进行高温回火，对于大型的焊接结构，一般要做消除应力退火。

5. 保温焊

保温焊是指整个焊接过程中，经常测量并使焊缝附近 30～100mm 范围内保持足够的温度。

6. 减小焊接拘束力

由于铬钼耐热钢裂纹倾向比较大，故在焊接时焊缝的拘束力不能过大，以免造成过大的刚度。尤其是在厚板焊接时，要尽量避免使用妨碍焊缝自由收缩的拉筋、夹具等。

7. 锤击焊缝

每焊完一根或两根焊条立即进行锤击，以消除焊接应力，锤击区的温度要高于 30℃，锤击力不要太大。

三、15CrMo钢的焊接实例

某火电厂的530℃高压锅炉过热器管，材质为15CrMo耐热钢，壁厚为16mm。

【工艺分析】

选择E5515-B2焊条，采用焊条电弧焊。0℃以上施焊时，焊前预热至150~200℃；0℃以下施焊时，则预热至250~300℃。施焊时选用直流反接电源，短弧焊接。焊后进行680~720℃回火处理。对锅炉受热面管子进行焊后热处理时，焊缝应缓慢升温，加热速度应控制在100℃/min以下，保证内外壁温差不大于50℃。冷却时用石棉布覆盖，让其缓慢冷至300℃，然后在静止空气中自然冷却。

第五节　不锈钢的焊接及工程案例

一、不锈钢简介

不锈钢是指以不锈、耐蚀性为主要特性，且铬的质量分数至少为10.5%，碳的质量分数最大不超过1.2%的钢。根据GB/T 20878—2007的分类标准，其牌号按冶金学分类列表，可分为奥氏体型、奥氏体-铁素体型、铁素体型、马氏体型和沉淀硬化型等。本节主要介绍奥氏体型不锈钢。

二、奥氏体型不锈钢的焊接性

奥氏体型不锈钢中铬的质量分数为18%，镍的质量分数为8%~10%。铬、镍含量越高，奥氏体组织越稳定，耐蚀性就越好。奥氏体型不锈钢虽具有良好的耐蚀性、耐高温性、塑性和焊接性，但施焊中如焊接工艺选择不当，也会产生下列问题：

1. 晶间腐蚀问题

晶间腐蚀是奥氏体型不锈钢最危险的破坏形式之一。晶间腐蚀的不锈钢，从表面上看并没有什么特征，但在受到应力时即会沿晶界断裂，几乎完全丧失强度。

（1）奥氏体型不锈钢产生晶间腐蚀的原因　奥氏体型不锈钢产生晶间腐蚀一般认为是由于晶粒边界的贫铬层造成的。其原因是在450~850℃温度下，碳在奥氏体中的扩散速度大于铬在奥氏体中的扩散速度。当奥氏体中碳的质量分数超过它在室温的溶解度（0.02%～0.03%）后，碳就不断地向奥氏体晶粒边界扩散，并和铬化合。由于铬的原子半径较大，扩散速度较小，来不及向边界扩散，而晶界附近大量的铬和碳化合成碳化铬，因此造成奥氏体边界贫铬。当晶界附近的金属铬的质量分数低于12%时，就失去了抗腐蚀的能力，在腐蚀介质的作用下，即产生晶间腐蚀。当加热温度低于450℃或高于850℃时，都不会产生晶间腐蚀，所以把450～850℃称为危险温度区间，或称敏化温度区间。

（2）防止和减少晶间腐蚀的措施

1）碳是造成晶间腐蚀的主要元素，应选择超低碳（$w_C \leqslant 0.03\%$）焊条，或选用含有稳定元素钛、铌等与碳的亲和力比铬强的不锈钢焊条，如E308L-16焊条、E347-15焊条、H0Cr19Ni9Ti焊丝。

2）焊后进行固溶处理，把焊后接头加热到1050～1100℃，使碳重新溶入奥氏体中，然后迅速冷却，稳定奥氏体组织。另外，也可以进行850～900℃下保温2h的稳定化热处理。此时奥氏体晶粒内部的铬逐步扩散到晶界，晶界处铬的质量分数重新恢复到12%以上，避免了晶间腐蚀。

3）一般情况下，控制奥氏体型不锈钢焊缝金属中铁素体的质量分数为5%～10%时可以获得比较好的抗晶间腐蚀性能。在焊缝中加入铁素体形成元素，如铬、硅、铝、钼等，以使焊缝形成奥氏体+铁素体的双相组织。

4）奥氏体钢不会产生淬硬现象，所以在焊接工艺上，采用小电流、快速焊、短弧、多道焊等措施，缩短焊接接头在危险温度区停留的时间，均可防止或减小贫铬区。为加快焊接接头的冷却速度，还可以给焊缝强制冷却措施（如用铜垫板，水冷等）。多层焊时，要控制好层间温度，等到前道焊缝冷却到60℃以下再焊下一道焊缝。

5）注意焊接次序，先焊接不与腐蚀介质接触的非工作面焊缝，与腐蚀介质接触的焊缝应最后焊接，使其不受重复焊接热循环的作用。

2. 热裂纹

奥氏体型不锈钢产生热裂纹的倾向要比低碳钢大得多，特别是含镍量较高的奥氏体型不锈钢更易产生。

（1）产生热裂纹的主要原因

1）奥氏体型不锈钢的热导率大约只有低碳钢的一半，而线膨胀系数比低碳钢约大50%，所以焊后在接头中会产生较大的焊接应力。

2）奥氏体型不锈钢中的成分如碳、硫、磷、镍等会在熔池中形成低熔点共晶体。例如，硫与镍形成的 Ni_3S_2 熔点为 645℃，而 $Ni\text{-}Ni_3S_2$ 共晶体的熔点只有 625℃。

3）奥氏体型不锈钢的液、固相线的区间较大，结晶时间较长，且结晶的枝晶方向性强，所以杂质偏析现象比较严重。

（2）防止热裂纹的措施

1）对于铬镍奥氏体型不锈钢来说，防止热裂纹的常用措施是采用双相组织的焊条，使焊缝形成奥氏体+铁素体的双相组织。当焊缝中有5%左右的铁素体时，奥氏体的晶粒长大便受到阻碍，柱状晶的方向打乱，因而细化了晶粒，并可防止杂质的聚集。由于铁素体可比奥氏体溶解更多的杂质，因此还减少了低熔点共晶体在奥氏体晶粒边界上的偏析。

2）在焊接工艺上，一般采用碱性焊条、小电流、快焊速，以及焊接结束或中断时收弧慢且填满弧坑，或采用氩弧焊打底等措施来防止热裂纹。

三、奥氏体型不锈钢的焊接工艺

1. 焊条电弧焊

（1）焊前准备　根据钢板厚度及接头形式，用机械加工、等离子弧切割或炭弧气刨等方法下料和加工坡口（对接接头板厚超过3mm须开坡口）。为了避免焊接时碳和杂质混入焊缝，焊前应将焊缝两侧20~30mm范围用丙酮、汽油、乙醇等擦净，并涂白垩粉，以避免表面被飞溅金属损伤。

（2）焊条的选用　奥氏体型不锈钢焊条有酸性焊条钛钙型药皮和碱性焊条低氢型药皮两大类。低氢型不锈钢焊条的抗热裂性较好，但成形不如钛钙型焊条，抗腐蚀性也较差。钛钙型不锈钢焊条具有良好的工艺性能，生产中用得较多。

焊接时，应根据不锈钢的使用条件选用不同型号的焊条，见表11-7。

表11-7　常用奥氏体型不锈钢焊条的选用

钢材牌号	工作条件及要求	选用焊条[①]
06Cr18Ni10	工作温度低于300℃，同时要求良好的耐腐蚀性能	E308-16、E308-15、E308L-16
07Cr19Ni11Ti	要求优良的耐腐蚀性能及要求采用含钛稳定的Cr18Ni9型不锈钢	E347-16、E347-15
06Cr17Ni12Mo2Ti	抗无机酸、有机酸、碱及盐腐蚀	E316-16、E316-15
	要求良好的抗晶间腐蚀性能	E318-16
06Cr18Ni12Mo2Cu2	在硫酸介质中要求更好的耐腐蚀性能	E317MoCu
06Cr25Ni20	高温工作（工作温度低于1100℃）不锈钢与碳钢焊接	E310-16、E310-15

① 型号选自 GB/T 20878—2007。

（3）焊接工艺　由于奥氏体型不锈钢的电阻较大，焊接时产生的电阻热也大，因此同样直径的焊条焊接电流值应比低碳钢焊条降低 20%左右，否则，焊接时药皮将迅速发红，失去保护而无法焊接。

焊接开始时，不要在焊件上随便引弧，以免损伤焊件表面，影响耐蚀性。焊接过程中，焊条最好不做横向摆动，采用小电流、快焊速。一次焊成的焊缝不宜过宽，最好不超过焊条直径的 3 倍。多层焊时，注意控制层间温度，焊后可采取强制冷却措施，加速接头冷却。

2. 氩弧焊

氩弧焊目前普遍用于不锈钢的焊接，具有焊缝的质量比焊条电弧焊高，生产率高、焊件变形小、耐蚀性好等优点。

目前在氩弧焊中应用较广的是手工钨极氩弧焊，常用于焊接 0.5～3mm 的不锈钢薄板和薄壁管。焊丝的成分一般与焊件相同。焊接时速度可适当快些，并尽量避免焊丝横向摆动。对于厚度大于 3mm 的不锈钢，可采用熔化极氩弧焊。

3. 埋弧焊

奥氏体型不锈钢的埋弧焊一般用于焊接中等厚度以上的钢板（6～50mm），采用埋弧焊不仅可以提高生产率，而且也能显著提高焊缝质量。

在焊接奥氏体型不锈钢时，为了避免产生裂纹，必须选择适当的焊丝成分和焊接参数，使焊缝中有 5%左右的铁素体。

4. 等离子弧焊

用等离子弧焊在不开坡口的情况下，可以单面焊接厚度 10～12mm 以下的奥氏体型不锈钢，对厚度小于 0.5mm 的薄件用微束等离子弧焊很适宜。

奥氏体型不锈钢常用焊接方法和焊接材料的选用见表 11-8。

表 11-8　奥氏体型不锈钢常用焊接方法和焊接材料的选用

不锈钢钢号		焊条电弧焊		氩弧焊
新牌号	旧牌号	焊条牌号	焊条型号	焊丝
022Cr19Ni10	00Cr19Ni10	A002	E308L-16	H03Cr21Ni10
06Cr19Ni10 12Cr18Ni9	0Cr18Ni9 1Cr18Ni9	A102 A107	E308-16 E308-15	H06Cr21Ni10
06Cr19Ni11Ti 07Cr19Ni11Ti	0Cr18Ni10Ti 1Cr18Ni9Ti	A132 A137	E347-16 E347-15	H08Cr19Ni10Ti
06Cr18Ni11Ti	0Cr18Ni11Nb			H08Cr20Ni10Nb
10Cr18Ni12	1Cr18Ni12	A202 A207	E316-16 E316-15	H08Cr21Ni10 H08Cr21Ni10Si

（续）

不锈钢钢号		焊条电弧焊		氩弧焊
新牌号	旧牌号	焊条牌号	焊条型号	焊丝
06Cr23Ni13	0Cr23Ni13	A302 A307	E309-16 E309-15	H03Cr24Ni13
06Cr25Ni20	0Cr25Ni20	A402 A407	E310-16 E310-15	H08Cr26Ni21

四、不锈钢的焊接实例

用07Cr18Ni9钢板制作三氯氢硅成品贮槽。钢板厚5mm，筒体直径为ϕ1200mm，贮槽总长3590mm。

【工艺分析】

筒体纵、环焊缝均采用焊条电弧焊，焊条型号为E308-16，直径为ϕ3.2mm，焊接电流为90～110A。焊前开带钝边Y形坡口，钝边高度为2mm，坡口向外。焊接时，正面先焊一条焊道，然后焊背面。背面（与腐蚀介质接触的一面）焊接时不需刨焊根，焊一道即成，以有利于焊缝的耐蚀性。筒体纵、环焊缝焊接后，在设备上开孔，因板较薄，可用炭弧气刨。开孔时，要从设备里面往外吹。支座加强板和人孔加强板为Q235钢板，与不锈钢筒体焊接时采用E309-16焊条。焊接工作结束后，进行X射线检验，并作水压试验。

第六节 铸铁的焊补及工程案例

铸铁是指碳的质量分数大于2.11%、小于6.69%的铁碳合金。按照碳存在形式不同，铸铁主要分为白口铸铁、灰铸铁、可锻铸铁和球墨铸铁。铸铁焊接主要是对各种铸造缺陷或者损坏的铸铁件进行焊补修复。

一、铸铁的焊接性

灰铸铁的应用最广，这里就以灰铸铁的焊接性进行分析。灰铸铁由于含碳量高、杂质多、强度低、塑性差，因此焊接性差。其焊接时主要问题是焊接接头易产生白口组织和裂纹。

1. 焊接接头产生白口组织

在焊补灰铸铁时，往往会在熔合区产生白口组织，严重时会使整个焊缝白口化，造成焊后难以进行机械加工。

（1）产生白口组织的原因　产生白口组织主要是由于冷却速度快和石墨化元素不足造成的。在一般的焊接条件下，焊补区的冷却速度比铸铁在铸造时快得多，特别是在熔合线附近，是整个焊缝冷却速度最快的地方，而且其化学成分又和母材金属相接近，所以该处最易形成白口组织。另外，焊接材料选用不当，使焊缝中石墨化元素不足，也会促使产生白口组织。

（2）防止产生白口组织的方法

1）减慢焊缝的冷却速度。延长熔合区处于红热状态的时间，使石墨有充足的时间析出。通常采取将焊件预热后进行焊接，也可在焊接后进行保温缓冷等措施。

2）改变焊缝化学成分，主要是增加焊缝中石墨化元素的含量或使焊缝成为非铸铁组织。如在焊条或焊丝中加入大量的碳、硅元素；也可采用非铸铁焊接材料（镍基、铜钢、高钒钢），形成非铸铁组织焊缝，来避免产生白口组织或其他脆硬组织的可能性。

2. 焊接接头产生裂纹

（1）产生裂纹的原因　由于灰铸铁的强度较低，塑性极差，而焊接时的局部快速加热和冷却，又造成较大的内应力，故易产生裂纹。当接头存在白口组织时，因白口组织硬而脆，它的冷却收缩率又比母材金属（灰铸铁）大得多，加剧了产生裂纹倾向，严重时甚至可使整个焊缝沿半熔化区从母材上剥离下来。

铸铁焊接裂纹一般为冷裂纹，产生温度在400℃以下，产生部位为焊缝或热影响区。当采用非铸铁型材料焊接时，焊缝也会产生热裂纹。

（2）防止裂纹的方法

1）焊件焊前预热、焊后缓冷不但能防止白口铸铁组织的产生，而且使焊件温度分布均匀，减小焊接应力，防止裂纹产生。

2）采用加热减应区法在焊件上选择适当的区域进行加热，如灰铸铁件中间有一条裂纹，若仅焊补裂纹，因四周刚度很大，加热时阻碍焊接处膨胀及伸长，冷却时阻碍焊接处收缩，因此焊后焊缝或其他部位必然开裂。但如果焊前加热框架上下两个杆件与裂纹对称的部位，然后焊补裂纹，这样焊补处及两个加热部位可以自由膨胀和收缩，即可大大减小应力，避免裂纹产生，如图11-1所示。

3）调整焊缝化学成分。可采用非铸铁型焊接材料，以得到塑性好、强度高的焊缝，使焊缝产生塑性变形，松弛焊接应力，避免裂纹。

4）采用合理的焊补工艺。冷焊时应采用分散焊、断续焊，选用细焊丝、小电流、浅熔深，焊后立即锤击焊缝等方法，减小焊接应力，防止裂纹。

5）采用栽丝法。大面积焊补时，采用栽丝法，焊前在坡口内钻孔攻螺纹，拧入钢制螺钉，孔深20~30mm、间距50mm左右。先围绕螺钉焊接，再焊螺钉之间，使螺钉承担大部分焊接应力，防止焊缝剥离，如图11-2所示。

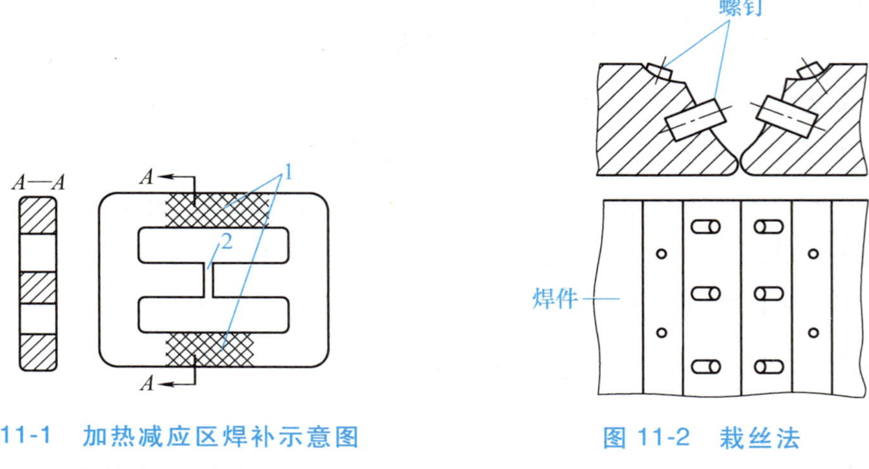

图11-1 加热减应区焊补示意图

1—加热处 2—焊补处

图11-2 栽丝法

二、灰铸铁焊补工艺要点

灰铸铁的焊补主要应根据铸件大小、厚薄、复杂程度以及焊补处的缺陷情况、刚度大小、焊后的要求（如是否要求加工、致密性、强度、颜色等）来选择。灰铸铁的焊补方法见表11-9。

表11-9 灰铸铁的焊补方法

焊补方法		常用焊条(焊丝)
焊条电弧焊	热焊	EZC(Z248、Z208)
	半热焊	EZC(Z208)
	不预热焊	EZC(Z208)、EZNiFe-1(Z408)
	冷焊	EZFe-2(Z100)、EZV(Z116、Z117)、EZNi-1(Z308)、EZNiFe-1(Z408)、EZNiCu-1(Z508)、E5015-G(J507)、E4303(J422)
气焊	热焊	铸铁焊丝
	加热减应区法	
	不预热焊	
钎焊		黄铜焊丝
CO_2气体保护焊		$H08Mn_2SiA$

焊条电弧焊焊补灰铸铁方法如下：

（1）焊缝金属为非铸铁成分的电弧冷焊　常用 EZNi（Z308）纯镍、EZNiFe（Z408）镍铁、EZNiCu（Z508）镍铜等焊条进行焊补，其焊补工艺要点为

1）焊接电流尽可能小，可以减小熔深，不使母材铸铁熔入量过多，影响焊缝成分，以便于焊后加工，而且可以减小母材与焊接处的温差，防止开裂。同时焊接的热输入量少，还可以减小焊接应力。

2）采用短段、断续分散焊及锤击焊缝，可以减小热应力、防止开裂。一般薄壁件每次焊接焊缝长度取 10~20mm，厚壁件取 30~40mm。每焊一小段后，立即锤击处于高温的具有塑性的焊缝，可以松弛焊接应力、增加焊缝的致密性。焊补过程中，当温度降至 50~60℃ 时，再焊下一道焊道。为了避免焊件局部过热，要采用分散焊法。

3）对于较厚的焊件多层焊，按图 11-3 所示安排焊接顺序，在坡口面上堆焊一层，再进行填充焊接，这样的焊接顺序抗剥离性裂纹效果较好。

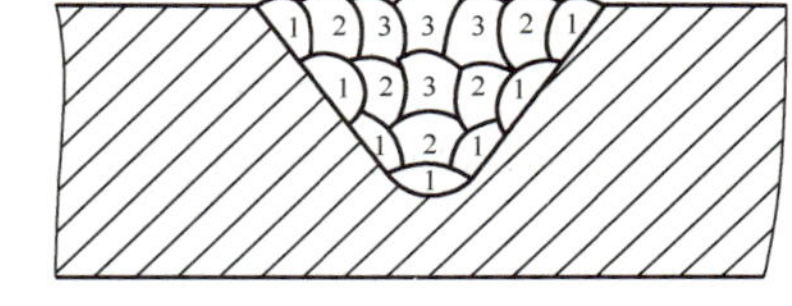

图 11-3　厚铸件多层焊焊接顺序

4）焊装加强筋。焊补厚（大）铸件，坡口深度较大，在坡口内加装并焊接低碳钢加强筋，如图 11-4 所示，可提高焊补接头的强度和刚性、减少焊缝金属的焊接应力，有效地防止焊缝剥离，提高焊补效率。

（2）焊缝金属为铸铁成分的电弧焊工艺　一般采用低碳钢芯石墨化型铸铁焊条 EZC（Z208）和铸铁芯石墨化型焊条 EZC（Z248）。焊补时的工艺要点为

1）需要预热 400℃（半热焊），焊后缓冷；或预热到 600~700℃（热焊）。

2）采用大直径焊条、大焊接电流、长电弧、连续焊接工艺，以提高焊接热输入量，减缓焊接接头的冷却速度，促使药皮中大量高熔点石墨化元素充分熔化和反应，有助于消除或减少热影响区出现马氏体组织。

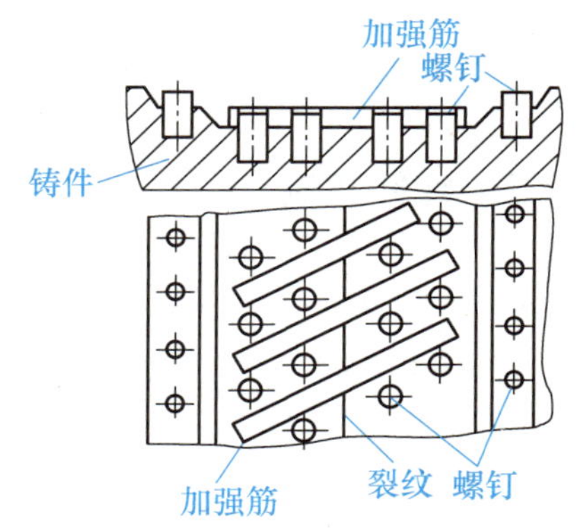

图 11-4　焊装加强筋焊法

3）当焊补缺陷面积小于 $8cm^2$、深度小于 7mm 时，因熔池体积小，焊缝热量少，冷却速度过快，会出现白口组织。如果情况允许，可把缺陷处补焊的面积适当扩大。为了防止焊接时铁液流散，坡口周围要用黄泥或耐火泥之类的材料筑堤。如果缺陷位于铸件边缘，可进行造型，如图 11-5 所示。

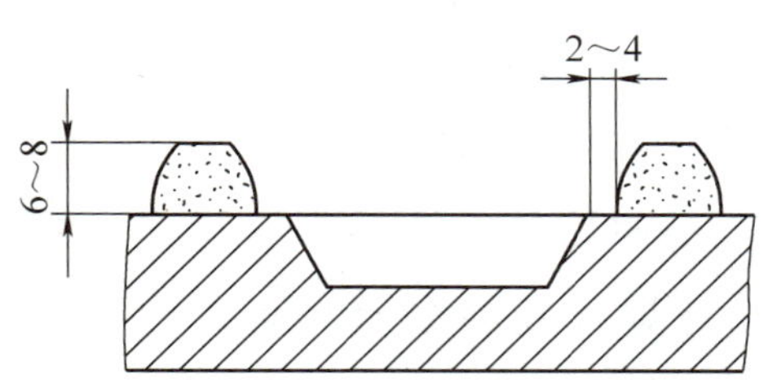

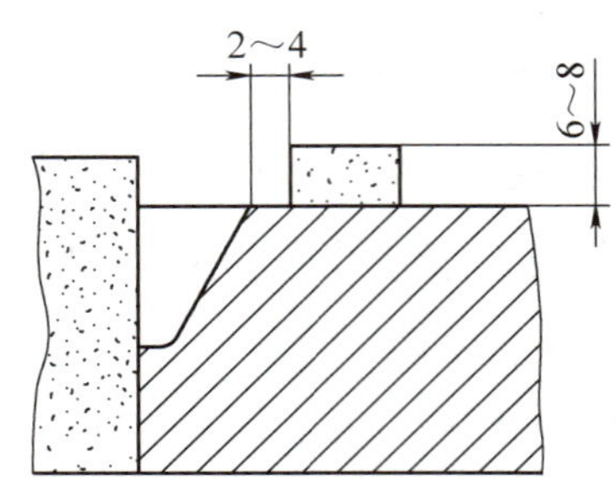

图 11-5 焊补处筑堤造型

4）由于焊缝金属为铸铁，塑性很差，锤击焊缝消除应力没有多大效果，因此一般不采用锤击法。

（3）气焊焊补灰铸铁 由于气焊火焰的温度比电弧温度低得多，焊件加热和冷却缓慢，这对防止灰铸铁在焊接时产生白口组织和裂纹都有利，因此很适于铸件焊补。但是，气焊与电弧焊相比，其生产率低，成本高，焊工的劳动强度大，焊件变形也比较大。所以一般常用于中小铸件的焊补。

气焊焊补也分预热焊和不预热焊两种。若补焊缺陷所在位置刚性大、易裂纹，焊后需进行机械加工的铸件，一般选择热焊法。

气焊用铸铁焊丝可采用灰铸铁气焊丝 RZC-1、RZC-2 或合金铸铁焊丝 RZCH。焊剂采用 CJ201。气焊火焰采用中性焰或弱碳化焰。

三、焊补实例

电弧热焊对压力机床身的补焊。一台 80t 压力机，床身右侧面出现裂纹，其长度为 150mm、深 15mm，裂纹的位置如图 11-6 所示。其补焊工艺要点分析如下：

1）焊前用低倍放大镜观察裂纹情况，若裂纹不明显时，可用氧乙炔焰加热 200~300℃，待冷却后裂纹即明显表露出来，确定裂纹的走向及端头后，钻直径为 ϕ6mm 的止裂孔，并沿裂纹开 U 形坡口。

2）将铸件预热至 600℃（褐红色），预热炉可用砖垒，其三面砌砖壁，一面为活动石棉挡板，如图 11-7 所示。预热时将床身吊入预热炉后，加焦炭。床身要垫实，升温后不能再翻动，升温速度要慢，以免影响压力机的力学性能。

3）选用 Z248 焊条，焊条直径为 6mm，焊接电流 300~330A，用长弧操作，连续焊补，一次成形。

图 11-6　压力机床身裂纹位置

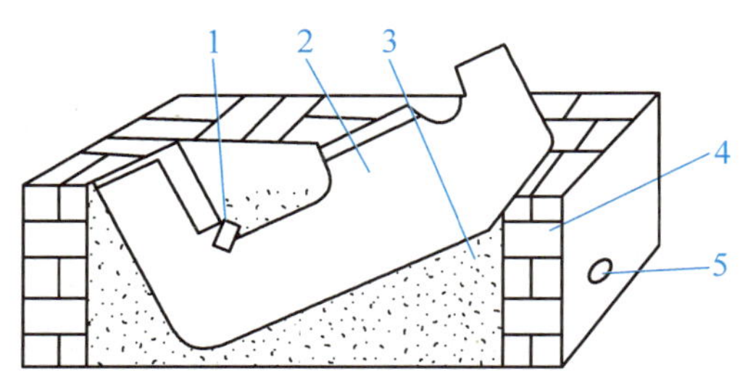

图 11-7　床身预热炉

1—焊道　2—床身　3—焦炭　4—砖墙　5—通气孔

4）焊补过程中，温度不能低于 400℃，采用直线运条法，焊条不做摆动，焊接速度要适当，防止液态金属流失，一层焊完后，连续焊补其余各层，待全部焊满后，再升温至 650℃停炉，将焊补处用石棉板盖好，随炉冷却。

第七节　铝及铝合金的焊接及工程案例

铝是银白色的轻金属，熔点低（658℃），具有良好的塑性、导电性、导热性和耐蚀性。铝的资源丰富，在纯铝中加入镁、锰、硅、铜及锌等元素，即形成铝合金。铝合金与纯铝相比，其强度显著提高，目前，已广泛地用于航空、造船、化工及机械制造工业。

在铝合金焊接结构中，应用最广的是防锈铝合金，其成分为 Al-Mg 系或 Al-Mn 系。

一、铝及铝合金的焊接性

1. 易氧化

铝和氧的亲和力很大，因此在铝合金表面总有一层难熔的氧化铝薄膜。在焊接过程中，这层氧化铝薄膜会阻碍金属之间的良好结合，造成熔合不良与夹渣。此外，在焊接铝合金时，除了铝的氧化，合金元素也易被氧化和蒸发，所以在焊接铝及铝合金时，焊前必须除去焊件表面的氧化膜，并防止在焊接过程中再次氧化，这是铝和铝合金熔焊的重要特点。

2. 易产生气孔

氮不溶于液态铝，铝中不含碳，因此不会产生氮和一氧化碳气孔。但氢能大量地溶于液态铝，而几乎不溶解于固态铝，结晶时，由于铝及铝合金的密度较小，氢气泡在熔池里上浮速度慢，加上铝的导热性好，结晶快，因此在焊接铝时，焊缝易产生氢气孔。

3. 易焊穿

铝及铝合金由固态转变成液态时，没有显著的颜色变化，所以不易判断熔池的温度。因此，焊接时常因温度控制不当而导致烧穿。

二、铝及铝合金的焊接工艺

1. 焊前准备及焊后清理

（1）焊前准备　铝及铝合金焊前准备包括焊前清理、设置垫板和预热。

1）焊前清理的目的是去除焊件及焊丝表面的氧化膜和油污，防止夹渣和气孔的产生。可采用化学清洗和机械清理的方法。

化学清洗是采用清洗剂进行清洗，常有脱脂去油和除氧化膜两种步骤。常用的清洗工艺见表11-10。化学清洗后2~3h内要进行焊接，不要超过24h。焊丝清洗后放在150~200℃烘箱中，随用随取。

表11-10　铝及铝合金的化学清洗工艺

工序	除油	碱洗			冲洗	中和光化			冲洗	干燥
		溶液（质量分数）	温度/℃	时间/min		溶液	温度/℃	时间/min		
纯铝	汽油、煤油、丙酮	NaOH 6%~10%	40~60	≤20	流动清水	$HNO_3$30%	室温或40~60	1~3	流动清水	风干或低温干燥
铝镁铝锰合金	汽油、煤油、丙酮	NaOH 6%~10%	40~60	≤7	流动清水	$HNO_3$30%	室温或40~60	1~3	流动清水	风干或低温干燥

机械清理的方法：先用有机溶剂（丙酮或汽油）擦干焊件及焊丝表面的油污，然后用细钢丝刷或刮刀清除表面薄膜，直至露出金属光泽。

2）设置垫板。垫板由铜和不锈钢板制成，垫板表面开有圆弧形或方形槽，用以控制焊缝根部形状和余高量。

3）预热。由于铝的导热性好，为防止焊缝区热量的大量损失，焊前应对焊件进行预热。薄、小铝件可不预热；厚度超过5~8mm的铝件焊前应预热至150~

300℃；多层焊时，也应注意层间温度不低于预热温度。

（2）焊后清理　焊后留在焊缝及焊缝附近残存的溶剂和焊渣，在空气和水分的作用下会破坏具有防腐作用的氧化薄膜，而激烈地腐蚀铝件。因此，应在焊后1～6h内将残存物清理干净。

焊后清理的方法：将焊件在质量分数10%的硝酸溶液中浸洗，处理温度为60～65℃，处理时间为5～15min，浸洗后用热水再冲洗一次，然后用热空气吹干或在100℃干燥箱中烘干。

2. 焊接方法及工艺要点

铝及铝合金可采用多种焊接方法进行焊接，常用焊接方法的特点、工艺要点及适用范围见表11-11。手工钨极氩弧焊、熔化极氩弧焊焊接铝及铝合金的焊接参数见表11-12、表11-13。

表11-11　铝及铝合金常用焊接方法的特点、工艺要点及适用范围

焊接方法	焊接特点	工艺要点	适用范围
钨极氩弧焊	电弧热量集中，燃烧稳定，焊缝成形美观，接头质量较好	交流电源、短弧焊、焊丝倾角越小越好、一般10°～25°	广泛用于厚度0.5～2.5mm的重要结构焊接
熔化极氩弧焊	电弧功率大、热集中，焊件变形及热影响区小，生产率高	直流反接、采用喷射过渡，焊接电流尽量大，电弧长度不宜过短，以免飞溅严重	广泛用于厚度≥3mm中厚板材焊接
气焊	气体火焰功率低，热量分散，热影响区及焊件变形大，生产率低	气焊火焰中性焰或轻微碳化焰，焊丝与母材成分相同，用气焊熔剂CJ401	用于厚度0.5～10mm的不重要结构，铸铝件焊补
焊条电弧焊	电弧稳定性较大，飞溅大，接头质量差	用铝及铝合金焊条，直流反接，短弧，不移动	用于铸铝件焊补和一般焊件修复

表11-12　手工钨极氩弧焊焊接铝及铝合金的焊接参数

板厚/mm	接头形式	根部间隙/mm	钨极直径/mm	焊接电流/A	焊丝直径/mm	氩气流量/(L/min)	喷嘴直径/mm	焊接层次
1～2	I形	0～1	ϕ1.6～ϕ2.4	45～100	ϕ1.6～ϕ2.4	5～9	ϕ6～ϕ11	1
2～3	I形	0～2	ϕ1.6～ϕ3.2	80～140	ϕ1.6～ϕ4.0	6～10	ϕ6～ϕ12	1
3～4	I形	0～2	ϕ2.4～ϕ4.0	110～230	ϕ2.4～ϕ4.0	7～10	ϕ7～ϕ12	1
4～5	I形	0～3	ϕ3.2～ϕ6.0	160～300	ϕ3.0～ϕ4.0	7～15	ϕ8～ϕ12	2
6	Y形	0～3	ϕ4.0～ϕ6.0	220～270	ϕ3.0～ϕ4.0	9～15	ϕ8～ϕ12	—

表 11-13 铝及铝合金手工熔化极氩弧焊的焊接参数

铝板厚度/mm	焊接电流/A	焊接速度/(cm/min)	焊道数	焊接位置
<10	220~280	38~62	2	平焊
10~15	220~320	30~56	3~4	平焊
15~20	240~340	28~55	≥5	平焊

三、铝的焊接实例

某厂生产运输浓硝酸的专用罐车，载重 60t，有效容积 $40m^3$，罐体直径 $\phi2.3m$，长 10m。采用板厚 16mm 耐蚀性良好的工业纯铝 1060（L2）制造，罐体焊缝选择热量比较集中的熔化极氩弧焊焊接。

【工艺分析】

对于这种中厚度板的焊接，宜开成钝边较大的 V 形坡口，坡口在焊前采用化学清洗法和机械清理法。纵向焊缝设置引弧板，板厚与材质和焊件相同，尺寸为 80mm×100mm。

焊丝选用 HS301，焊前要进行化学清洗。

焊接打底焊道时，为防止焊道塌陷，需在背面加垫板（T2 纯铜板）。焊完打底焊道后，用风铲在背面清根，并铲出圆弧槽，用化学清洗和机械清理后再焊接封底焊道。为避免弧坑出现裂纹，纵缝应设置引出板；环缝的收弧应重叠在引弧点上，弧坑要填满，焊后用风铲修平。半自动熔化极氩弧焊焊接参数见表 11-14，焊后进行外观检查和 100% 的 X 射线检验，符合标准要求。

表 11-14 半自动熔化极氩弧焊焊接参数

层次	坡口形式	焊接电流/A	电弧电压/V	氩气流量/(L/min)	焊丝直径/mm	喷嘴直径/mm	焊接速度/(cm/min)
打底层	Y	250~280	27~30	≥25	$\phi2.5$	$\phi20$~$\phi24$	420~450
填充层	Y	300~320	27~30	≥25	$\phi2.5$	$\phi20$~$\phi24$	280~310
盖面层	Y	300~350	27~30	≥25	$\phi2.5$	$\phi20$~$\phi24$	250~280

第八节 铜及铜合金的焊接

一、铜及铜合金概述

铜及铜合金具有很高的导电性、导热性、耐蚀性，某些铜合金还具有较高的强度，应用较广。工业纯铜又称为紫铜，铜合金根据所含的合金元素不同，可以分为黄铜（Cu+Zn）、青铜（Cu+Sn、Al、Si）及白铜（Cu+Ni）等。

二、铜及铜合金的焊接性

1. 难熔合

铜及铜合金的导热性比钢好得多，铜的热导率是钢的 7 倍，随着温度的升高，差距还要大。大量的热被传导出去，焊件难以局部熔化，必须采用功率大、热量集中的热源，有时还要预热，热影响区很宽。

2. 铜的氧化

铜在常温时不易被氧化。但是随着温度的升高，当超过 300℃时，其氧化能力很快增大，当温度接近熔点时，其氧化能力最强。氧化的结果生成氧化亚铜（Cu_2O）。焊缝金属结晶时，氧化亚铜和铜形成低熔点（1064℃）的共晶，分布在铜的晶界上，大大降低了焊接接头的力学性能，所以，铜的焊接接头的性能一般低于焊件。

3. 气孔

铜及铜合金产生气孔的倾向远比钢严重，其中一个直接原因是铜导热性好，焊接熔池凝固速度快，液态熔池中气体上浮的时间短，来不及逸出，易造成气孔。但根本原因有两点，一是气体溶解度随温度下降而急剧下降，氢来不及逸出，产生扩散气孔；二是化学反应所形成的水蒸气不溶于液态铜，若来不及逸出就会产生反应气孔。因此，焊前必须清理焊件、焊丝，或烘干焊条，焊接时加强保护，加强脱氧，选择合适的焊接参数，降低冷却速度等，这些措施都可以防止气孔产生。

4. 热裂纹

铜及铜合金焊接时由于线膨胀系数较大、易形成低熔点共晶物以及偏析等影响，因此在焊缝及熔合区易产生热裂纹。

三、铜及铜合金的焊接工艺

1. 焊前准备和焊后的清理

铜及其合金焊接的焊前准备和焊后清理与铝及铝合金焊接时相似，在此不再叙述。

2. 焊接方法选择

铜及铜合金焊接时可选用的焊接方法很多。通常气焊、焊条电弧焊和钨极氩弧焊多用于厚度小于6mm的焊件，而熔化极氩弧焊及埋弧焊则用于更大厚度焊件的焊接。

3. 焊接工艺要求

由于纯铜的密度很大，熔化后铜液流动性好，导热性很强，为了防止铜液热量散失，保证反面成形，在焊接时需要放置垫板（如铜、石墨、石棉等）。铜焊接时尽量少用搭接、角接及T形等增加散热速度的接头，一般应采用对接接头。

（1）气焊　在纯铜结构件修理、制造中，气焊用得比较多，常用于焊接厚度比较小，形状复杂，对焊接质量要求不高的焊件。气焊法焊接黄铜，可以防止锌的蒸发、烧损，这是其他焊接方法无法相比的优点，因此应用较广。

1）纯铜的气焊。气焊纯铜时可以用纯铜丝HS201、HS202或母材切条作为填充焊丝，熔剂选用CJ301。火焰采用中性火焰，为了保证熔透，宜选用比较大的火焰能率，一般比焊碳钢时大1~1.5倍。焊接时需要进行预热，对中小件，预热温度取400~500℃；厚大件预热温度取600~700℃。为防止接头晶粒粗大，焊后对焊件应进行局部或整体退火处理。

2）黄铜的气焊。黄铜气焊时，填充金属可选用含硅、锡、铁等元素的焊丝，如1号黄铜丝HS221、2号黄铜丝HS222或4号黄铜丝HS224。气焊焊剂选CJ301，气焊火焰适宜采用轻微的氧化焰，采用含硅焊丝时会使熔池表面形成一层氧化硅薄膜，由这层薄膜阻止锌的进一步蒸发和氧化。焊接薄板时一般不预热；板厚大于5mm时，需预热到温度为400~550℃。为防止应力腐蚀，焊后须进行270~560℃的退火处理，以消除焊接应力。

（2）氩弧焊　氩弧焊是目前焊接铜及铜合金最广泛的工艺方法。采用氩弧焊焊接铜及其合金，焊缝的强度高，焊件变形小，可以得到高质量的焊接接头。氩弧焊焊接纯铜时，焊件必须预热，焊接黄铜时，通常不预热。

1）手工钨极氩弧焊工艺。手工钨极氩弧焊操作灵活方便，焊接质量高，特别适应于铜及铜合金中薄板件的焊接。

焊接纯铜可采用纯铜焊丝（HS201），接头不要求导电性能时，也可选择青铜焊丝（HS211）。黄铜常用焊丝牌号为4号黄铜丝（HS224），但考虑氩弧焊电弧温度高，黄铜焊丝在焊接过程中锌的蒸发量大，烟雾多，且锌蒸汽有毒，故也可用无锌的青铜焊丝，如 HS211 焊丝。纯铜、黄铜手工钨极氩弧焊焊接参数见表 11-15。

2）熔化极氩弧焊工艺。熔化极氩弧焊时预热温度较低，且接头质量及焊接生产率高，适宜于纯铜的厚板件焊接。焊接纯铜一般选用 HS201 焊丝，电源采用直流反接。

（3）焊条电弧焊　焊条电弧焊焊接铜及铜合金是一种简便的焊接方法，它的生产率比气焊高，但焊接时金属的飞溅和烧损严重，并且焊接烟雾大，焊接劳动条件差，因此一般只用于对接头力学性能要求不高的焊接。

焊接纯铜时采用的焊条有 ECu（T107）、ECuSnB（T227）两种；焊黄铜时为避免锌的大量蒸发，一般不用黄铜芯焊条，而采用青铜芯焊条，如 ECuSnB（T227）、ECuAl（T237），或纯铜焊条。焊接时短弧操作，焊条不易做摆动，电源采用直流反接。

表 11-15　纯铜、黄铜手工钨极氩弧焊的焊接参数

母材	板厚/mm	坡口形式	焊丝		钨极		焊接电流		气体		预热温度/℃
			材料	直径/mm	材料	直径/mm	种类	电流/A	种类	流量/(L·min^{-1})	
纯铜	1.5 2~3 4~5 6~10	I形 I形 V形 V形	纯铜	ϕ2 ϕ3 ϕ3~ϕ4 ϕ4~ϕ5	钍钨极	ϕ2.5 ϕ2.5~ϕ3 ϕ4 ϕ5	直流反接	140~180 160~280 250~350 300~400	Ar	6~8 6~10 8~12 10~14	— — 100~150 100~150
黄铜	1.2 1.2	端接 V形	青铜 黄铜	—	钍钨极	3.2 3.2	直流正接	185 180	Ar	7 7	不预热

【焊花飞扬】

国产大飞机 C919

C919 飞机，是中国按照国际民航规章自行研制、具有自主知识产权的大型喷气式民用飞机，是中国继运-10 后自主设计、研制的第二种国产大型客机，机身采用机器人自动焊接系统进行大型复杂薄壁的焊接。

国产大飞机 C919

【考级练习与课后思考】

一、判断题

1. 利用碳当量可以准确地判断材料焊接性的好坏。 ( )

2. 对奥氏体型不锈钢焊件进行多层焊时，层间温度越高越好。 ( )

3. 奥氏体型不锈钢采用焊条电弧焊时，焊条要适当横向摆动，以加快其冷却速度。 ( )

4. 不锈钢中的铬是提高抗腐蚀性能最主要的一种元素，只有该元素的质量分数大于12%时，不锈钢才具有抗腐蚀性能。 ( )

5. 预热是防止奥氏体型不锈钢焊缝中产生热裂纹的主要措施。 ( )

6. 与腐蚀介质接触的奥氏体型不锈钢焊缝应最先焊接。 ( )

7. 低合金钢焊后冷却速度越大，则淬硬倾向越大。 ( )

8. Q355（16Mn）钢具有良好的焊接性，其淬硬倾向比Q235钢稍小些。 ( )

9. 马氏体型耐热钢最常用的焊接方法是焊条电弧焊。 ( )

10. 焊接灰铸铁时，必须保证焊缝具有和母材相同的化学成分。 ( )

11. 热焊灰铸铁的焊条牌号是EZNiFe（Z408）。 ( )

12. 碳和硅是强烈促进石墨化的元素，所以在铸铁焊缝中应尽量限制其含量。 ( )

13. 冷焊法焊接灰铸铁时，层间不允许用小锤锤击焊缝，以免产生冷裂纹。 ( )

14. 手工钨极氩弧焊焊接铝合金时常采用交流电源。 ( )

15. 黄铜焊接时的困难之一是锌的蒸发。 ( )

16. 为了防止焊接时热量散失，纯铜焊前应进行预热。 ( )

17. 焊接铝及铝合金时，熔池表面生成的氧化铝薄膜能保护熔池不受空气的侵入，所以对提高焊接质量有好处。 ( )

18. 强度钢的强度等级越高，其焊接性越好。 ( )

19. 强度钢是根据材料的抗拉强度进行分类的。 ( )

20. 采用钨极氩弧焊焊接的奥氏体型不锈钢焊接接头具有良好的力学性能。 ( )

二、选择题

1. 钢的碳当量________时，其焊接性优良。

A. $C_E>0.4\%$　　B. $C_E<0.4\%$　　C. $C_E>0.6\%$　　D. $C_E<0.6\%$

2. 金属材料焊接性的好坏主要决定于________。

A. 材料的化学成分　　B. 焊接方法

C. 采用的焊接材料　　D. 焊接工艺条件

3. 普通低合金结构钢焊接时易出现的主要问题之一是________的淬硬倾向。

A. 熔合区　　B. 焊缝区　　C. 正火区　　D. 热影响区

4. 下列________方法不宜焊接奥氏体型不锈钢。

A. 焊条电弧焊　　B. 电渣焊　　C. 埋弧自动焊　　D. 氩弧焊

5. 焊接奥氏体型不锈钢采用低碳焊丝的目的是防止________。

A. 热裂纹　　B. 晶间腐蚀　　C. 气孔

6. 不锈钢产生晶间腐蚀的危险温度区是________℃。

A. 150~170　　B. 250~400　　C. 450~850

7. 奥氏体型不锈钢中主要元素是________。

A. 锰和碳　　B. 铬和镍　　C. 铝和钛　　D. 铝和硅

8. 焊接低合金结构钢时最容易出现的焊接裂纹是________。

A. 热裂纹　　B. 冷裂纹　　C. 延迟裂纹　　D. 再热裂纹

9. ________在较低温条件下焊接应进行适当的预热。

A. 16Mn 钢　　B. 低碳钢　　C. Q235　　D. Q245R

10. 热焊灰铸件的加热温度是________℃。

A. 250~400　　B. 400~550　　C. 550~650　　D. 650~800

11. 铸铁焊补采用冷焊方法时，采用的焊接工艺措施是________。

A. 小电流、慢速焊　　B. 小电流、快速焊

C. 大电流、慢速焊　　D. 大电流、快速焊

12. 白口组织是焊接________时最易产生的缺陷之一。

A. 奥氏体型不锈钢　　B. 灰铸铁

C. 铝及铝合金　　D. 普通低碳钢

13. 纯铜的熔化极氩弧焊电源采用________。

A. 直流正接　　B. 直流反接

C. 交流电　　D. 交流电或直流正接

14. 铜和铜合金焊接时产生气孔的倾向比钢________。

A. 小　　B. 大一点　　C. 严重　　D. 一样

15. 焊接黄铜时，为阻碍锌的蒸发，通常在焊芯中加入________元素。

A. 碳　　B. 铝　　C. 硅　　D. 锰

16. 珠光体型耐热钢焊接性差是因为钢中加入了________元素。

A. Si、Mn　　B. Mo、Cr　　C. Mn、P　　D. Si、Ti

17. 焊接Q355钢板时，宜选用的焊条是________。

A. E4303　　B. E0-19-10-16　　C. E5015　　D. E1-23-13Mo2-15

18. ________是防止低合金钢产生冷裂纹、热裂纹和热影响区出现淬硬组织的最有效措施。

A. 预热　　B. 减小热输入量

C. 采用直流反接电源　　D. 焊后热处理

19. 焊接铝镁合金采用焊丝牌号是________。

A. HS301　　B. HS311　　C. HS321　　D. HS331

20. ________是焊接铝及铝合金较完善的焊接方法。

A. 焊条电弧焊　　B. CO_2气体保护焊

C. 电渣焊　　D. 氩弧焊

三、简答题

1. 影响金属焊接性的主要因素有哪些?
2. 简述轴（35钢）与法兰焊接的工艺措施。
3. 低合金高强度结构钢的焊接性如何?
4. 铁素体型耐热钢焊接时，应注意哪些工艺要点?
5. 奥氏体型不锈钢产生晶间腐蚀的原因是什么?防止晶间腐蚀的措施有哪些?
6. 灰铸铁冷焊的工艺要点有哪些?
7. 铝及铝合金常用的焊接方法有哪些?各适用于什么情况?其工艺要点有哪些?
8. 铜及铜合金的焊接性如何?手工钨极氩弧焊和气焊铜及铜合金时，怎样选用焊接材料?

【拓展学习】

铜及铜合金焊接技术

模块十二

焊接检验

【学习指南】 在整个焊接结构生产中，检验工作占有很重要的地位。焊接检验的目的在于发现焊接缺陷，检验焊接接头的性能，以确保产品的焊接质量和安全使用，对焊接接头进行必要的检验是保证焊接质量的重要措施。本模块将介绍在工业生产中常用的焊接检验方法，熟悉其检验原理和应用，能够根据检验结果进行评定焊接质量。

第一节 检验方法分类

焊接检验内容包括从图样设计到产品制造整个生产过程中所使用的材料、工具、设备、工艺过程和成品质量的检验，它分为三个阶段：焊前检验、焊接生产中的检验和焊后成品检验。

一、焊前检验

焊前检验包括原材料（如母材、焊条、焊剂等）的检验、焊接结构设计的检查等。

二、焊接生产中的检验

焊接生产中的检验包括焊接工艺规范的检验、焊缝尺寸的检查、夹具情况和结构装配质量的检查等。

三、焊后成品的检验

通常所指的焊接检验主要是针对成品检验。检验方法很多，根据对产品是否造成损伤可分为破坏性检验和非破坏检验两大类。常见焊接检验方法详细分类如下：

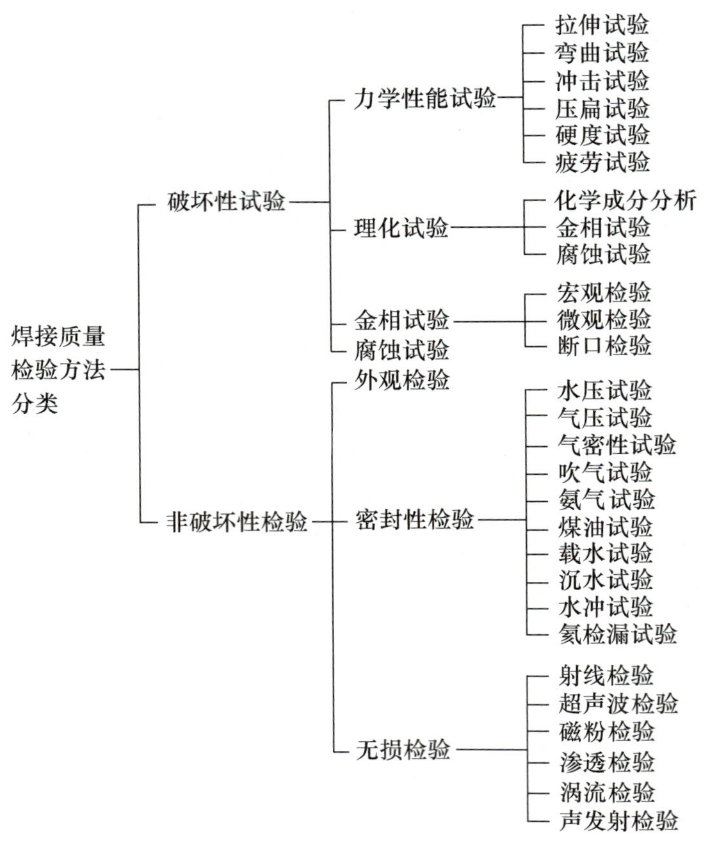

对于不同的焊接接头和不同的材料，可以根据产品图样要求和有关规定选择一种或数种方法进行检验。

第二节　非破坏性检验方法

非破坏性检验方法是指不破坏被检查材料或成品的性能、完整性的条件下进行检测缺陷的方法。

一、外观检验

焊接接头的外观检验是一种简便而又实用的检验方法，它是以肉眼直接观察为主，一般可借助于标准样板、焊缝量规或利用低倍（5 倍）放大镜进行观察。如图 12-1、图 12-2 所示。外观检验的主要目的是发现焊接接头的表面缺陷，如焊缝的表面气孔、表面裂纹、咬边、焊瘤、烧穿以及焊缝尺寸偏差等。检验前，必须将焊缝附近 10~20mm 的飞溅和污物清除干净。

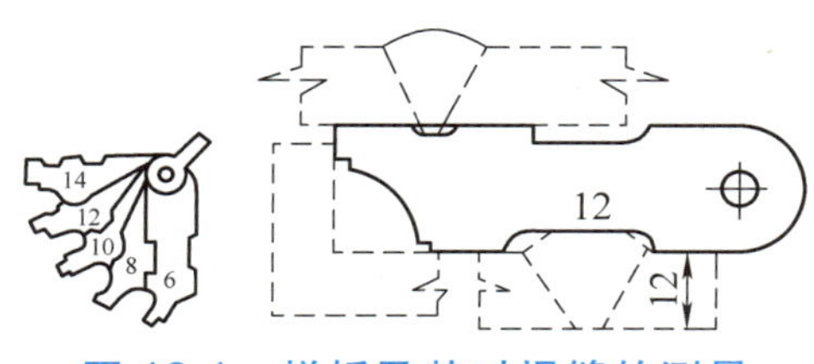

图 12-1　样板及其对焊缝的测量

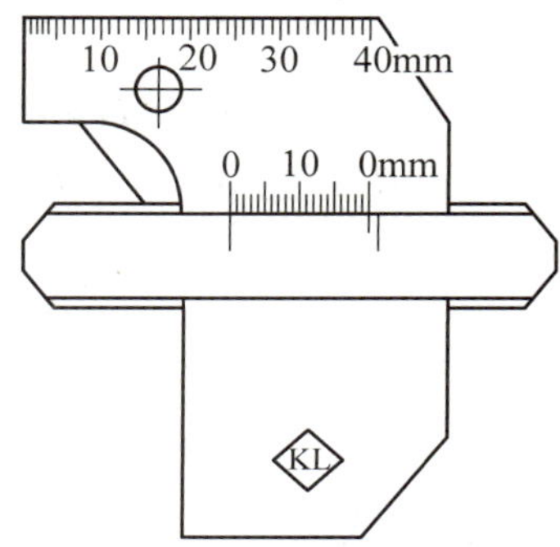

图 12-2　焊缝量规的应用

二、密封性检验

密封性检验是用来检验焊接盛器、管道、密闭容器上焊缝或接头是否存在不致密缺陷的方法。常用的密封性检验方法有气密性试验、氨气试验、煤油试验、水压试验、气压试验等。

1. 气密性试验

在密闭容器中，通入远低于容器工作压力的压缩空气，在焊缝外侧涂上肥皂水。如果焊接接头有穿透性缺陷时，由于容器内外气体的压力差，肥皂水就有气泡出现。这种检验方法常用于受压容器接管加强圈的焊缝。

2. 氨气试验

对被试容器通入含1%体积（在常压下的含量）氨气的混合气体，并在容器的外壁焊缝表面贴上一条比焊缝略宽并用质量分数为5%的硝酸汞水溶液浸过的纸带，当将混合气体加压至所需的压力值时，若焊缝或热影响区有不致密的地方，氨气就会透过这些地方，并作用在浸过硝酸汞溶液试纸的相应部位上，致该处呈现出黑色斑纹，根据这些斑纹便可确定焊接接头的缺陷部位。这种方法比较准确、迅速，同时可在低温下检查焊缝的致密性。氨气试验常用于某些管子或小型受压容器。

3. 煤油试验

在焊缝表面（包括热影响区部分）涂上石灰水溶液，待干燥后便呈一白色带状，再在焊缝的另一面仔细地涂上煤油。由于煤油的黏度和表面张力很小，渗透性很强，具有透过极小的贯穿性缺陷的能力，当焊缝及热影响区上存在贯穿性缺陷时，煤油就能透过去，使涂有石灰水的一面显示出明显的油斑点或带条状油迹。由于时间一长，这些渗油痕迹会渐渐散开成为模糊的斑迹，故为了精确地确定缺陷的大小和位置，检查工作要在涂煤油后立即开始，发现油斑就及时将缺陷标出。

煤油试验的持续时间与焊件板厚、缺陷的大小及煤油量有关，一般为15~20min。试验时间通常在技术条件中标出。如果在规定时间内，焊缝表面未显现油斑，可评为焊缝致密性合格。

煤油试验常用于不受压容器的对接焊缝，如敞开的容器，储存石油、汽油的固定式储器和同类型的其他产品。

4. 水压试验

水压试验主要用作对高压焊接容器进行整体致密性和强度检验，一般是超载检验。试验用的水温必须保持碳钢不低于5℃，其他合金钢不低于15℃。

图12-3所示为锅炉锅筒的水压试验。试验时，将容器灌满水，彻底排尽空气，并用水压机向容器内加压，试验压力的大小，视产品工作性质而定，一般为产品工作压力的1.25~1.5倍。在升压过程中，应按规定逐级上升，中间应做短暂停压，当水压达到试验压力最高值后，应持续停压一定时间，随后再将压力缓慢降至产品的工作压力，并沿焊缝边缘15~20mm的地方，用圆头小锤轻轻敲击，同时对焊缝仔细检查，当发现焊缝有水珠、细水流或有潮湿现象时，表明该焊缝处不致密，应把它标注出来，待容器卸载后做返修处理，直至产品水压试验合格为止。

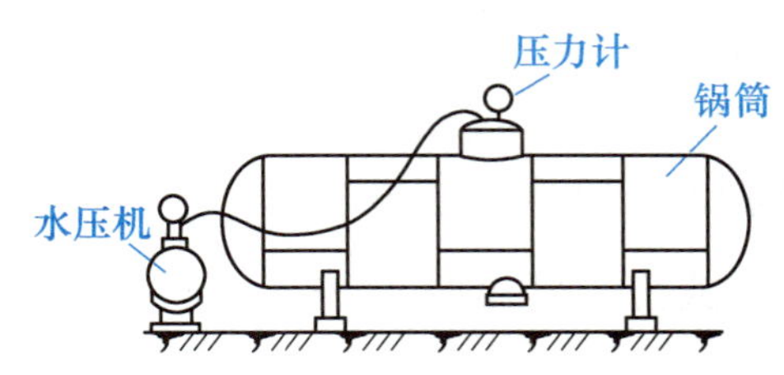

图12-3 锅炉锅筒的水压试验

由于水压试验一般均在高压状态下进行，所以，受试产品一般应经热处理消除应力后才能进行水压试验。

5. 气压试验

气压试验和水压试验一样是检验在压力下工作的焊接容器和管道的焊缝致密性。气压试验是比水压试验更为灵敏和迅速的试验，同时试验后的产品不须做排水处理。但是，气压试验的危险性比水压试验大。试验时，先将气压加至产品技术条件的规定值，然后关闭进气阀，停止加压，用肥皂水涂至焊缝上，检查焊缝是否漏气，或检查工作压力表数值是否有下降。如没有漏气或压力值下降，则该产品合格，否则应找出缺陷部位，待卸压后进行返修、补焊，直至再检验合格后方能出厂。

由于气体须经较大的压缩比才能达到一定的高压，如果一定高压的气体突然降压，其体积将突然膨胀，其释放出来的能量是很大的。若这种情况出现在进行气压试验的容器上，实际上就是出现了非正常的爆破，后果是不堪设想的。因此，气压试验时必须严格遵守安全技术操作规程。

三、无损检验

无损检验是非破坏性检验中的一种特殊的检验方式，它利用渗透、磁粉、超声波、射线等方法来发现焊缝表面的细微缺陷以及存在于焊缝内部的缺陷，这类检验方法已在重要的焊接结构中被广泛应用。

1. 渗透检验（PT）

渗透检验包括荧光检验和着色检验两种。几乎适用于所有材料表面的检查，但多数用于不锈钢、铜、铝及镁合金等非磁性材料。

（1）荧光检验　检验时，先将被检验的焊件预先浸在煤油和矿物油的混合液中数分钟，由于矿物油具有很强的渗透能力，能渗进极细微的裂纹，当焊件取出待表面干燥后，缺陷中仍留有矿物油，此时撒上氧化镁粉末，并将焊件表面氧化镁粉清除干净。在暗室内，用水银石英灯发出的紫外线照射，这时残留在表面缺陷内的荧光粉（氧化镁粉）就会发光，显示了缺陷的状况。荧光检验示意图如图 12-4 所示。

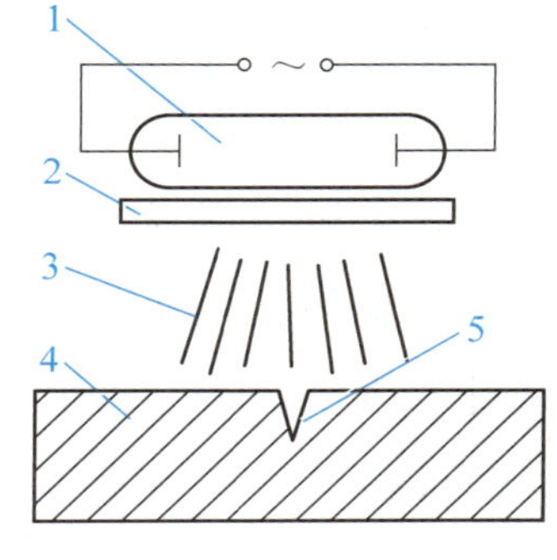

图 12-4　荧光检验

1—紫外线光源　2—滤光板
3—紫外线　4—被检验焊件
5—充满荧光物质的缺陷

（2）着色检验　着色检验的原理与荧光检验相似。检验时，将擦干净的焊件浸没在着色剂中，流动性和渗透性良好的着色剂便渗入到焊缝表面的细微裂纹中，随后将焊件表面擦净并涂以显现粉，浸入裂纹的着色剂遇到显现粉便会显现出缺陷的位置和形状。

2. 磁粉检验（MT）

磁粉检验也是用来探测焊缝表面细微裂纹的一种检验方法。它是利用在强磁场中，铁磁性材料表层缺陷产生的漏磁场吸附磁粉的现象而进行检验的。此时可根据被吸附铁粉的形状、多少、厚薄程度来判断缺陷的大小和位置，其原理如图 12-5 所示。

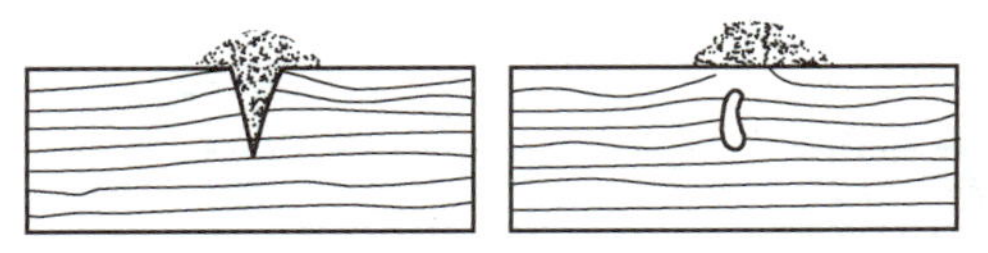
图 12-5　磁粉检验原理图

缺陷的显露和缺陷与磁力线的相对位置有关，在进行磁粉检验时，为测出焊缝中纵向与横向缺陷，必须对焊缝做交替的纵向充磁和横向充磁。

磁粉检验适用于薄壁件或焊缝表面裂纹的检验，也能显露出一定深度和大小的未焊透，但难于发现气孔和夹渣，以及隐藏在深处的缺陷。磁粉检验有干法和湿法两种。干法是当焊缝充磁后，在焊缝处撒上干燥的铁粉；湿法则是在充磁的焊缝表面涂上铁粉的混浊液。

3. 射线检验（RT）

射线检验是检验焊缝内部缺陷的一种准确而可靠的方法，它可以显示出缺陷的种类、形状和大小，并可做永久的记录。射线检验一般使用在重要的结构中，由射线检验专业人员操作。

射线检验包括X射线检验、γ射线检验和高能射线检验三种，现以X射线检验应用较多。

（1）X射线检验的原理　X射线的本质与可见光和无线电波一样，都是电磁波，只是它的波长短。其主要性质为：是一种不可见光，只能做直线传播；能透过不透明物体，包括金属；波长越短穿透能力越强；穿过物体时被部分吸收，使能量衰减；能使照相胶片感光等。X射线检验原理如图12-6所示。

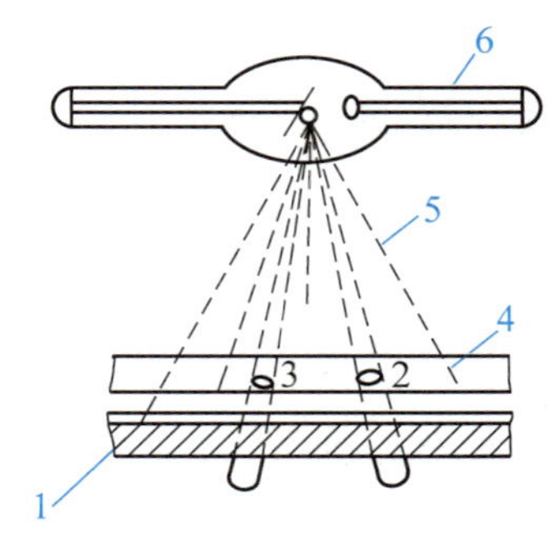

图12-6　X射线检验原理图

1—底片　2、3—内部缺陷　4—焊件　5—X射线　6—X射线管

由于其内部不同的组织结构（包括缺陷）对射线的吸收能力不同，使通过焊缝后射线强度也不一样。射线透过有缺陷处的强度比无缺陷处的强度大，因此，射线作用在胶片上使胶片感光的程度也较强。经过显影后，有缺陷处就较黑，从而根据胶片上深浅不同的影像，就能将缺陷清楚地显示出来，以此来判断和鉴定焊缝内部的质量。

X射线检验

（2）射线检验时对缺陷的识别　作为焊工，具备一定的评定焊缝射线照片的知识，能够正确判定缺陷的种类和部位，对焊缝返修工作大有好处。常见焊接缺陷的影像特征见表12-1。

表12-1　常见焊接缺陷的影像特征

焊接缺陷	缺陷影像特征
裂纹	裂纹在底片上一般呈略带曲折的黑色细条纹，有时也呈现直线细纹，轮廓较为分明，两端较为尖细，中部稍宽，很少有分枝，两端黑度逐渐变浅，最后消失

（续）

焊接缺陷	缺陷影像特征
气孔	气孔在底片上多呈现为圆形或椭圆形黑点，其黑度一般是中心处较大，向边缘处逐渐减少；黑点分布不一致，有密集的，也有单一的
未焊透	未焊透在底片上是一条断续或连续的黑色直线。在不开坡口的对接焊缝中，在底片上常是宽度较均匀的黑直线状；V形坡口对接焊缝中的未焊透，在底片上位置多是偏离焊缝中心、呈断续的线状，即使是连续的也不太长，宽度不一致，黑度也不太均匀；V形、双V形坡口双面焊中的底部或中部未焊透，在底片上呈黑色较规则的线状；角焊缝的未焊透呈断续线状
夹渣	夹渣在底片上多呈不同形状的点状或条状。点状夹渣呈单独黑点，黑度均匀，外形不太规则，带有棱角；条状夹渣呈宽而短的粗线条状；长条状夹渣的线条较宽，但宽度不一致
未熔合	坡口未熔合在底片上呈一侧平直，另一侧有弯曲，颜色浅，较均匀，线条较宽，端头不规则的黑色直线常伴有夹渣；层间未熔合影像不规则，且不易分辨
夹钨	在底片上多呈圆形或不规则的亮斑点，轮廓清晰

（3）射线检验缺陷等级评定　国家标准 GB/T 3323.1—2019《焊缝无损检测　射线检测　第1部分：X和伽玛射线和胶片技术》将焊缝质量分为四级，见表 12-2。

表 12-2　焊缝质量等级

焊缝质量级别	质量要求
Ⅰ级	焊缝内无裂纹、未熔合、未焊透和条状缺陷
Ⅱ级	焊缝内无裂纹、未熔合和未焊透
Ⅲ级	焊缝内无裂纹、未熔合以及双面焊和加垫板的单面焊中的未焊透
Ⅳ级	焊接缺陷超过Ⅲ级者

在标准中，对各级焊缝允许存在的气孔（包括点状夹渣、夹钨），按焊件板厚规定了点数及直径；对允许存在的条状夹渣，规定了单个条状夹渣的长度、间距及夹渣的总长。产品应达到的射线检验等级，根据产品设计要求而定。

超声波检验

4. 超声检验（UT）

超声检验也是应用很广的无损检验方法，用来探测大厚度焊件焊缝内部缺陷。它是利用超声波（即频率超过 20kHz，人耳听不见的高频率声波）能在金属内部直线传播，并在遇到两种介质的界面时会发生反射和折射的原理来检验焊缝中缺陷。

表 12-3 对常用无损检验方法进行了比较。

表 12-3 几种无损检验方法的比较

检验方法	能探出的缺陷	可检验的厚度	灵 敏 度	判 断 方 法	注
着色检验	贯穿表面的缺陷(如微细裂纹、气孔等)	表面	缺陷宽度小于0.01mm,深度小于0.03~0.04mm或者检查不出	直接根据着色溶液(渗透液)在吸附显影剂上的分布,确定缺陷位置,缺陷深度不能确定	焊接接头表面一般不需加工,有时需打磨加工
荧光检验					
磁粉检验	表面及近表面的缺陷(如细微裂纹、未焊透、气孔等)被检验表面最好与磁场正交	表面及近表面	比荧光法高;与磁场强度大小及磁粉质量有关	直接根据磁粉分布情况判定缺陷位置。缺陷深度不能确定	(1)同上 (2)限于母材及焊缝金属均为磁性材料
超声检验	内部缺陷(裂纹、未焊透、气孔及夹渣)	焊件厚度上限几乎不受限制,下限一般为8~10mm	能探出直径大于1mm以上的气孔、夹渣。探裂纹较灵敏。探表面及近表面的缺陷较不灵敏	根据荧光屏上讯号的指示,可判断有无缺陷及其位置和其大致的大小。判断缺陷的种类较难	检验部位的表面需加工 *Ra*12.5~3.2μm,可以单面探测
X射线检验	内部裂纹、气孔、未焊透、夹渣等缺陷	50kV:0.1~0.6mm 100kV:1.0~5.0mm 150kV:≤2.5mm 250kV:≤60mm	能检验出尺寸大于焊缝厚度1%~2%的缺陷	从照相底片上能直接判断缺陷种类、大小和分布;对裂纹不如超声波灵敏度高	焊接接头表面不需加工;正反两个面都必须是可接近的(如无金属飞溅粘连及明显的不平整)
γ射线检验		镭:60~150mm 钴60:同上 铱192:1.0~65mm	较X射线低,一般约为焊缝厚度的3%		

第三节 破坏性检验方法

破坏性检验是从焊件或试件上切取试样,或以产品(或模拟体)的整体破坏做试验,以检查其各种力学性能、耐蚀性等的检验方法。它包括力学性能试验、理化试验、金相试验、腐蚀试验等。

一、力学性能试验

力学性能试验是用来测定焊接材料、焊缝金属和焊接接头在各种条件下的强度、塑性和韧性。力学性能试验主要有以下几种：

1. 拉伸试验

拉伸试验是用来测定金属的抗拉强度和屈服强度、伸长率和断面收缩率，在拉伸试验时，还可以发现试样断口中的某些焊接缺陷。焊接检验中，常采用焊接接头拉伸试验来检验焊接接头（包括焊缝金属、熔合区和热影响区）和母材的材料强度和塑性。焊接接头的拉伸试验方法按国家标准 GB/T 2652—2022 的规定进行。

2. 弯曲试验

弯曲试验的目的是测定焊接接头的塑性，也可反映出焊接接头各区域的塑性差别，并且可以考核熔合区的熔合质量和暴露缺陷。弯曲试验分正弯、背弯和侧弯三种，可根据产品技术条件选定。背弯易于发现焊缝根部缺陷，侧弯能检验焊层与母材之间的结合强度。对于拉伸试样受拉面表层的缺陷来说，弯曲试验是一种较为灵敏的方法。弯曲试验方法按国家标准 GB/T 2653—2008 的规定进行。

3. 冲击试验

冲击试验是用来测定焊接接头和焊缝金属在受冲击载荷时抗折断的能力。根据产品的使用要求，应在不同的试验温度下进行冲击试验，以获得焊接接头不同温度下的冲击吸收能量。焊接接头的冲击试验可以根据产品的不同需要，在焊接接头的不同部位和不同方向取样。试验方法按国家标准 GB/T 2650—2022（常温试验）和 GB/T 229—2020（低温试验）的规定进行。

4. 硬度试验

硬度试验是用来检测焊接接头各部位的硬度分布情况，了解区域偏析和近焊缝区的淬硬倾向。由于热影响区最高硬度与焊接性之间有一定的联系，硬度试验结果还可以作为选择焊接参数时的参考。硬度试验方法按国家标准 GB/T 2654—2008 的规定进行。

二、其他破坏性试验

1. 理化试验

焊缝理化试验是检查焊缝金属的化学成分。试验方法通常用直径为 6mm 的钻头，从焊缝中钻取试样，常规分析需试样 50～60g。样品不得有锈和油污，同时要注意选取部位。

经常分析的元素有 C、Mn、Si、S 和 P 等，对一些合金钢或不锈钢焊缝，尚需分析相应的合金元素成分，如 Cr、Mo、Fe、F、Ni、Al、Cu 等。目前，随着光谱技术的发展，采用光谱仪进行化学分析的方法应用普遍，检测效率很高。

2. 金相检验

焊接接头的金相检验是用来检查焊缝、热影响区及母材的金相组织情况，以及确定焊缝内部缺陷等。通过焊接接头金相组织的分析，可以了解焊缝金属中各种显微氧化物的形态、晶粒度以及组织状况，从而对焊接材料、工艺方法和参数的合理性做出相应的评价。金相检验分宏观金相试验和微观金相试验两大类。

3. 腐蚀试验

金属受周围介质的化学和电化学作用而引起的损坏称为腐蚀。腐蚀试验的目的在于确定在给定的条件（介质、浓度、湿度、腐蚀方法、应力状态等）下金属抗腐蚀的能力，估计其使用寿命，分析腐蚀原因，找出防止或延缓腐蚀的方法。

腐蚀试验的方法根据产品对耐腐蚀性能的要求而定。常用的方法有不锈钢晶间腐蚀试验、应力腐蚀试验、腐蚀疲劳试验、大气腐蚀试验和高温腐蚀试验。不锈耐酸钢晶间腐蚀倾向试验已纳入国家标准，可用于检验奥氏体型不锈钢和奥氏体-铁素体型不锈钢的晶间腐蚀倾向。

【焊花飞扬】

港珠澳大桥

港珠澳大桥是中国境内一座连接香港、广东珠海和澳门的桥隧工程，因其超大的建筑规模、空前的施工难度和顶尖的建造技术而闻名世界。大桥总长约36km。全桥上部结构钢箱梁用钢量近40万t，焊接在整个桥梁制造中为主要连接方式，大桥在制造质量上提出满足120年使用寿命的要求，制造标准高，所以焊接技术是保障桥梁使用安全性和提高钢梁耐久性的关键技术。

港珠澳大桥

【考级练习与课后思考】

一、判断题

1. 焊接检验分为外观检验、破坏性试验和非破坏性试验三类。 （ ）
2. 焊接检验的目的是发现焊缝中的缺陷并消除缺陷保证产品质量。 （ ）

3. 焊接检验的方法很多，主要应根据产品的使用要求和图样的技术条件进行选用。（　　）

4. 对焊接质量的检验，就是对焊接成品的检验。（　　）

5. 着色检验属于无损检验，而氨气试验、气压试验属于破坏检验，但硬度试验不属于破坏检验。（　　）

6. 由于超声检验对人体有害，从而限制了超声检验的大量推广应用。（　　）

7. 微观金相检验是用肉眼或低倍放大镜来直接进行检查的。（　　）

8. 成品检验是焊接检验的最后步骤，应根据图样要求和施工的具体情况选用检验方法。（　　）

9. 弯曲试验属于无损检验方法。（　　）

10. 弯曲试验是测定焊接接头的塑性。（　　）

11. 在磁粉检验过程中，根据被吸附铁粉的形状、数量、厚薄程度即可判断缺陷的大小和位置。（　　）

12. 密封性检验用于检验焊缝的表面缺陷，而耐压检验则用于检验焊缝的内部缺陷。（　　）

13. 水压试验的压力应等于产品的工作压力。（　　）

14. 气密性检验又称为肥皂水试验。（　　）

15. 冲击试验可以测定焊接接头或焊缝金属的断面收缩率。（　　）

16. 水压试验中若发现渗漏现象，应当立即对泄漏处进行补焊。（　　）

17. 磁粉检验只适用于焊缝表面缺陷的检验。（　　）

18. 水压试验时严禁用小锤敲打焊缝。（　　）

19. 压力容器严禁采用气压试验。（　　）

20. 超声检验是用于探测焊缝表面缺陷的一种无损检验法。（　　）

二、选择题

1. 预防和减少焊接缺陷可能性的检验是________。

A. 焊前检验　　B. 焊后检验　　C. 设备检验　　D. 材料检验

2. 非破坏性检验是指在________、完整性的条件下进行检测缺陷的方法。

A. 焊接质量或成品的性能　　B. 焊接过程中缺陷形成的检验

C. 不损坏被检查材料或成品的性能　　D. 损坏被检查材料或成品的性能

3. 非破坏性检验包括________、致密性检验、磁粉检验、射线检验和超声波检验。

A. 拉伸试验　B. 外观检验　C. 冲击试验　D. 弯曲试验

4. 外观检验方法一般以肉眼为主，有时也可利用________的放大镜进行观察。

A. 3~5 倍　B. 5~10 倍　C. 8~15 倍　D. 10~20 倍

5. 外观检验能发现的焊缝缺陷是________。

A. 内部夹渣　B. 内部气孔　C. 咬边　D. 未熔合

6. 常用的渗透检测方法有荧光法和________两种，主要用来检测不锈钢、铜、铝及镁合金等金属表面和近表面的焊接缺陷。

A. 磁粉检验　B. 射线检验　C. 着色法

7. 照相底片上呈略带曲折的黑色细条纹或直线细纹，轮廓较分明，两端细、中部稍宽，不大分枝，两端黑度较浅最后消失的缺陷是________。

A. 裂纹　B. 未焊透　C. 夹渣　D. 气孔

8. ________在照相底片上多呈现为圆形或椭圆形黑点。

A. 未焊透　B. 气孔　C. 夹渣　D. 裂纹

9. ________用于不受压焊缝的密封性检查。

A. 水压试验　B. 煤油试验　C. 气密性试验　D. 气压试验

10. ________是专门用于对非磁性材料焊缝表面和近表面缺陷进行检验的方法。

A. 煤油试验　B. 荧光法　C. 气密性试验　D. 磁粉检验

11. 背弯试验易于发现________缺陷。

A. 焊缝表面　B. 焊缝中间　C. 焊缝根部

12. 射线检验焊缝质量分为________级。

A. 3　B. 4　C. 5　D. 6

13. X 射线检查焊缝厚度小于 30mm 时，显示缺陷的灵敏度________。

A. 低　B. 高　C. 一般　D. 很差

14. 超声波检验用来探测大厚度焊件焊缝________。

A. 外部缺陷　B. 内部缺陷　C. 表面缺陷　D. 近表面缺陷

15. 测定焊缝外形尺寸的检验方法是________。

A. 外观检验　B. 破坏性检验　C. 致密性检验　D. 无损检验

16. 下列不属于焊缝的致密性试验的是________。

A. 水压试验　B. 气压试验　C. 煤油试验　D. 力学性能试验

17. 破坏性检验是从焊件或试件上切取试样，或以产品的整体破坏做试验，以检查其各种________等的检验方法。

A. 力学性能、成品性能　　B. 力学性能、耐腐蚀性能

C. 力学性能、材料性能　　D. 力学性能、物理性能

18. 下列试验方法中属于破坏性试验的是________。

A. 氨气检验　　B. 弯曲试验　　C. 水压试验　　D. 磁粉试验

19. 拉伸试验是测定焊缝金属和焊接接头的________。

A. 刚度　　B. 韧性　　C. 强度和塑性　　D. 硬度

20. 金相检验是用来________。

A. 分析焊接性能的　　B. 化学分析的

C. 分析焊缝腐蚀原因的　　D. 检查金相组织情况的

三、简答题

1. 焊接检验包括哪几个阶段？它们各有哪些主要检验项目？
2. 荧光检验和着色检验在用途和原理方面有哪些相同和不同之处？
3. 磁粉检验的原理和用途是什么？如何操作才更容易显露焊缝的缺陷？
4. 简述几种无损检验方法。
5. 力学性能试验中主要试验方法的目的是什么？
6. 理化试验和腐蚀试验的目的是什么？

【拓展学习】

X 射线检验、超声检验

附录

附录 A　试件形式、位置及代号

试件形式	试件位置		代号
板材对接焊缝试件	平焊		1G
	横焊		2G
	立焊		3G
	仰焊		4G
管材对接焊缝试件	水平转动		1G
	垂直固定		2G
	水平固定	向上焊	5G
		向下焊	5GX
	45°固定	向上焊	6G
		向下焊	6GX
管板角接头试件	水平转动		2FRG
	垂直固定平焊		2FG
	垂直固定仰焊		4FG
	水平固定		5FG
	45°固定		6FG
螺柱焊试件	平焊		1S
	横焊		2S
	仰焊		4S

附录 B 评分标准参考

表 B-1 板材对接外观评分标准

姓名		焊件号			合计得分	
检查项目	标准、分数	焊缝等级				得分
		Ⅰ	Ⅱ	Ⅲ	Ⅳ	
焊缝余高	标准(mm)	0~1	>1,≤2	>2,≤3	>3,<0	
	分数	16	12	8	0	
焊缝高低差	标准(mm)	≤1	>1,≤2	>2,≤3	>3	
	分数	14	8	2	0	
焊缝宽窄差	标准(mm)	≤1.5	>1.5,≤2	>2,≤3	>3	
	分数	10	6	2	0	
咬边	标准(mm)	0	深度≤0.5 且长度≤15	深度≤0.5 长度>15,≤30	深度>0.5 或长度>30	
	分数	20	14	8	0	
背面焊缝凹陷	标准(mm)	0	>0,≤1	>1,≤2	>2	
	分数	10	6	2	0	
背面焊缝凸起	标准(mm)	0~1	>1,≤2	>2,≤3	>3	
	分数	10	6	2	0	
错边量	标准(mm)	0	≤0.7	>0.7,≤1.2	>1.2	
	分数	10	6	2	0	
角变形	标准(mm)	0~2	>2,≤3	>3,≤5	>5	
	分数	10	6	2	0	

注：1. 若焊缝未盖面、焊缝表面及根部已修补或试件做舞弊标记，则该单项作 0 分处理。

2. 凡焊缝表面有气孔、夹渣、裂纹、未熔合、未焊透、焊瘤等缺陷之一的，该试件外观为 0 分。

3. 其他违反技术操作要求规定的，该试件外观为 0 分。

表 B-2 管对接外观评分标准

姓名		焊件号			合计得分	
检查项目	标准、分数	焊缝等级				得分
		Ⅰ	Ⅱ	Ⅲ	Ⅳ	
焊缝余高	标准(mm)	0~1	>1,≤2	>2,≤3	>3,<0	
	分数	16	8	4	0	

（续）

<table>
<tr><td>姓名</td><td></td><td>焊件号</td><td colspan="2"></td><td>合计得分</td><td></td></tr>
<tr><td rowspan="2">检查项目</td><td rowspan="2">标准、分数</td><td colspan="4">焊缝等级</td><td rowspan="2">得分</td></tr>
<tr><td>Ⅰ</td><td>Ⅱ</td><td>Ⅲ</td><td>Ⅳ</td></tr>
<tr><td rowspan="2">焊缝
高低差</td><td>标准(mm)</td><td>0~1</td><td>>1,≤2</td><td>>2,≤3</td><td>>3</td><td rowspan="2"></td></tr>
<tr><td>分数</td><td>14</td><td>8</td><td>4</td><td>0</td></tr>
<tr><td rowspan="2">焊缝
宽窄差</td><td>标准(mm)</td><td>0~1</td><td>>1,≤2</td><td>>2,≤3</td><td>>3</td><td rowspan="2"></td></tr>
<tr><td>分数</td><td>10</td><td>6</td><td>2</td><td>0</td></tr>
<tr><td rowspan="2">咬边</td><td>标准(mm)</td><td>0</td><td>深度<0.5
且长度≤10</td><td>深度<0.5,
且长度>10,
≤20</td><td>深度>0.5
或长度>20</td><td rowspan="2"></td></tr>
<tr><td>分数</td><td>20</td><td>16</td><td>12</td><td>0</td></tr>
<tr><td rowspan="2">背面焊缝
凹陷</td><td>标准(mm)</td><td>0</td><td>>0,≤1</td><td>>1,≤2</td><td>>2</td><td rowspan="2"></td></tr>
<tr><td>分数</td><td>10</td><td>6</td><td>2</td><td>0</td></tr>
<tr><td rowspan="2">背面焊缝
凸起</td><td>标准(mm)</td><td>0~1</td><td>>1,≤2</td><td>>2,≤3</td><td>>3</td><td rowspan="2"></td></tr>
<tr><td>分数</td><td>10</td><td>6</td><td>2</td><td>0</td></tr>
<tr><td rowspan="2">角变形</td><td>标准(mm)</td><td>0</td><td>0~1</td><td>>1,≤2</td><td>>2</td><td rowspan="2"></td></tr>
<tr><td>分数</td><td>8</td><td>6</td><td>2</td><td>0</td></tr>
<tr><td rowspan="3">焊缝正、背
面外观成形</td><td rowspan="2">标准</td><td>优</td><td>良</td><td>一般</td><td>差</td><td rowspan="3"></td></tr>
<tr><td>成形美观
焊纹均匀、
细密，高低
宽窄一致</td><td>成形较好
焊纹均匀
焊缝平整</td><td>成形尚可
焊缝整齐</td><td>焊缝弯曲，
高低、宽
窄明显</td></tr>
<tr><td>分数</td><td>12</td><td>8</td><td>4</td><td>0</td></tr>
</table>

注：1. 若出现焊缝未盖面、焊缝表面及根部已修补或试件做舞弊标记，则该单项作0分处理。

2. 凡焊缝表面有气孔、夹渣、裂纹、未熔合、未焊透、焊瘤等缺陷之一的，该试件外观为0分。

3. 其他违反技术操作要求规定的，该试件外观为0分。

附录C 习题答案

模块一 焊接概述

一、判断题

1. × 2. × 3. × 4. × 5. √ 6. √ 7. × 8. √ 9. × 10. √ 11. √ 12. × 13. √ 14. √ 15. × 16. × 17. × 18. × 19. × 20. √

21. √ 22. × 23. √ 24. ×

二、选择题

1. B 2. A 3. C 4. B 5. A 6. A 7. A 8. B

模块二 焊接电弧与弧焊电源

一、判断题

1. √ 2. × 3. √ 4. × 5. × 6. √ 7. √ 8. × 9. √ 10. √ 11. √ 12. √ 13. √ 14. × 15. √ 16. √ 17. × 18. √ 19. × 20. √ 21. √ 22. √ 23. √ 24. × 25. √

二、选择题

1. C 2. A 3. A 4. C 5. A 6. A 7. A 8. A 9. A 10. C 11. D 12. A 13. D 14. D 15. C

模块三 焊条电弧焊

一、判断题

1. √ 2. × 3. √ 4. × 5. √ 6. × 7. × 8. × 9. × 10. √ 11. √ 12. × 13. √ 14. × 15. × 16. √ 17. × 18. √ 19. × 20. × 21. √ 22. × 23. √ 24. √ 25. √ 26. × 27. × 28. √ 29. √ 30. √ 31. √ 32. √

二、选择题

1. C 2. D 3. A 4. C 5. A 6. B 7. A 8. B 9. B 10. A 11. B 12. A 13. A 14. D 15. B、C 16. A 17. B 18. C 19. D 20. A 21. D 22. C 23. A 24. D 25. C 26. B

模块四 金属熔焊过程

一、判断题

1. × 2. × 3. √ 4. √ 5. × 6. √ 7. √ 8. √ 9. √ 10. √ 11. × 12. √ 13. √ 14. √ 15. × 16. × 17. √ 18. √

二、选择题

1. B 2. C 3. B 4. A 5. B 6. D 7. A 8. B 9. A 10. C 11. A 12. B 13. A 14. A

模块五 气体保护电弧焊

一、判断题

1. × 2. × 3. √ 4. √ 5. × 6. √ 7. × 8. √ 9. √ 10. ×

11. × 12. √ 13. √ 14. × 15. √ 16. √ 17. √ 18. × 19. √ 20. √
21. √ 22. × 23. × 24. √ 25. √ 26. √ 27. × 28. ×

二、选择题

1. B 2. C 3. A 4. C 5. B 6. A 7. C 8. C 9. D 10. B 11. A
12. B 13. A 14. A 15. D 16. C 17. B 18. A 19. C 20. D 21. D 22. C
23. B 24. A 25. B

模块六 气焊与气割

一、判断题

1. √ 2. × 3. × 4. √ 5. √ 6. √ 7. √ 8. × 9. × 10. √
11. √ 12. √ 13. × 14. × 15. √ 16. × 17. √ 18. √ 19. √

二、选择题

1. A 2. C 3. A 4. A 5. A 6. C 7. B 8. B 9. C 10. B 11. A
12. B 13. C 14. C 15. C

模块七 等离子弧焊接与切割

一、判断题

1. √ 2. × 3. √ 4. × 5. √ 6. × 7. √ 8. √ 9. √ 10. ×

二、选择题

1. D 2. A 3. C 4. A 5. A 6. C 7. D 8. A 9. A 10. A

模块八 埋弧焊

一、判断题

1. × 2. × 3. √ 4. √ 5. × 6. × 7. × 8. ×

二、选择题

1. D 2. A 3. A 4. C 5. C 6. C 7. A 8. B 9. D 10. B 11. B

模块九 其他焊接方法与炭弧气刨

一、判断题

1. × 2. × 3. √ 4. √ 5. √ 6. √ 7. √ 8. × 9. × 10. ×
11. √ 12. × 13. √ 14. × 15. × 16. × 17. × 18. √ 19. √

二、选择题

1. B 2. A 3. C 4. C 5. C 6. B 7. C 8. A 9. D

模块十 焊接应力与变形

一、判断题

1. √ 2. × 3. √ 4. √ 5. × 6. √ 7. √ 8. √ 9. × 10. ×
11. × 12. × 13. √ 14. × 15. √ 16. × 17. × 18. √

二、选择题

1. C 2. B 3. A 4. B 5. B 6. C 7. D 8. C 9. C 10. B 11. B
12. A 13. A 14. B 15. D 16. A 17. C

模块十一 各种金属材料的焊接

一、判断题

1. × 2. × 3. × 4. √ 5. × 6. × 7. √ 8. × 9. √ 10. × 11. ×
12. × 13. × 14. √ 15. √ 16. √ 17. × 18. × 19. × 20. √

二、选择题

1. B 2. A 3. D 4. B 5. B 6. C 7. B 8. B 9. A 10. C 11. B
12. B 13. B 14. C 15. C 16. B 17. C 18. A 19. D 20. D

模块十二 焊接检验

一、判断题

1. × 2. √ 3. √ 4. × 5. × 6. × 7. × 8. √ 9. × 10. √ 11. √
12. × 13. × 14. √ 15. × 16. × 17. × 18. × 19. × 20. ×

二、选择题

1. A 2. C 3 B 4. B 5. C 6. C 7. A 8. C 9. B 10. B 11. C
12. B 13. B 14. B 15. A 16. D 17. B 18. B 19. C 20. D

参 考 文 献

[1] 陈祝年. 焊接工程师手册 [M]. 北京: 机械工业出版社, 2004.

[2] 邱葭菲. 焊工工艺学 [M]. 3版. 北京: 中国劳动社会保障出版社, 2005.

[3] 韩国明. 焊接工艺理论与技术 [M]. 2版. 北京: 机械工业出版社, 2007.

[4] 机械工业职业技能鉴定指导中心. 中级电焊工技术 [M]. 北京: 机械工业出版社, 1999.

[5] 王新洪, 吴军, 宋恩利. 手工电弧焊 [M]. 北京: 化学工业出版社, 2007.

[6] 劳动部职业安全卫生与锅炉压力容器监察局. 焊工 [M]. 北京: 中国劳动社会保障出版社, 1997.

[7] 李亚江, 刘鹏, 刘强, 等. 气体保护焊工艺与应用 [M]. 北京: 化学工业出版社, 2005.

[8] 中国机械工程学会焊接学会. 焊接手册. 焊接方法及设备 [M]. 2版. 北京: 机械工业出版社, 2001.

[9] 刘云龙. 焊工 (中级) [M]. 北京: 机械工业出版社, 1999.

[10] 王长忠. 焊工工艺与技能训练 [M]. 北京: 中国劳动社会保障出版社, 2005.

[11] 许莹. 焊接生产基础 [M]. 3版. 北京: 机械工业出版社, 2021.

[12] 中船舰客教育科技 (北京) 有限公司. 特殊焊接技术: 初级 [M]. 北京: 高等教育出版社, 2020.

[13] 武永志, 王贺龙. 焊接技能培训教程 [M]. 成都: 西南交通大学出版社, 2022.

[14] 杨跃, 扈成林. 电弧焊技能项目教程 [M]. 北京: 机械工业出版社, 2013.

[15] 吴志亚. 走进焊接 [M]. 2版. 北京: 机械工业出版社, 2021.